中国战略性新兴产业——前沿新材料

编 委 会

主　　　任：魏炳波　韩雅芳
副 主 任：张锁江　吴和俊
委　　　员：（按姓氏音序排列）
　　　　　　崔铁军　丁　轶　韩雅芳　李小军　刘　静
　　　　　　刘利民　聂　俊　彭华新　沈国震　唐见茂
　　　　　　王　勇　魏炳波　吴和俊　杨　辉　张　勇
　　　　　　张　韵　张光磊　张锁江　张增志　郑咏梅
　　　　　　周　济

国家出版基金项目
"十四五"时期国家重点出版物出版专项规划项目

中国战略性新兴产业——前沿新材料

计算材料学

丛书主编　魏炳波　韩雅芳
编　　著　刘利民　殷文金　童传佳　唐振坤

中国铁道出版社有限公司
CHINA RAILWAY PUBLISHING HOUSE CO., LTD.

内 容 简 介

本书为"中国战略性新兴产业——前沿新材料"丛书之分册。

本书基于"材料科学系统工程发展战略研究——中国版材料基因组计划"重大项目研究成果，着力论述如何从发展计算材料学理论和方法、开发高效光催化以及新型能源等方面来开发设计材料。全书共7章，包括第一性原理方法、分子动力学方法、光催化基本原理、高效光催化材料设计、光解水制氢设计、新型储能和光伏材料的开发。重点论述最前沿的理论方法、光催化材料的最新成就和最新进展，以及作者在多年科研实践中的成果、经验和体会。

本书可供材料领域的科研人员和工程技术人员参考，也可作为高等院校材料科学与工程、物理学等专业高年级本科生及硕士研究生的教材。

图书在版编目(CIP)数据

计算材料学 / 刘利民等编著. -- 北京 ：中国铁道出版社有限公司，2024.12. --（中国战略性新兴产业 / 魏炳波，韩雅芳主编）. -- ISBN 978-7-113-32000-3

Ⅰ.TB3

中国国家版本馆 CIP 数据核字第 2024PT5666 号

书　　名：	计算材料学
作　　者：	刘利民　殷文金　童传佳　唐振坤
策　　划：	梁　雪　李小军
责任编辑：	梁　雪　　　编辑部电话：(010)51873193
封面设计：	高博越
责任校对：	刘　畅
责任印制：	高春晓

出版发行：中国铁道出版社有限公司(100054,北京市西城区右安门西街8号)

网　　址：https://www.tdpress.com

印　　刷：北京联兴盛业印刷股份有限公司

版　　次：2024年12月第1版　2024年12月第1次印刷

开　　本：787 mm×1 092 mm 1/16　印张：16.75　字数：334千

书　　号：ISBN 978-7-113-32000-3

定　　价：128.00元

版权所有　侵权必究

凡购买铁道版图书，如有印制质量问题，请与本社读者服务部联系调换。电话：(010)51873174

打击盗版举报电话：(010)63549461

作 者 简 介

魏炳波

中国科学院院士,教授,工学博士,著名材料科学家。现任中国材料研究学会理事长,教育部科技委材料学部副主任,教育部物理学专业教学指导委员会副主任委员。入选首批国家"百千万人才工程",首批教育部长江学者特聘教授,首批国家杰出青年科学基金获得者,国家基金委创新研究群体基金获得者。曾任国家自然科学基金委金属学科评委、国家"863"计划航天技术领域专家组成员、西北工业大学副校长等职。主要从事空间材料、液态金属深过冷和快速凝固等方面的研究。获 1997 年度国家技术发明奖二等奖,2004 年度国家自然科学奖二等奖和省部级科技进步奖一等奖等。在国际国内知名学术刊物上发表论文 120 余篇。

韩雅芳

工学博士,研究员,著名材料科学家。现任国际材料研究学会联盟主席、《自然科学进展:国际材料》(英文期刊)主编。曾任中国航发北京航空材料研究院副院长、科技委主任,中国材料研究学会副理事长、秘书长、执行秘书长等职。主要从事航空发动机材料研究工作。获 1978 年全国科学大会奖、1999 年度国家技术发明奖二等奖和多项部级科技进步奖等。在国际国内知名学术刊物上发表论文 100 余篇,主编公开发行的中、英文论文集 20 余卷,出版专著 5 部。

刘利民

北京航空航天大学教授、博士生导师。先后在英国贝尔法斯特女王大学、德国马普协会弗里茨哈伯研究所、英国伦敦大学学院和美国普林斯顿大学工作。入选第二届"国家海外高层次人才引进计划",获得国家优秀青年科学基金、英国皇家协会牛顿基金、国家杰出青年科学基金资助。任 *Scientific Reports* 等期刊国际编委、国际电化学协会委员、中国材料研究学会计算材料学分会副秘书长。长期从事计算材料理论开发与应用研究,专注于半导体与低维纳米材料的物性研究与创新设计。在 *Nature* 及其子刊、*PNAS* 等国内外知名学术刊物发表论文 240 余篇,连续十年入选爱思唯尔中国高被引学者。

序

前沿新材料是指现阶段处在新材料发展尖端,人们在不断地科技创新中研究发现或通过人工设计而得到的具有独特的化学组成及原子或分子微观聚集结构,能提供超出传统理念的颠覆性优异性能和特殊功能的一类新材料。在新一轮科技和工业革命中,材料发展呈现出新的时代发展特征,人类已进入前沿新材料时代,将迅速引领和推动各种现代颠覆性的前沿技术向纵深发展,引发高新技术和新兴产业以至未来社会革命性的变革,实现从基础支撑到前沿颠覆的跨越。

进入 21 世纪以来,前沿新材料得到越来越多的重视,世界发达国家,无不把发展前沿新材料作为优先选择,纷纷出台相关发展战略或规划,争取前沿新材料在高新技术和新兴产业的前沿性突破,以抢占未来科技制高点,促进可持续发展,解决人口、经济、环境等方面的难题。我国也十分重视前沿新材料技术和产业化的发展。2017 年国家发展和改革委员会、工业和信息化部、科技部、财政部联合发布了《新材料产业发展指南》,明确指明了前沿新材料作为重点发展方向之一。我国前沿新材料的发展与世界基本同步,特别是近年来集中了一批著名的高等学校、科研院所,形成了许多强大的研发团队,在研发投入、人力和资源配置、创新和体制改革、成果转化等方面不断加大力度,发展非常迅猛,标志性颠覆技术陆续突破,某些领域已跻身全球强国之列。

"中国战略性新兴产业——前沿新材料"丛书是由中国材料研究学会组织编写,由中国铁道出版社有限公司出版发行的第二套关于材料科学与技术的系列科技专著。丛书从推动发展我国前沿新材料技术和产业的宗旨出发,重点选择了当代前沿新材料各细分领域的有关材料,全面系统论述了发展这些材料的需求背景及其重要意义、全球发展现状及前景;系统地论述了这些前沿新材料的理论基础和核心技术,着重阐明了它们将如何推进高新技术和新兴产业颠覆性的变革和对未来社会产生的深远影响;介绍了我国相关的研究进展及最新研究成果;针对性地提出了我国发展前沿新材料的主要方向和任务,分析了存在的主要问题，提出了相关对策和建议；是我国"十三五"和"十四五"期间在材料领域具有国内领先水平的第二套系列科技著作。

本丛书特别突出了前沿新材料的颠覆性、前瞻性、前沿性特点。丛书的出版，将对我国从事新材料研究、教学、应用和产业化的专家、学者、产业精英、决策咨询机构以及政府职能部门相关领导和人士具有重要的参考价值，对推动我国高新技术和战略性新兴产业可持续发展具有重要的现实意义和指导意义。

本丛书的编著和出版是材料学术领域具有足够影响的一件大事。我们希望，本丛书的出版能对我国新材料特别是前沿新材料技术和产业发展产生较大的助推作用，也热切希望广大材料科技人员、产业精英、决策咨询机构积极投身到发展我国新材料研究和产业化的行列中来，为推动我国材料科学进步和产业化又好又快发展做出更大贡献，也热切希望广大学子、年轻才俊、行业新秀更多地"走近新材料、认知新材料、参与新材料"，共同努力，开启未来前沿新材料的新时代。

中国科学院院士、中国材料研究学会理事长 魏炳波

国际材料研究学会联盟主席 韩雅芳

2020 年 8 月

前　言

"中国战略性新兴产业——前沿新材料"丛书是中国材料研究学会组织、由国内一流学者著述的一套材料类科技著作。丛书突出颠覆性、前瞻性、前沿性特点，涵盖了超材料、气凝胶、离子液体、计算材料等10多种重点发展的前沿新材料和新技术。本书为《计算材料学》分册。

计算材料学是计算科学的一大分支，是一门数学、物理学、化学、材料科学与计算机技术高度交叉的新兴学科，是关于材料组成、结构、性能、服役性能的计算机模拟与设计的学科，涉及范围甚广。计算材料学与计算物理学和计算化学的内容有较多重叠，教学内容基本可以通用。特别是随着"材料科学系统工程发展战略研究——中国版材料基因组计划"重大项目的启动，如何高效、低成本、短周期开发特定功能材料的研究变得至关重要。随着计算机技术的革新，通过发展结合计算机理论与方法，已成为指导新型功能材料设计和器件开发不可或缺的要素。本书基于笔者团队参与的"材料科学系统工程发展战略研究——中国版材料基因组计划"等多项国家重大科研项目成果，首先从计算材料学基本原理出发，对包括第一性原理、分子动力学等方法进行论述，随后基于计算模拟方法论述光催化技术及其基本原理、高效光催化材料设计、光解水制氢、新型能源、存储材料以及光伏电池材料设计开发等具体内容。本书的一大特色与创新之处是在系统论述传统计算方法的基础上，穿插引入了一些最新的计算方法和模型，例如线性尺度DFT+U方法以及溶剂化模型，从而去拓宽读者对理论计算所适用的体系及范围的认知。另一个特色是在部分章节中（详见第4到第7章），笔者有意引入了一些最新的科研实例加以解释说明，同时分享了自己在科研过程中的心得体会，希冀读者朋友们（特别是科研人员）在学习相关理论的同时还能了解到前沿的科研动态。正是由于上述两大特点，本书可以说是一部前沿新材料领域前端的著作和参考书。笔者拟在前人已有的基础上举起火把照亮新的前方，"且将新火试旧茶"，激励读者思考和感发。当然鉴于笔者水平有限，本书难免有纰漏之处，敬请专家和广大读者批评指正，以臻完善。

本书绪论、第 1 章第一性原理方法由北京航空航天大学刘利民教授编著，朱亚楠、柴子巍、司如同参与编著；第 2 章由暨南大学李希波副教授编著，第 3 章由河南大学闻波副教授编著；第 4 章由湖南科技大学殷文金副教授编著；第 5 章由衡阳师范学院唐振坤教授编著；第 6 章由上海大学王达副教授编著；第 7 章由中南大学童传佳副教授编著。刘利民教授、殷文金副教授、童传佳副教授和唐振坤教授负责全书统稿工作，最后由刘利民教授负责定稿。

计算材料学已成为科研工作者揭示多层次复杂材料的物理化学规律的重要科学，同时也广泛应用于处理实验结果和提出理论解释。越来越多的大学已针对将要从事材料科学、凝聚态物理及相关学科研究的研究生和本科生开设了计算材料学（计算物理学）课程。本书适合前沿新材料领域科研人员参考，也可作为高校材料类专业师生参考，还可作为高校材料类专业研究生、本科生教材。

编著者
2024 年 1 月

目　　录

绪　　论 ·· 1
  0.1　背　　景 ·· 1
  0.2　计算材料学概念和发展历程 ·· 2
  0.3　计算材料学发展的意义 ·· 3
  0.4　本书思路和结构安排 ·· 4

第 1 章　第一性原理方法 ·· 6
  1.1　第一性原理方法发展概述 ··· 6
  1.2　电子结构计算方法 ·· 8
    1.2.1　概述 ·· 8
    1.2.2　非相对论近似 ·· 9
    1.2.3　玻恩-奥本海默近似 ··· 10
    1.2.4　平均场近似 ··· 11
    1.2.5　Hartree-Fock 方程 ·· 11
    1.2.6　过渡态理论 ··· 13
  1.3　密度泛函理论 ··· 14
    1.3.1　Hohenberg-Kohn 定理 ··· 14
    1.3.2　Kohn-Sham 方程 ··· 15
    1.3.3　交换关联泛函 ·· 16
    1.3.4　赝势 ·· 19
    1.3.5　基组 ·· 20
  1.4　原子尺度高精度材料计算方法的发展 ··· 21
    1.4.1　DFT+U 方法与第一性原理线性响应参数 ······································· 21
    1.4.2　溶剂化模型 ··· 25
    1.4.3　Cluster Expansion 模型 ·· 29
    1.4.4　Surface Hopping 模型 ·· 39
    1.4.5　机器学习 ·· 43

1.5 第一性原理计算方法的发展趋势 ... 51
1.5.1 基础理论的发展及算法的改进 ... 51
1.5.2 基于结构的物理化学性质的高通量筛选 ... 52
1.5.3 人工智能与第一性原理结合的高通量多尺度计算 ... 52
1.5.4 第一性原理计算多尺度的材料设计的展望 ... 53
参考文献 ... 54

第2章 分子动力学方法 ... 60
2.1 分子动力学方法概述 ... 60
2.2 分子动力学基本原理 ... 61
2.3 分子动力学力场 ... 65
2.3.1 分子动力学的力场概述 ... 65
2.3.2 常见的分子力场 ... 66
2.3.3 基于机器学习模拟分子力场 ... 67
2.4 分子尺度材料模拟的发展趋势 ... 69
参考文献 ... 69

第3章 光催化技术及其基本原理 ... 71
3.1 光催化技术发展概述 ... 71
3.2 光催化基本原理 ... 72
3.3 光催化材料本征性质 ... 75
3.3.1 电子结构 ... 75
3.3.2 光吸收 ... 82
3.3.3 表面活性 ... 84
3.4 光催化材料设计方法 ... 88
3.4.1 掺杂 ... 89
3.4.2 异质结构 ... 91
3.4.3 单原子 ... 94
3.4.4 深度势分子动力学 ... 96
3.5 光催化材料发展趋势 ... 98
参考文献 ... 99

第4章 高效光催化材料设计 ... 105
4.1 高效光催化材料开发概述 ... 105

- 4.1.1 高效光催化的原理 ·········· 105
- 4.1.2 高效光催化剂的发展现状 ·········· 106
- 4.2 高效催化剂中多余电子理论 ·········· 107
  - 4.2.1 局域跃迁理论 ·········· 107
  - 4.2.2 能级跃迁理论 ·········· 109
- 4.3 高效催化剂二氧化钛中多余电子行为 ·········· 110
  - 4.3.1 金红石二氧化钛体相多余电子行为 ·········· 110
  - 4.3.2 金红石二氧化钛表面多余电子行为 ·········· 112
  - 4.3.3 锐钛矿二氧化钛体相多余电子行为 ·········· 115
  - 4.3.4 锐钛矿二氧化钛表面多余电子行为 ·········· 119
- 4.4 高效催化剂中多余电子对化学反应的影响 ·········· 121
  - 4.4.1 多余电子或极化子与水分子之间的作用研究 ·········· 121
  - 4.4.2 真实水溶液环境对二氧化碳分子转化影响 ·········· 133
- 4.5 结果与展望 ·········· 151
- 参考文献 ·········· 151

第5章 光解水制氢 ·········· 155
- 5.1 光解水催化材料发展概述 ·········· 155
- 5.2 光解水基本原理 ·········· 156
- 5.3 二维材料在光解水制氢中的应用 ·········· 158
  - 5.3.1 二维闪锌矿材料的单原子层结构 ·········· 158
  - 5.3.2 二维闪锌矿结构的热力学稳定性 ·········· 159
  - 5.3.3 二维结构和稳定性之间的关系 ·········· 160
  - 5.3.4 不同相结构之间的相对稳定性 ·········· 162
  - 5.3.5 电子结构 ·········· 163
  - 5.3.6 光催化活性 ·········· 165
- 5.4 $NaTaO_3$ 光解水催化材料开发设计 ·········· 167
  - 5.4.1 $NaTaO_3$ 材料概述 ·········· 167
  - 5.4.2 $NaTaO_3$ 表面的几何结构和形成能 ·········· 167
  - 5.4.3 $NaTaO_3$ 表面的电子结构 ·········· 169
  - 5.4.4 在未掺杂和 Sr 掺杂的 $NaTaO_3$(001)上的水氧化 ·········· 171
- 5.5 光解水制氢发展趋势 ·········· 173
- 参考文献 ·········· 175

第 6 章 新型能源及存储材料 ········ 179

6.1 锂离子电池能源存储材料的发展概述 ········ 179
6.2 理论方法在锂离子电池研究中的应用 ········ 182
6.2.1 第一性原理计算的发展及其在锂离子电池材料研究中的应用 ········ 182
6.2.2 分子动力学的理论基础及其应用 ········ 185
6.2.3 相场模型的基本原理及其应用 ········ 185
6.3 不同结构/电子设计对锂离子电池电极电化学性能调控 ········ 190
6.3.1 二氧化锰正极材料电化学机制的理论研究 ········ 190
6.3.2 理论计算预测与设计锂离子电池新型高性能负极 ········ 200
6.4 总结与展望 ········ 218
参考文献 ········ 219

第 7 章 光伏电池材料设计开发 ········ 225

7.1 钙钛矿光伏电池发展概述 ········ 225
7.2 水对有机无机杂化钙钛矿的影响 ········ 226
7.2.1 水对钙钛矿晶体结构影响 ········ 226
7.2.2 水对钙钛矿电子结构影响 ········ 233
7.3 有机分子对有机无机杂化钙钛矿的影响 ········ 235
7.3.1 相结构的稳定性 ········ 235
7.3.2 三种离子(I^-/Pb^{2+}/MA^+)的迁移 ········ 240
7.3.3 迟滞效应的调控 ········ 244
参考文献 ········ 247

绪 论

0.1 背 景

《中华人民共和国国民经济和社会发展第十四个五年规划和 2035 年远景目标纲要》明确提出了加强基础材料原创性、引领性和科技攻关的要求。特别是在事关国家安全和发展全局的基础核心领域,制定了实施战略性特殊功能材料的科学计划和科学工程,以及瞄准人工智能、量子信息、集成电路、生命健康等前沿领域,实施一批具有前瞻性、战略性的国家重大科技项目。此外,科技部发布了关于国家重点研发计划高性能计算等重点专项,启动了"材料基因工程关键技术与支撑平台"重点专项。有幸的是作者团队也参与其中,并要求参与编写高通量方法开发设计新型材料。因此,从国家急迫需要和长远需求出发,被明确指出集中优势资源攻关基础材料等领域关键核心技术。

材料科学目前已经得到长足发展,但是基础材料科学攻关依然亟待解决。随着固体物理、无机化学、有机化学、物理化学等学科的蓬勃发展,以及物质结构和物质性质的深入研究,对材料物性研究的材料科学也得到长足进步;结合 20 世纪五六十年代冶金学、金属学、陶瓷学等对材料本身的研究大大加强,从而对材料的制备、结构和性能,以及它们之间的相互关系的研究也愈来愈深入,这为材料科学的形成和发展打下了比较坚实的基础。科学技术的发展同时促进着研究各类材料物性的设备与生产手段也得到了很好的开发。虽然不同类型的材料各有专用测试设备与生产装置,但更多的是相同或相近的,如显微镜、电子显微镜、表面测试及物理性能和力学性能测试设备等。科学技术的发展,要求不同类型的材料之间能相互代替,充分发挥各类材料的优越性,以达到物尽其用的目的。因此,科学技术发展对材料提出新的要求,有效促进材料科学的形成。特别是复合材料的发展,将各种材料有机地连成了一体。复合材料在多数情况下是不同类型材料的组合,通过材料科学的研究,可以对各种类型材料有一个更深入的了解,为复合材料的发展提供必要的基础。但是复合材料结构非常复杂、物性非常多样性,如何有效构建结构、维度、特性之间的本征关系任务依然艰巨。

随着科学技术的进一步发展,材料结构体系越来越复杂,材料维度也从三维向着二维、一维甚至零维,尺寸从原来的米、微米向着纳米尺度发展。只对微米级别的显微结构进行研究已经不能完全揭示材料物性的本质,纳米结构、原子成像已成为材料研究的内容,对功能材料甚至要研究到电子层次。因此,材料研究越来越依赖于高端的仪器设备和测试技术,研究难度和成本也越来越高。此外,服役性能在材料研究中越来越受到重视,不同的服役环境能够显著影响材料的服役性能。随着材料应用环境的日益复杂化,材料服役性能的实验室研究也变得越来越困难。因而,仅仅依靠实验室的实验来进行材料研究已难以满足现代新材料研究和发展的要求。然而计算机模拟技术可以根据有关的基本理论,在计算机虚拟环境下从微观、介观、宏观尺度对材料进行多层次研究,也可以模拟超高温、超高压等极端环境下的材料服役性能,模拟材料在服役条件下的性能演变规律、失效机理,进而实现材料服役性能的改善和材料设计。因此,在现代材料学领域中,理论计算模拟已成为与实验室的实验具有同样重要地位的研究手段,而且随着计算材料学的不断发展,它的作用越加凸显。

0.2 计算材料学概念和发展历程

计算材料学,是以物理、化学、材料等学科知识为基础,以大型计算机机群(甚至超级计算机)为载体,以计算得到材料的微观结构、理化性质、性能表征参数等数据为目标的一门交叉学科,是对以实验为主的传统材料学科的补充和深入挖掘,通过计算所得的数据从微观、介观、宏观尺度对实验背后的机理进行多层次的研究与分析,使之不仅仅停留在"定性"的讨论上,而是能上升到"定量"的理论高度。其内容主要包括两个方面:一方面是理论计算模拟,即从实验数据出发,通过建立数学模型及数值计算,模拟实际过程,包括理论计算算法的发展和模型的建立;另一方面是材料的理论计算设计,即直接通过理论模型和计算,预测或设计材料结构与性能。前者使材料研究不是停留在实验结果和定性的讨论上,而是使特定材料体系的实验结果上升为一般的、定量的理论,后者则使材料的研究与开发更具方向性、前瞻性,有助于原始性创新,可以大大提高研究效率。因此,计算材料学为材料学理论与材料实验构筑起了通途。

材料组成、结构、性能、服役性能构成材料学研究的四大要素,传统的材料研究以实验室研究为主。但是,随着对材料性能的要求不断提高,材料学研究对象的空间尺度在不断变小,只对微米级的显微结构进行研究不能揭示材料性能的本质,纳米结构、原子像已成为材料研究的内容,对功能材料甚至要研究到电子层次。因此,材料研究越来越依赖于高端的测试技术,研究难度和成本也越来越高。另外,服役性能在材料研究中越来越受到重视,服役性能的研究就是要研究材料与服役环境的相互作用及其对材料性能的影响。随着材料应用环境的日益复杂化,材料服役性能的实验室研究也变得越来越困难。传统的解析推导方法已不敷应用,甚至无能为力。

计算机科学的发展和计算机运算能力的不断提高,为复杂体系、不同服役环境下材料的研究提供了新的手段。因而,通过理论计算模拟研究材料结构和性能的新学科计算材料学也应运而生,并迅速得到发展。计算材料学的发展无论是在理论上还是在实验上都使原有的材料研究手段得以极大的改观。它不仅使理论研究从解析推导的束缚中解脱出来,而且使实验研究方法得到根本的改革,使其建立在更加客观的基础上,更有利于从实验现象中揭示客观规律,证实客观规律。因此,计算材料学是材料研究领域理论研究与实验研究的桥梁,不仅为理论研究提供了新途径,而且使实验研究进入了一个新的阶段。

计算材料学涉及材料科学中的各个方面,包括不同维度尺寸结构、各种物理化学性能等,同时对应各种不同的理论计算方法。在进行材料计算时,首先要根据所要计算的对象、条件、要求等因素选择适当的方法。要想做好选择,必须了解材料计算方法的分类。目前,主要有两种分类方法:一是按理论模型和方法分类,二是按材料计算的特征空间尺寸分类。材料的性能在很大程度上取决于材料的微结构,材料的用途不同,决定其性能的微结构尺度会有很大的差别。例如,对结构材料来说,影响其力学性能的结构尺度在微米以上,而对于电、光、磁等功能材料来说可能要小到纳米,甚至是电子结构。因此,计算材料学的研究对象的特征空间尺度从埃米到米。时间是计算材料学的另一个重要的参量。对于不同的研究对象或计算方法,材料计算的时间尺度可从 10^{-15} s(如分子动力学方法等)到年(如对于腐蚀、蠕变、疲劳等的模拟)。对于具有不同特征空间、时间尺度的研究对象,均有相应的材料计算方法。目前常用的计算方法包括第一性原理从头计算法、分子动力学方法、蒙特卡洛方法、元胞自动机方法、相场法、几何拓扑模型方法、有限元分析等。

计算材料学的发展与计算机科学技术的迅猛发展密切相关。以前,即便使用大型计算机也极为困难的一些材料计算,如材料的量子力学计算等,现在使用微机就能够完成,由此可以预见,将来计算材料学必将有更加迅速的发展。另外,随着计算材料学的不断进步与成熟,材料的计算机模拟与设计已不仅仅是材料物理以及材料计算理论学家的热门研究课题,更将成为一般材料研究人员的一个重要研究工具。由于模型与算法的成熟,通用软件的出现,使得材料计算的广泛应用成为现实。因此,计算材料学基础知识的掌握已成为材料学科科研工作者必备的技能之一。

0.3 计算材料学发展的意义

利用理论计算模拟设计材料是发展新型功能材料的重要手段。特别是随着《材料科学系统工程发展战略研究——中国版材料基因组计划》重大项目的启动,如何高效、低成本、短周期开发特定功能材料的研究变得至关重要。随着计算机技术的革新,通过发展结合计算机的理论方法,已成为指导开发设计高效光催化以及新能源材料的不可或缺要素。高性能功能材料设计通常可以分为三个主要方面:微观尺寸方面,即运用统计力学与量子力学来研究原子与分子的微观行为;介观尺寸方面,其大小在微米以上,研究的是许多原子或分子在一定范围内的平均性质,如形变、磁性等,一般用连续统计方程来描述;宏观尺寸方面,如宏观性能、生产流程与使用性能间的关系,材料的断裂以及微观结构的形成等。理论计算模拟可以把这三个方面的因素都考虑在内,通过建立模型,进行计算机模拟,得出符合预期性能的新材料的最佳成分、最佳结构和最合理的工艺流程。计算机的高速计算能力、巨大的存储能力和逻辑判断能力与人的创造能力相结合,可对材料设计提出创造性的构思方案;可从存储的大量资料中进行检索和方案比较;可在总体设计和局部设计中进行大量的、非常复杂的数学和力学计算;可对设计方案进行综合分析和优化设计,确定设计图样,提供组织生产的管理信息。这种理论模拟设计方案能够大大提高设计质量,缩短设计周期,为开发高效功能材料、新材料和新工艺创造条件。

利用理论模拟能够有效模拟复杂体系,包括极端条件下材料服役性能研究,具有非常好的科学研究和现实意义。研究体系的复杂性表现在多个方面,从低自由度体系转变到多维自由度体系,从标量体系扩展到矢量、张量系统,从线性系统到非线性系统的研究都使解析方法失去了原有的威力。因此,借助于计算机进行计算与模拟将成为唯一可能的途径。复杂性是科学发展的必然结果,计算材料学的产生和发展也是必然趋势,它对一些重要科学问题的圆满解决,充分说明了计算材料学的重要作用和现实意义。计算材料学涉及的学科领域极广,并渗透到诸多方面。计算材料学除数值计算以外,还有许多的应用领域,其中计算机模拟是一个潜力巨大的发展方向。

0.4 本书思路和结构安排

计算材料学本着从介绍和发展高精度理论计算方法,结合理论方法探究高效光电催化材料的机理,从而开发设计高效光催材料、新型储能材料及光伏电池材料等。本书总体结构,首先从计算材料学基本原理出发,对包括第一性原理、分子动力学等方法进行论述,随后基于这些计算模拟方法解析光催化技术及其基本原理、高效光催化材料设计、光解水制氢、新型能源及存储材料以及光伏电池材料设计开发等具体内容。

全书围绕功能材料的电子结构,开展材料电子结构的理论方法介绍和发展,通过光电催化技术及基本原理论述了材料电子结构的重要作用,应用具体实例来说明电子结构对材料催化特性的影响规律,论述电子结构调控在开发高效光电催化材料和新型能源、储能材料中的关键作用。全书首先从理论计算方法介绍了描述晶体材料电子结构的方法,包括描述材料晶体的电子结构的三大近似、密度泛函理论以及目前广泛应用于描述电子-电子间的交换关联泛函。针对目前在描述光电催化材料、储能功能材料中电子空间分布难确定、固-液界面结构复杂等问题,课题组自行研发了线性响应 DFT+U、周期性溶剂化模型、Cluster Expansion、Surface Hopping 等模型以及机器学习等方法。这些方法为描述多余电子、载流子的空间分布提供便利,以利于探究固液界面光催化反应。结合当前理论发展的前沿动态,本书也论述了第一性原理计算方法的发展趋势,包括计算算法的改进、高通量计算、人工智能与第一性高通量大尺度计算。第 1 章电子结构的描述往往是基于静态结构,即考虑的是在 0 K 情况下材料的电子结构。为了填补温度对结构的影响,第 2 章着重论述了能够考虑有限温度优化材料结构的方法——分子动力学方法。该方法结合牛顿运动定律及数理统计的优势，能够有效预测和判断温度条件下材料结构的演化。前两章内容主要介绍论述描述材料结构特征、电子结构特征的普适理论方法、课题组发展方法以及计算算法的发展趋势。后面章节主要是应用以上理论方法来解释、开发和设计高效的光电催化材料和新型功能储能材料等。因而，第 3 章首先阐释了光催化技术的发展以及光催化的基本原理。根据光催化基本原理，光催化材料的光吸收强弱、载流子的产生、分离及与吸附物之间的反应快慢、表面活性位点多少，往往决定了材料光催化效率的高低。这些影响因素都与材料的电子结构息息相关。比如，材料中载流子的存在形式极化子还是激子都深深影响材料的光吸收特性；载流子的空间分布形态离域还是束缚态决定了载流子的传输特性等等。第 3 章还论述了材料电子结构在光催化过程中的物理机理问题。

基于以上章节的讨论，第 4 章从开发的角度通过理论计算方法来设计高效光催化材料。根据光催化基本原理，如何延长载流子寿命及增强活性位点是关键。通常的手段有掺杂、异质结构、单原子催化等等。这些修饰方法往往给材料体系带入多余电子，因此如何准确描述这些多余电子有效质量、空间分布及传输特性至关重要。第 4 章论述了多余电子跃迁理论。此外，我们通过介绍不同相二氧化钛多余电子的特征来阐明电子结构与催化效率之间的关系，从而找出高效设计光催化材料的方法。在理解和掌握光催化原理和设计的基础上，第 5 章选取了清洁能源光催化中非常最具代表性光解水催化进行讲解。首先阐释了光解水催化材料所具备的基本原理，包括催化剂材料所具备的带隙、带边等要求。在此基础上，从理论角度出发，加入了本课题组在二维材料及 $NaTaO_3$ 纳米材料在光解水中的应用研究，探究了结构的稳定性、电子特征、光吸收特性及光催化特性，对比分析了表面修饰与非修饰结构的光解水特性，从而总结出材料电子结构与光解水催化效率之间的内在关系。与能源相关的材料，除了光电催化材料，储能材料的研究也是目前科学前沿的热点领域。因此，从第 6 章开始本书着重论述前沿新型能源及储能材料，在该部分选取了储能材料中的典型代表锂离子储能存储材料进行论述。在该章中，首先对锂离子电池材料的发展做了相关论述，特别是书中综合了不同理论方法在研究锂离子电池中的应用。针对目前电池材料储能密度、充电安全等，从理论出发通过改变结构设计、电子性质调控等手段来提高电池材料的性能。除了锂离子电池材料，光伏材料特别是钙钛矿材料是目前研究的热点。因而，第 7 章论述了钙钛矿电池材料的发展历程。钙钛矿光伏电池由于钙钛矿结构的稳定性，其效率深受影响，因此找到影响钙钛矿结构稳定性的因素至关重要。书中从理论出发，分别考虑了影响钙钛矿电池的外在因素（外界水环境）和内在因素（有机分子），总结出外界水分子和有机分子对结构稳定性的影响，以及对钙钛矿结构电子性质的影响，从而影响钙钛矿光伏效率的影响规律。综上所述，本书主要围绕材料结构的电子性质展开，包括从描述材料电子结构的理论方法、电子结构与结构稳定性、电子结构与材料光电催化特性，到电子结构与储能材料光伏材料之间的决定关系。

第1章 第一性原理方法

1.1 第一性原理方法发展概述

材料是人类社会赖以生存的物质基础,纵观人类发展的历史,每种重要新材料的发现和应用都把人类改造自然的能力提升到一个新的水平。在科技日新月异的当代社会,每一项重大科技的突破也很大程度上依赖于相应的新材料的发展。新材料是现代科技发展之本,新材料的开发和应用,某种程度上代表着一个国家的科技水平,现阶段高新技术的发展更是以新材料技术为突破口。新材料产业已经成为21世纪的支柱产业,它能够有力地支撑节能环保、高端装备制造、新能源汽车、新一代信息技术、生物技术等产业的发展。

按照传统的材料制备、测试、分析,再结合理论研究的方法研究新材料,材料从研发到应用往往需要通过反复的测试和改进,这些过程需要经历较长的时间并且耗费大量的资源。但是,随着量子力学基本理论的建立和计算机科学技术的飞速发展,人们可以首先通过计算机对新材料的电子与原子结构和基本性质进行计算模拟,从而大量地节省新材料研发过程中的物力人力,减少环境污染,并且缩短新材料研发的周期。材料的设计与计算模拟是继实验研究方法、理论研究方法之后的第三个重要科学研究方法,对未来科学技术的发展将起到越来越重要的作用。材料的设计与计算模拟是结合现代的材料科学与技术、物理学基本原理以及计算机技术而产生的新兴学科,已经成为当前材料科学研究中最为活跃的热点之一。材料设计与计算模拟主要包括两项内容:一项是材料的计算设计,即直接通过材料的理论模型和数值计算结果,预测或设计新材料结构与性能;另一项是材料的计算模拟,即通过建立数学模型进行数值计算、模拟实验的实际过程。材料设计与计算模拟架起了从微观结构到宏观性质、从基础研究到工程应用的桥梁。小到纳米尺度的原子分子团簇,大到飞机航母等大尺度的宏观材料性质,都能通过不同的方法进行计算模拟。随着材料科学和计算机技术的飞速发展,我们能实现多尺度、高通量的材料设计和计算模拟,这有助于我们理解材料结构与性能、功能之间的关系,引导新型功能材料的发现和发明,缩短新材料的研发周期,降低新材料研发的过程成本。

材料计算与模拟一直以来都受到了美国、日本、新加坡等国家的重视。2011年6月24日,美国宣布了一项总金额超过5亿美元的"推进制造业伙伴关系"计划,其中"材料基因组计划"(本质是计算材料学)是其重要的组成部分,投资金额逾1亿美元。"材料基因组计划"拟通过新材料研制周期内的政府、高校、企业之间的合作,注重实验技术、理论计算和数据库之间的协作和共享,通过搜集众多科学研究小组以及企业有关新材料的各种数据和信息,并且构建专门的数据库以实现共享。"材料基因组计划"解决了新材料从实验室到工厂过程中的一些问题,有望使新材料的研发周期减半,并使研发成本降低到原来的几分之一。

材料的研发离不开计算模拟,可以说计算模拟的作用在整个材料基因组计划中尤为重要,因为模拟的结果将直接关系到材料更进一步的研制过程,准确而有效的模拟结果将会使研发进程事半功倍,而误差偏大的模拟结果反而会导致事倍功半甚至一无所获。因此合适而又准确的计算方法是整个工程得以顺利进行的条件。

在材料模拟过程中对电子结构的计算将是影响整个材料性能研发的关键部分,因此这部分的计算方法也随着时代和资源的演变而进步。基本分为两类,半经验的计算方法和第一性原理计算方法,前者在归纳总结实验和数据的基础上拟合出相似规律的计算参数并应用到其他的体系上;而后者则是通过求解微观多粒子系统满足的最基本的方程——薛定谔方程开始,从而得到相应体系的各种实用性质。原则上任何材料的结构和性能都能依照对应的薛定谔方程求解得到,因而第一性原理的计算便显得十分重要。但是第一性原理计算的发展却并非易事,在过去50多年的时间里经历了较为漫长的过程,从开始基于波函数的量子化学方法到目前使用最为广泛的基于电子密度的密度泛函近似(density functional theory,DFT)。即便是DFT本身也经历了从最初的局域自旋密度近似(local spin density approximation,LSDA)、广义梯度近似(generalized gradient approximation,GGA)、含动能密度的广义梯度近似(meta-GGA)、杂化泛函(hyper-GGA)以及随机相近似(random phase aproximiation,RPA)的过程,形成了这样一个以期达到计算精度"天堂"的"雅可比天梯",如图1-1所示[1]。

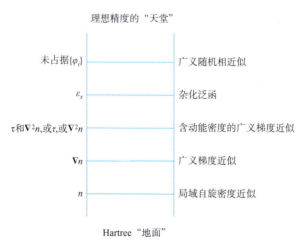

注:n, τ, ε_x和φ_i分别代表电子密度、动能密度、混合比例及电子态。

图1-1 密度泛函近似的"雅可比天梯"

密度泛函理论的发展是与时俱进的,但也同时受着时代发展的制约。不同阶段的方法所需要的计算资源是迥然不同的,从一般规律来看越精确的方法越需要庞大的计算资源做支撑。雅克比天梯上越靠近理想精度"天堂"的方法越需要更多的计算资源。科学计算能力随着时间的推移迅猛发展,因此大尺度、高通量的计算模拟将对未来材料的发展起着重要作用。

尽管密度泛函理论在电子结构的计算上已经取得了十足的进步和发展,但当今的计算资源相比于计算方法所需要的资源仍然非常有限,目前第一性电子结构计算只能在小体系、原子数目不多的系统中应用,而在较大体系上的应用则十分欠缺也相当困难。然而在未来的材料计算中,大尺度将会是一种趋势,尤其是现在,在云计算和量子计算机的快速发展的先进技术基础上,这样的事情有可能在未来几十年内实现。这样,电子结构的计算误差将得到更进一步的限制,精度上会有所进步,更接近实验或实际的材料模拟将会轻松实现。

电子结构计算方法的发展同样也是十分迅速的,从雏形到现在如此普遍应用的、拥有可观计算精度的方法也不过几十年。因此,几十年后,新的方法,比如新的交换关联泛函的出现,或许能够弥补许多现行方法的不足之处,或许可以精确地实现计算模拟结果和实际材料性能的无缝衔接。这样,就实现了材料计算模拟的本质目的。毕竟在现阶段的计算模拟程度上,计算的结果都能够很好地与实验结果相匹配,甚至引领实验和材料的方向,那么在不久的将来这样的事情将会是更加具有普遍性和前瞻性的。只要给出既定的性能需求,便可在海量的材料库中找出或者匹配出相应的材料,通过计算模拟得出最优的结果,再引导实验得到这样的材料,这样在短时间内便可实现需求到产品的流程,大大缩短人类对材料的探究周期。

1.2 电子结构计算方法

1.2.1 概述

量子力学是从电子、原子、分子和固体层次上来处理一般物理和化学中的理论问题。式(1-1)给出量子力学最基本的方程,这是非相对论近似下的薛定谔(Schrödinger)方程。具体来说,第一性原理计算是通过求解体系薛定谔方程得到体系的本征态,进而得到体系的本征能量、基态电子密度,由此出发获得体系所有的宏观物理化学性质。这种从决定物性的本质方程出发,通过求解其基态状态进而研究体系物化性质的计算统称为第一性原理(first-principles)计算。

$$\widetilde{H}\Psi(R,r) = E\Psi(R,r) \tag{1-1}$$

式中 $\Psi(R,r)$ ——体系的波函数;

E——体系的本征能量;

$\widetilde{H}$——体系的哈密顿量。

$\widetilde{H}$ 与离子和电子位置 R,r 相关,具体形式为

$$\widetilde{H}=-\sum_i\frac{\hbar^2}{2m_e}\nabla_i^2-\sum_i\frac{\hbar^2}{2m_i}\nabla_i^2+\sum_{i<j}\frac{e^2}{|r_i-r_j|}+\sum_{i<j}\frac{z_iz_je^2}{|R_i-R_j|}-\sum_i\sum_j\frac{z_je^2}{|r_i-R_j|}$$

(1-2)

式中 m_e, m_i——电子和离子的质量;

z_i——第 i 个离子所带的电荷数;

$\hbar$——约化普朗克常数;

e——电子电荷量;

∇^2——拉普拉斯算子;

r_i, r_j——第 i、j 个电子的位置函数;

R_i, R_j——第 i、j 离子的位置函数。

式(1-2)中右边五项从左至右分别为电子动能、离子动能、电子相互作用势、离子相互作用势以及电子与离子相互作用势。

第一性原理计算的发展曲折而又漫长,经历了较为坎坷的过程,最开始的量子化学方法都是基于波函数的,但是波函数是 $3N$ 个坐标的函数(N 为体系电子个数),很难想象多电子波函数的形状,这给人们的直观感觉造成很大困难。而目前使用最为广泛的 DFT 则是基于电子密度的,尽管在 1927 年 Thomas 和 Fermi 就提出用电子密度来描述体系的方法,即 Thomas-Fermi 模型[2,3],但是直到 1964 年 Hohenberg 和 Kohn 定理[4]的出现才奠定了现代密度泛函理论的基础。而 Kohn 和 Sham(沈吕久)[5]提出引入无相互作用体系的处理方法则为 DFT 的实际应用开辟了道路。

无论是波函数的方法还是后起之秀 DFT,都是在处理多体问题,严格求解多体薛定谔方程是一个异常复杂的过程,这对于非常简单的体系,像氢原子体系来说可以求得严格解,而对于大多数体系来说,哈密顿量中包含了极其复杂的作用项。因此,为了求解多体体系的薛定谔方程,人们又采取了绝热近似、平均场近似等一系列的近似手段,在保证不降低相应精度的情况下近似求得体系的基态解。

1.2.2 非相对论近似

由爱因斯坦的相对论原理可知,物体的质量会随着它的运动速度的增大而增大。在精确计算中电子不停地在做高速运动,因此其质量不可被看作常数,这样一来哈密顿算符中的一个分母项中就会出现非常复杂的函数,利用已有的数学知识很难对其进行处理。采用非相对论近似,就可以完全忽略这一效应,对所有电子取它的静止质量(m_0),即令 $m_e=m_0$。

从而,哈密顿算符改写为

$$\widetilde{H} = -\sum_i \frac{\hbar^2}{2m_0}\nabla_i^2 - \sum_i \frac{\hbar^2}{2m_i}\nabla_i^2 + \sum_{i<j} \frac{e^2}{|r_i-r_j|} + \sum_{i<j} \frac{z_i z_j e^2}{|R_i-R_j|} - \sum_i \sum_j \frac{z_j e^2}{|r_i-R_j|}$$
(1-3)

对于不同原子,非相对论近似所带来的误差都会随着原子序数 Z 的增大而增大。虽然能量误差主要来自原子的内层芯电子,但是对原子、分子的化学行为起主要贡献的是其价电子部分,而价电子引起相对论能量误差非常小。此外,由芯电子相对论能量引起的大多数误差在计算键能的时候都可以相互抵消。因此,在不含重元素和重金属的材料计算中,可以完全忽略非相对论近似所引起的微小误差。然而,对于在第二过渡周期及其后的元素来说,相对论效应会通过芯电子作用间接传递到价电子上,从而对结果产生较大的影响。如果此时仍然没有对计算结果加以必要的相对论修正,那么误差有可能变得很大,甚至会对结果造成一定程度上质的影响。

1.2.3 玻恩-奥本海默近似

在式(1-1)中体系的波函数实际包含了两项,即原子核波函数 $\Psi_i(R)$ 和电子波函数 $\Psi_e(R,r)$

$$\Psi(R,r) = \Psi_i(R) \cdot \Psi_e(R,r) \tag{1-4}$$

原子中,原子核的质量要远远大于电子的质量,比如质子的质量约为电子静止质量的1823倍,因此原子核的速度远远比不上电子速度。尽管原子本身处于热运动中,可是一旦核的位置发生细微改变,电子能够瞬间改变自己的运动状态以适应新的库仑场。正是由于这个特性,Born 与 Oppenheimer[6]建议采取近似来分开考虑原子核与电子的运动,其主要内容为:(1)将分子整体的平移、转动和核的振动运动单独区分开;(2)研究电子运动时,把分子的质心设为坐标系原点,并且令它随分子整体一起平移和转动;(3)认为原子核在整个振动过程中一直在某一位置上固定不动。这就是所谓的 Born-Oppenheimer 近似(BO 近似),亦或称为绝热近似。

采用 BO 近似后,我们就可以把电子波函数和核波函数的乘积写成分子的总波函数,其中电子波函数只含有电子坐标这个自变量。相应地,总电子的哈密顿算符就可以写成只含电子的动能和势能项,即

$$\begin{aligned}\widetilde{H}_e(R,r) &= -\sum_i \frac{\hbar^2}{2m_0}\nabla_i^2 + \sum_{i<j}\frac{e^2}{|r_i-r_j|} - \sum_i \sum_j \frac{z_j e^2}{|r_i-R_j|} \\ &= \widetilde{T}_e + \widetilde{V}_e\end{aligned}$$
(1-5)

式中 $\widetilde{T}_e, \widetilde{V}_e$——电子的动能和势能。

可见,通过采取 BO 近似,我们成功达到了分离离子和电子的目的,得到了原子核的波动方程以及电子的波动方程。

1.2.4 平均场近似

尽管采取了前两个近似后,得到了式(1-5)中这个简化的哈密顿量,但其中含有 $1/r_{ij}$ 项。因 $r_{ij}=|r_i-r_j|$ 出现在分母没办法分离变量。为了解决这一难题,D. R. Hartree[7]引入了平均场近似,又称单电子近似或轨道近似。它的主要内容是:平均化了电子间的库仑排斥作用,每个电子都看作是在核库仑势与其他电子对该电子作用的平均势相叠加而成的势场中运动,这样单个电子的运动轨迹只会受其他电子云分布的影响,而与该电子的瞬时位置无关。这样体系电子的哈密顿算符就简化为

$$\widetilde{H}_e = \sum_i \widetilde{h}_i \tag{1-6}$$

$$\widetilde{h}_i = -\frac{\hbar^2}{2m_0}\nabla_i^2 - \sum_j \frac{Z_j e^2}{|r_i - R_j|} \tag{1-7}$$

式中 $\widetilde{h}_i$——体系当中某一个电子的哈密顿量。

其定态薛定谔方程变为

$$\widetilde{h}_i \varphi_i = \varepsilon_i \varphi_i \tag{1-8}$$

式中 ε_i, φ_i——电子的本征值及单电子波函数,通常也被称为分子轨道(MO)。

又因各个单电子波函数的自变量之间相互独立,所以 N 电子体系的总波函数 Ψ 可以写成 N 个单电子波函数乘积形式

$$\Psi = \prod_i \varphi_i \tag{1-9}$$

而体系总的哈密顿量就可以写成

$$\widetilde{h}_i = -\frac{\hbar^2}{2m_0}\nabla_i^2 - \sum_i \frac{Z_j e^2}{|r_i - R_j|} + v_i \tag{1-10}$$

$$v_i = \sum_{j \neq i} \int \frac{\rho_j}{|r_i - r_j|} dr_j \tag{1-11}$$

$$\rho_j = |\varphi_j|^2 e \tag{1-12}$$

式中 v_i——电子的相互作用能;

φ_j——电子态波函数。

可以看出,单电子近似的好处就是把原来含 N 个电子坐标的体系总波函数拆分为 N 个单电子波函数进行求解。由于单电子波函数自变量数目大幅减少,相应的计算量和数学难度也大幅降低。

1.2.5 Hartree-Fock 方程

然而,式(1-9)的波函数并不能严格地描述多电子体系状态。这是因为电子属于费米子,即自旋量子数 s 为半整数的微观粒子。我们知道由费米子构成的全同粒子体系必须遵

循费米统计分布,因此体系总波函数应当满足以下两个条件:(1)全同性,即任意交换两个全同粒子的坐标后,粒子的总几率保持不变;(2)反对称性,即任意交换两个全同粒子的坐标后,波函数要满足绝对值相同,符号相反。

由此可见,式(1-9)中的波函数明显不能满足上述交换反对称性。于是人们引入了 Slater 行列式这一概念来描述波函数[8],这样 n 个电子体系的总波函数被写为

$$\Psi(r_1,r_2,\cdots,r_n)=\frac{1}{\sqrt{n!}}\begin{vmatrix}\varphi_1(r_1) & \varphi_2(r_1) & \cdots & \varphi_n(r_1)\\ \varphi_1(r_2) & \varphi_2(r_2) & \cdots & \varphi_n(r_2)\\ \vdots & \vdots & & \vdots \\ \varphi_1(r_n) & \varphi_2(r_n) & \cdots & \varphi_n(r_n)\end{vmatrix}=|\varphi_1,\varphi_2,\cdots,\varphi_n\rangle \quad (1\text{-}13)$$

式(1-13)中,$|\cdot\rangle$ 代表右矢,表示体系的一个微观状态。

容易看出上式中的波函数能够完全符合费米子的两个特性。另外,对于单电子波函数还应当满足正交归一性

$$\langle\varphi_i|\varphi_j\rangle=\delta_{ij} \quad (1\text{-}14)$$

式(1-14)表示左矢与右矢的内积。

截止到现在,经历了三大近似精简哈密顿形式以及用 Slater 行列式完美描述波函数后,我们一直关心的式(1-1)薛定谔方程的解已经呼之欲出了。随后,Fock 建议将 Slater 行列式代替 Hartree 积作为多体波函数应用到自洽场中[9]。例如我们以两电子体系的库仑相互作用算符得到

$$\int\Psi\frac{1}{r_{12}}\Psi\mathrm{d}r_1\mathrm{d}r_2=\widetilde{J}_{ab}-\widetilde{K}_{ab} \quad (1\text{-}15)$$

$$\widetilde{J}_{ab}=\int\varphi_a^2\frac{1}{r_{12}}\varphi_b^2\mathrm{d}r_1\mathrm{d}r_2 \quad (1\text{-}16)$$

$$\widetilde{K}_{ab}=\int\varphi_a\varphi_b\frac{1}{r_{12}}\varphi_a\varphi_b\mathrm{d}r_1\mathrm{d}r_2 \quad (1\text{-}17)$$

式中 $\widetilde{J}_{ab},\widetilde{K}_{ab}$ ——电子间库仑排斥能和交换能;

φ_a,φ_b——a,b 电子波函数;

r_1,r_2——a,b 电子的位置函数。

这样,对于多电子体系的 Hartree-Fock 方程就可以写为

$$\widetilde{h}_i\varphi_i=\varepsilon_i\varphi_i=\left(-\frac{\hbar^2}{2m_0}\nabla_i^2-\sum_j\frac{z_je^2}{|r_i-R_j|}+\widetilde{J}-\widetilde{K}\right)\varphi_i \quad (1\text{-}18)$$

式中 $\widetilde{J}$——库仑排斥能;

$\widetilde{K}$——交换能;

z_i——第 i 个离子所带的电荷数;

m_0——电子静止质量;

R_i——离子位置函数。

所谓交换能,它是微观全同粒子所特有的,是引入平均场近似后自旋相同的两个电子间的作用能。Hartree-Fock 方程能够十分精确地描述体系的交换能。可以说到了这一步,求解薛定谔方程的难度已经大幅简化,并且所得到的基态能量也已经比较接近体系的精确能量。然而 Hartree-Fock 方程还是存在它的局限性。首先,它完全忽略了自旋不同电子间的关联作用。其次,它是一套基于波函数的方法,计算量比较大,主要应用在分子体系。

1.2.6 过渡态理论

过渡态理论(transition state theory)又称活化络合物理论,是 1935 年由 Polanyi 及 Eyring 提出来的[10,11],主要内容是说在反应物分子变成生成物分子的过程中,一定会经过一个能级较高的过渡态。该理论通过分子的质量、核间距、振动频率等基本参数,来计算反应的速率系数,所以又被称绝对反应速率理论。由于反应本质上都是各原子之间重新排列组合,为了使反应能够持续进行,体系的势能会在这个过程中降低。过渡态理论能够通过计算原子间的势能随空间位置变化的关系,得到原子之间成键和断键等有用信息,这对我们从微观角度了解分子之间反应的细节大有裨益。在光催化领域中,所涉及的化学反应数量繁多,因此通过搜索过渡态来计算反应所需要跨过的能垒是很有必要的。在确定过渡态方法的过程当中,依次经历了弹性带方法、轻推弹性带方法(nudged elastic band, NEB)[12-14]以及爬坡镜像的弹性带方法(climbing image nudged elastic band, CI-NEB)[15,16]。本书主要介绍最后一种 CI-NEB 方法。

弹性带方法基本思路为:用一系列在能量路径上的镜像点来描述起始态及末态之间的最小能量路径(minimum energy path, MEP),并且这些镜像点应均匀分布在反应的能量路径上。但弹性带方法存在一定的局限性,一旦设置的弹性系数过小,镜像点在能量优化时将朝稳定态能量值进行收敛,很难得到最小能量路径上的能量值。此外,最终所要寻找的过渡态往往不在获得的最小能量路径上。因此,科学家们对这种方法进行了改进,即 NEB 方法。

要想采用 NEB 方法来寻找过渡态,得在初始反应物和产物之间插入一定数目的中间构型(image),这一过程被视作初始反应链。接下来在搜索过程中,为了将所有的中间构型连在一起,会在相邻两构型之间施加一个弹簧力,同时还要确保构型之间距离相等。然后再把施加在构型上的真实力分解到两个方向上,即平行和垂直于反应路径的方向。为了避免对各个构型之间距离有影响,平行于反应路径方向的分力直接忽略不计。这里只考虑弹簧力的平行分量和真实力的垂直分量,这样既可保证构型等距,同时构型分布也不会受到真实力的影响,最重要的是解决了在局域稳定相中确定 MEP 的问题。而 CI-NEB 方法则是对 NEB 方法的进一步改进。它的优点是鞍点附近的弹簧力不复存在,此时构型可以直接弛豫到准确过渡态的位置,最后得到的过渡态总能是相当精确的。但是弹簧力的消失带来的问题就是,过渡态构型与相邻的两个构型之间距离不一定保持相等。利用这种方法最大好处是搜寻 MEP 的同时可以十分准确地得到反应过渡态。

值得指出的是,无论对于哪种过渡态搜索的方法,应当尽量构建其最接近真实情况的初始路径,一旦初始路径与真实路径偏离较远,不仅会导致计算难以收敛,同时也难以寻找真正的过渡态结构。总体说来,过渡态理论的优点是将反应物分子的微观结构与反应速率相联系,提供了从理论上求活化能和活化熵的可能性,在碰撞理论的基础上大大前进了一步。

1.3 密度泛函理论

在密度泛函理论中,体系电子的密度作为因变量,体系其他物理量可以用电子密度的泛函来表示,这样对于 N 电子体系,可以将 $3N$ 维问题简化为三维问题,这便是该方法从根本上区别于以波函数为因变量的 Hartree-Fock 方法的地方。

早在量子力学建立以前,人们尤其化学家就利用密度的概念有效地解释了大量实验现象和规律。于是在量子力学刚建立的时候,就有人尝试利用电子密度而不是波函数描述体系状态。在 1927 年,Thomas 和 Fermi[2,3] 各自利用统计模型处理原子的电子问题时,提出用电子密度来表示电子动能,即 Thomas-Fermi 动能泛函:

$$T[\rho(r)] = \frac{3}{10}(3\pi^2)^{\frac{2}{3}} \int \rho^{\frac{5}{3}}(r) dr \tag{1-19}$$

式中 $T[\rho(r)]$——电子动能;
$\rho(r)$——r 处电子密度。

对于多电子原子,在只考虑核与电子及电子间相互作用时,则能量为:

$$E_{TF}[\rho(r)] = C_F \int \rho^{\frac{5}{3}}(r) dr - z \int \frac{\rho(r)}{r} dr + \frac{1}{2} \iint \frac{\rho(r_1)\rho(r_2)}{|r_1 - r_2|} dr_1 dr_2 \tag{1-20}$$

式中 C_F——系数,即为 Thomas-Fermi 近似[5,6]。

在此基础上,Dirac 又考虑了电子之间交换相关作用,得到电子总能量的密度泛函

$$E_{TF}[\rho(r)] = C_1 \int \rho^{\frac{5}{3}}(r) dr - \int V_{ext} \rho(r) dr + C_2 \int \rho^{\frac{4}{3}}(r) dr + \frac{1}{2} \iint \frac{\rho(r_1)\rho(r_2)}{|r_1 - r_2|} dr_1 dr_2 \tag{1-21}$$

式中 V_{ext}——外势场。

式(1-21)中,包含的四项能量从左至右分别为电子动能、外场下作用能、交换作用能和 Coulomb 作用能,此即为 Thomas-Fermi-Dirac 近似[17]。

虽然 Thomas-Fermi-Dirac 近似可以将体系的能量用密度的泛函来表示,是密度泛函理论的雏形,但是,没有一般的证明体系的状态和性质可以用电子密度分布精确地描述,所以一般认为,密度泛函理论是在 Hohenberg 和 Kohn 证明了两个定理[4]之后才正式建立的。

1.3.1 Hohenberg-Kohn 定理

Hohenberg-Kohn 定理[4]于 1964 年被 Hohenberg 和 Kohn 发现证明,共有两个定理。

定理 1：全同费米子系统基态的电子密度 $\rho(r)$ 与所处外加势场 $V_{\text{ext}}(r)$ 有一一对应关系。

定理 2：对于给定的外加势场，与之对应的电子密度为 ρ_0，有任意的电子密度函数 $\rho'(r) \geqslant 0$，且 $\int \rho'(r) \mathrm{d}rr = \int \rho_0 \mathrm{d}r = N$，那么对于密度函数的能量泛函 $E[\rho'(r)]$ 有如下关系成立：$E[\rho'(r)] \geqslant E(\rho_0)$。其中 N 为体系包含的电子数；$E(\rho_0)$ 为体系在该给定外加势场下对应的基态能量。

定理 1 证明了外加势场与电子密度之间的唯一泛函关系。于是，由 $\rho(r)$ 就确定了 $V_{\text{ext}}(r)$，而对电子密度的全空间积分就得到体系的总电子数 N，因而也就确定了体系的哈密顿量，从而完全确定体系的所有性质。体系总能、动能及电子间相互作用能都是 $\rho(r)$ 的泛函，分别记作 $E[\rho(r)]$、$T[\rho(r)]$ 及 $E_{\text{ee}}[\rho(r)]$，则有：

$$E[\rho(r)] = T[\rho(r)] + E_{\text{ee}}[\rho(r)] + \int \rho(r) V_{\text{ext}}(r) \mathrm{d}r = F[\rho(r)] + \int \rho(r) V_{\text{ext}}(r) \mathrm{d}r \tag{1-22}$$

$$F[\rho(r)] = T[\rho(r)] + E_{\text{ee}}[\rho(r)] \tag{1-23}$$

$F[\rho(r)]$ 与外势场无显式关系，为普适性的密度泛函。因此 Hohenberg 和 Kohn 建议将电子密度作为求解多电子体系的基变量。而定理 2 则是关于能量泛函的变分原理，即可以利用变分原理，通过求能量极小值来获得体系的基态能量及电子密度。该定理表明对于基态 Thomas-Fermi 模型可以作为一个精确的理论，奠定了密度泛函理论的基础。

1.3.2 Kohn-Sham 方程

应用密度泛函理论来进行电子结构计算必须知道能量作为密度泛函即 $F[\rho(r)]$ 的具体表达式。Kohn 和 Sham 提出将能量泛函的主要部分先分离出来，即将独立（没有相互作用）粒子动能和 Coulomb 能从 $F[\rho(r)]$ 中分出，剩余的部分再作近似处理[18]。为得到系统的电子数密度 $\rho(r)$，他们假想对任一个实际存在相互作用的 N 电子体系都相应地存在一个无电子相互作用的体系，并存在正交归一函数组 $(\varphi_1, \varphi_2, \cdots, \varphi_N)$ 满足：

$$\rho(r) = \sum_{i=1}^{N} \varphi_i^*(r) \varphi_i(r) \tag{1-24}$$

式中 $\rho(r)$——体系实际的电子密度分布；

$\varphi_i^*(r)$——$\varphi_i(r)$ 的共轭波函数。

电子间没有相互作用的模型体系的动能为：

$$T_s[\rho(r)] = \sum_{i=1}^{N} \left\langle \varphi_i(r) \left| -\frac{\hbar^2}{2m} \nabla^2 \right| \varphi_i(r) \right\rangle \tag{1-25}$$

则 $F[\rho(r)]$ 就可以表示为密度的泛函：

$$F[\rho(r)] = T_s[\rho(r)] + J[\rho(r)] + E_{\text{XC}}[\rho(r)] \tag{1-26}$$

式中　$J[\rho(r)]$——经典 Coulomb 能，

$$E_{\text{XC}}[\rho(r)] = T[\rho(r)] - T_s[\rho(r)] + E_{\text{ee}}[\rho(r)] - J[\rho(r)] \tag{1-27}$$

其中，$E_{\text{ee}}[\rho(r)]$ 为电子间相互作用能。

比较式(1-23)可知，$E_{\text{XC}}[\rho(r)]$ 为体系实际能量与非相互作用模型能量的差值，称为交换相关能泛函，主要包含的是交换能。将式(1-26)代入到式(1-22)得体系总能为：

$$\begin{aligned} E[\rho(r)] &= T_s[\rho(r)] + J[\rho(r)] + \int \rho(r) V_{\text{ext}}(r) \mathrm{d}r + E_{\text{XC}}[\rho(r)] \\ &= \sum_{i=1}^{N} \int \varphi_i^*(r) \left(-\frac{\hbar^2}{2m} \nabla^2 \right) \varphi_i(r) \mathrm{d}r + \frac{1}{2} \iint \frac{\rho(r_1)\rho(r_2)}{|r_1 - r_2|} \mathrm{d}r_1 \mathrm{d}r_2 \\ &\quad + \int \rho(r) V_{\text{ext}}(r) \mathrm{d}r + E_{\text{XC}}[\rho(r)] \end{aligned} \tag{1-28}$$

式(1-28)对 $\varphi_i(r)$ 变分求极值，令

$$\delta \left\{ E[\rho(r)] - \sum_{i=1}^{N} \sum_{j=1}^{N} \varepsilon_{ij} \int \varphi_i^*(r) \varphi_j(r) \mathrm{d}r \right\} = 0 \tag{1-29}$$

即得 Kohn-Sham 方程[5]：

$$\widetilde{H}_{\text{KS}} \varphi_i(r) = \left[-\frac{\hbar^2}{2m} \nabla^2 + V_{\text{eff}}(r) \right] \varphi_i(r) = \varepsilon_i \varphi_i(r) \tag{1-30}$$

$$V_{\text{eff}}(r) = V_{\text{ext}}(r) + \int \frac{\rho(r')}{|r-r'|} \mathrm{d}r' + V_{\text{XC}}[r] \tag{1-31}$$

$$V_{\text{XC}}[r] = \frac{\delta E_{\text{XC}}[\rho(r)]}{\delta \rho(r)} \tag{1-32}$$

式中　$\widetilde{H}_{\text{KS}}$——Kohn-Sham 能量算符哈密顿量；

$V_{\text{eff}}(r)$——有效势能项，圆括号(·)表示函数关系；

$V_{\text{XC}}[r]$——交换关联势能泛函，方括号[·]表示泛函关系。

知道由 $E_{\text{XC}}[\rho(r)]$ 即可求得 $V_{\text{eff}}(r)$。通过求解 Kohn-Sham 方程便可得到基态基组 $(\varphi_1(r), \varphi_2(r), \cdots, \varphi_N(r))$，即可求得系统基态电子密度 $\rho(r)$ 和能量 E。

由上而知，只有知道了严格的交换关联势，才可以通过求解 Kohn-Sham 方程得到的基态本征值 ε_i，但是一般这个势很难给出正确形式，因而得到的 Kohn-Sham 轨道并不是严格意义上的单电子轨道。尽管如此，Kohn-Sham 轨道经常被用来作为近似的分子轨道，严格来讲它可以计算电子几率密度。相比于 Hartree-Fock 近似，密度泛函理论对系统能量的计算大大提升，而且计算量也有很大下降。为了进一步提高计算精度，找到合适的 $V_{\text{XC}}[r]$ 也就成了密度泛函理论中的研究重点。

1.3.3　交换关联泛函

交换关联势的精确形式很难得到，在实际密度泛函理论计算中通常应用各种近似形式。前面给出交换关联泛函发展的"雅克比天梯"，根据泛函表达式所含变量的多少而得到不同

的精度,从最初的 Hartree 近似到 LSDA,GGA,meta-GGA,hyper-GGA 以及 RPA 的过程,形成了这样一个以期达到计算精度的"天堂"。

1. 局域密度近似(local density approximation,LDA)

首先要考虑的交换关联泛函是基于均匀电子气模型发展的局域密度近似。其中心思想是应用均匀电子气模型:唯一决定能量的电子密度 ρ 在任何一个位置上是一个固定值。当然这将会引起一些不当(特别是在原子核处的电子密度)[19]。在此情况下交换关联能和交换能分别为

$$E_{XC}^{LDA}[\rho] = \int \rho(r)\varepsilon_{XC}(\rho)dr \tag{1-33}$$

$$E_{X}^{LDA}[\rho] \propto -\int \rho^{\frac{4}{3}}(r)\frac{3}{4}\left(\frac{3}{\pi}\right)^{\frac{1}{3}}dr \tag{1-34}$$

式中 ρ——电子密度;

$\varepsilon_{XC}(\rho)$——交换相关能量密度。

$\varepsilon_{XC}(\rho)$ 将 LDA 扩展到自旋极化领域,那么局域密度近似就称为局域自旋密度近似(LSDA 或 LSD)。LDA 在计算金属等电子密度均匀的体系当中能够给出不错的结果。然而对其他体系误差比较大。

2. GGA

实际体系中电子密度不可能像理想的自由电子气那样均匀分布。为了提高计算精度,人们引入密度的梯度,这便是 GGA[20]。

$$E_{XC}^{LDA}[\rho] \propto \int f(\rho,\nabla\rho)dr \tag{1-35}$$

GGA 也是现行比较常用的交换关联泛函,主要分为两大流派:一是以 Becke[21] 为首大量运用拟合的方法来提高泛函精度的流派;另一个则是以 Perdew[22] 为首主张少用拟合参数,而是通过渐进行为来限制而得到较好的泛函的流派,比较常用如 PBE[23]、PW91[24] 等。尽管 GGA 显著提升了 LDA 的精度,但是很多情况下还是低估,无法达到化学精度。

3. meta-GGA

人们进一步加入了密度的二次方项,即动能密度变量,这样的泛函称为 meta-GGA 泛函,比如 TPSS 泛函[25]。

4. 杂化泛函

Hartree-Fock 理论中包含了精确的交换作用能,因此,在 DFT 中复合部分精确交换能有助于提高 DFT 的精度。这种方法的合理性可以用绝热关联理论来论证。但是,直接将精确交换能作为交换泛函的效果并不好,因为局域的关联部分存在误差,因此精确交换能常以部分比例引入到交换关联能中:

$$E_{XC} = aE_X^{HF} + (1-a)E_{XC}^{GGA} \tag{1-36}$$

式中 E_{XC}——交换关联能;

a——比例系数；

E_X^{HF}——Hartree-Fock 交换能；

E_{XC}^{GGA}——广义梯度近似交换关联能。

引入额外的经验参数做进一步改进，Becke 开发出三参数的杂化泛函表达式[26]，例如被广泛使用的 B3LYP[27]：

$$E_{XC}^{B3LYP} = aE_X^{HF} + (1-a)E_{XC}^{LSDA} + bE_X^{B} + cE_C^{LYP} \tag{1-37}$$

式中 E_{XC}^{LSDA}——含自旋的交换关联能；

b, c——比例系数；

E_X^{B}——交换能；

E_C^{LYP}——LYP 关联能。

由于固体存在 Coulomb 屏蔽，交换相互作用可以分远程和近程两部分：

$$\frac{1}{r} = \frac{1-\mathrm{erf}(\omega r)}{r} + \frac{\mathrm{erf}(\omega r)}{r} \tag{1-38}$$

式中 ω——比例参数；

erf——误差函数。

式(1-38)右边第一项为近程部分，第二项为远程部分，具体分割由 ω 决定，比如在 HSE 杂化泛函[28]中只对近程杂化：

$$E_{XC}^{HSE} = aE_X^{HF,SR} + (1-a)E_{XC}^{PBE,SR} + E_X^{PBE,LR} + E_C^{PBE} \tag{1-39}$$

式中 SR——短程作用；

LR——长程作用。

5. DFT+X

对强关联体系，电子局域性较强，尽管能带为部分占据，体系也表现出绝缘性（Mott 绝缘体），电子从一个原子跳到另一个原子需要克服 Coulomb 排斥，比能带宽度要大。通常的交换关联泛函低估 d、f 区电子的局域性，可以通过引入 Hubbard 模型加入在位 Coulomb 能修正，即为 DFT+U 方法。

对弱相互作用体系，通常的 DFT 不能给出长程渐进行为，可以通过加入色散力矫正，即 vdW 范德华修正，得到 DFT+D 的方法。

6. 准粒子近似（GW 方法）

同样是为了解决电子气问题，Hedin 于 1965 年另辟蹊径从多体系统格林函数出发，研究复杂多体效应对准粒子能级中自能部分贡献的思想和方法[29]。基于该思想和方法，最后由他人发展成为准粒子近似，也就是 GW 方法，即用自能代替密度泛函局域近似中的交换关联能，以提高能带计算的准确性。这种近似并不是一种严格的交换关联能量泛函形式，但其准粒子方程形式上与 Kohn-Sham 方程非常接近。

利用多体理论，体系的能带可以通过求解准粒子本征态而得到，本征态可通过求解准粒子方程获得：

$$\tilde{h}\varphi_i(r,\omega) + \int \Sigma(r,r';\omega)\varphi_i(r',\omega)dr'\varphi_i(r,\omega) = \varepsilon_i \varphi_i(r,\omega) \quad (1\text{-}40)$$

$$\tilde{h} = -\frac{\hbar^2}{2m}\nabla^2 + V_{\text{ext}}(r) + \int \frac{\rho(r')}{|r-r'|}dr' \quad (1\text{-}41)$$

式中 $\tilde{h}$——准粒子哈密顿量；

$\Sigma(r,r';\omega)$——体系自能项，是 r,r',ω 的函数。

$\Sigma(r,r';\omega)$ 值可以通过格林函数 G 和库仑相互作用 W 进行积分而得到，即 $\Sigma = iGW$，而 GW 近似也由此而来。在 GW 计算中，准粒子能级可以通过对 Kohn-Sham 单粒子轨道进行一阶微扰而获得，而体系自能项则可以通过自洽求解而得 iG_0W，其中 G_0 为格林函数零级近似，而 W 通过 Plasmon-pole 模型得到。为了解决自洽计算及体系总能问题，Holm 提出了一种既能提高精度又同时在保持计算量的情况下进行部分自洽的方法，该方法使得 GW 的方法能更好地处理激发态问题[30]。然而，只有那些寿命较长的准粒子本征态，才能得到相对较准确的能级信息。

1.3.4 赝势

我们利用一些方法解决了哈密顿量中交换关联的部分，而另一个离子外场 V_{ext} 问题也十分重要。化学实验事实及量子化学第一性计算结果均表明，在化学变化过程中原子芯层的电子状态是几乎不受扰动的。但是芯电子轨道集中在原子核近邻，其能量在体系总能中所占比例很大，为精确计算体系总能，波函数要能准确描述芯电子层电子状态，这导致大量计算花在了对化学过程影响很小的芯电子层，且计算涉及的原子越重，这个问题越突出。为解决这一问题，赝势法应运而生[31-33]，赝势法主要思想是构造一种模型势用于单电子方程中，使得其价电子势与真实势趋近一致，而芯电子势则是没有径向节点的变化平缓的函数。因为这种势是构造出的非真实势，所以叫作赝势。图 1-2 给出了 Coulomb 真实势与赝势的一种直观对比。从中可以看出当原子距离超过截断距离 r_c 之后两者便

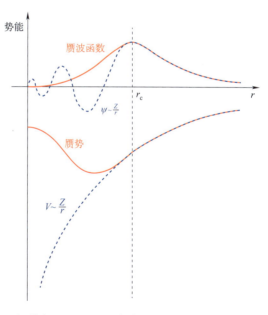

注：其中，Ψ,V,Z,r,r_c 分别是 Coulomb 波函数、势能、离子实电荷数、电子坐标、截断半径。

图 1-2 Coulomb 势与赝势及其对应波函数与赝波函数对比

重合了。

赝波函数通常变化缓慢，少了剧烈震荡意味着用相对较少的基组函数就可以展开。没有节点也就意味着没有比其本征值更低的量子态来与其正交，求解内层电子的需要也就消失了。

常用的赝势有模守恒赝势（norm-conserving pseudopotential, NCPP）[34]、超软赝势（ultra soft pseudopotential, USPP）[35]及投影缀加平面波方法（projector augmented wave method, PAW）[36]等。所谓模守恒就是说芯电子层可以与真实波函数不同，但是电荷密度的积分须相同，也被称作硬赝势。与此相对地，对电荷密度积分没有要求的叫作软赝势。1994年，Blöchl提出将全电子波函数与赝波函数通过变换联系起来得到PAW方法[36]。

1.3.5 基组

在处理完哈密顿量之后我们再来考虑波函数的表示，在式（1-24）中我们将波函数表示为正交归一的有限个解析函数（基组）的线性组合。一种常用的方案是将基函数的中心选在分子中各个原子上，模拟孤立原子的轨道（s, p, d, …），通过原子轨道的线性组合（LCAO）来得到分子轨道。原子轨道一般可写成：

$$\Psi(r,\theta,\phi)=R_n(r)Y_{lm}(\theta,\phi) \tag{1-42}$$

式中 $Y_{lm}(\theta,\phi)$ ——球谐函数；

$R_n(r)$ ——径向函数部分，可以选择Slater型函数、Gaussian型函数或者数值函数。

Slater型函数（Slater-type orbital, STO）是类氢原子轨道[37]，也是比较好的基函数，但是计算三中心和四中心双电子积分比较困难。Gaussian型函数（Gaussian-type orbital, GTO）采用Gaussian函数作为基函数，可以把多中心积分变成单中心积分（两个高斯函数的乘积还是高斯函数），这样大大简化积分计算。但是Gaussian函数在r大的时候衰减很快且没有节点。为弥补这些缺陷，可以用几个指数不同的Gaussian型函数拟合一个Slater型轨道即收缩高斯基组（STO-nG）。对处于各向异性环境中原子有时需要使用极化基组。此外还有弥散函数，数值原子基组等。

以上都是原子型基组，实际上任意单电子波函数都可以写成平面波叠加的形式：

$$\Psi_{n,k}(r,\theta,\phi)=\sum_G C_{n,(k+G)} e^{i(k+G)r} \tag{1-43}$$

式中 G ——倒格矢基矢的整数倍；

k ——只需在第一布里渊区内取值，$e^{i(k+G)r}$ 平面波；

$C_{n,(k+G)}$ ——平面波系数。

将平面波展开离散化需要借助于周期性边界条件（periodic boundary conditions, PBC）——波恩-冯卡门条件（Born-von Karman boundary condition）。晶体本身具有周期性边界条件，而对分子(1D)和表面(2D)体系,可以分别通过超胞和 slab 模型来施加周期性边界条件。对 PBC 体系,根据 Bloch 定理[38]进行离散处理。在实际计算中需要对 G 进行截断,平面波基组的一个优点便是可通过增加截断能来系统地改善函数集的性质。

截断能 E_{cut} 可表示为:

$$E_{cut} = \frac{\hbar^2}{2m} G_{cut}^2 \tag{1-44}$$

式中 G_{cut}^2 ——截断波矢。

平面波基组与结构中的原子无关,是一种普适的选择。

至此,DFT 的各个部分都已得到相应的处理,便可对体系进行基态求解。图 1-3 给出了基于 Kohn-Sham 方程的 DFT 的小结,它给出了 DFT 主要组成部分及各部分的发展概况。

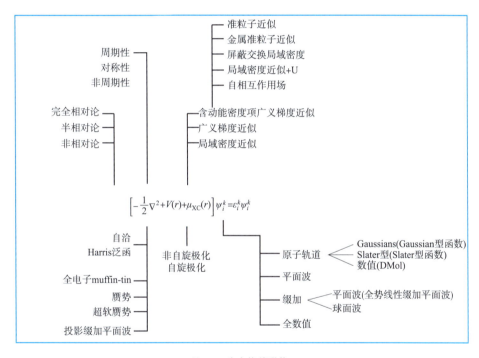

注:μ_{XC} 为交换关联势。

图 1-3 DFT 的组成及发展

1.4 原子尺度高精度材料计算方法的发展

1.4.1 DFT+U 方法与第一性原理线性响应参数

1. Hubbard 模型的推导

考虑一个由全同原子构成的一维晶格,电子气的哈密顿算符可以写作:

$$\hat{H} = \hat{H}^0 + \frac{1}{2} \int dx \int dx' \sum_{\sigma,\sigma'} \hat{c}_\sigma^\dagger(x) \hat{c}_{\sigma'}^\dagger(x') \frac{1}{|x-x'|} \hat{c}_{\sigma'}(x') \hat{c}_\sigma(x) \tag{1-45}$$

式中 $\hat{H}^0$——单粒子哈密顿算符

$$\hat{H}^0 = \int dx \sum_\sigma \hat{c}_\sigma^\dagger(x) \left(-\frac{\nabla^2}{2} + V_{\text{ext}}(x)\right) \hat{c}_\sigma(x); \tag{1-46}$$

$\hat{c}_\sigma(x)$——在位置 x 处消灭一个自旋为 σ 的电子的场算符;

$\hat{c}_\sigma^\dagger(x)$——在位置 x 处产生一个自旋为 σ 的电子的场算符。

在一个周期性的外势中,这个系统的本征态将会是沿整个系统扩展的 Bloch 态 φ_{ks}(k 是态的动量,$s=0,1,\cdots$是能带或轨道的标号)。对于我们的目的,我们通过局域函数构成的一个基来考虑这个系统会更有益处:

$$|\psi_{ns}\rangle = \frac{1}{\sqrt{N}} \sum_{k \in \left[-\frac{\pi}{a}, \frac{\pi}{a}\right]} e^{ikna} |\varphi_{ks}\rangle \tag{1-47}$$

式中使用了狄拉克符号表示,$|\psi_{ns}\rangle$ 为 Wannier 函数。求和遍历第一布里渊区中的 k。如果晶格点间是宽间距的,对于低能量轨道而言,这些 Wannier 函数与孤立原子的第 s 个束缚态相差不大。

让我们的讨论仅限 $s=0$ 带,算符

$$\hat{c}_{n\sigma}^\dagger = \int_0^L dx \langle x|\psi_n\rangle \hat{c}_\sigma^\dagger(x) \tag{1-48}$$

为一个自旋为 σ 的电子在位点 $|\psi_n\rangle$ 处的产生算符。使用这些新的场算符,哈密顿量可以被重写为:

$$\hat{H} = -\sum_{m,n} \sum_\sigma t_{mn} \hat{c}_{m\sigma}^\dagger \hat{c}_{n\sigma} + \sum_{m,n,m',n'} \sum_{\sigma,\sigma'} U_{mnm'n'} \hat{c}_{m\sigma}^\dagger \hat{c}_{n\sigma'}^\dagger \hat{c}_{m'\sigma'} \hat{c}_{n'\sigma} \tag{1-49}$$

式中 t_{mn}——单粒子矩阵元:

$$t_{mn} = -\langle \psi_m | H^0 | \psi_n \rangle = \frac{1}{N} \sum_k e^{i(n-m)ka} \varepsilon_k \tag{1-50}$$

相互作用矩阵元为:

$$U_{mnm'n'} = \frac{1}{2} \int_0^L dx \int_0^L dx' \psi_m^*(x) \psi_n^*(x') \frac{1}{|x-x'|} \psi_{m'}(x') \psi_{n'}(x) \tag{1-51}$$

此时做一些近似,这些近似适用于原子充分地分离、邻近轨道间的重叠弱的情况。除了同一位置上的电子间的密度-密度涨落相互作用外,其他的都被忽略。除了最近邻位点,其余不同位点之间的相互作用都被忽略。不同的位点上的或位点间的相互作用参数的大小是一样的。

这导致上式退化为 Hubbard 哈密顿量:

$$\hat{H} = -t \sum_{m,n} \sum_\sigma \hat{c}_{m\sigma}^\dagger \hat{c}_{n\sigma} + U \sum_m \hat{n}_{m\uparrow} \hat{n}_{m\downarrow} \tag{1-52}$$

式中 $\hat{n}_{m\sigma}$——粒子数算符 $\hat{c}_{m\sigma}^{\dagger}\hat{c}_{m\sigma}$；

t, U——常数。

形式上，Hubbard 哈密顿量的这两项分别描述了相邻晶格位点之间的隧穿以及同一晶格位点上不同原子之间的局域库仑相互作用。我们系统的行为将最终取决于这两项之间的竞争[39]。

2. 从 Hubbard 模型推导 DFT+U

本部分根据 DFT+U 发展的历史脉络从 Hubbard 模型推导 DFT+U。

首先将关联子空间定义为由一组基轨道定义的一个基（称其为 Hubbard 投影算子）。在这一子空间里，与电子相互作用有关的算符是

$$\hat{U} = \sum_{m,n,m',n'} \sum_{\sigma,\sigma'} U_{mnm'n'} \hat{c}_{m\sigma}^{\dagger} \hat{c}_{n\sigma'}^{\dagger} \hat{c}_{m'\sigma'} \hat{c}_{n'\sigma} \tag{1-53}$$

式中 m, n, m', n'——Hubbard 投影算子的指标；

σ——自旋指标；

$\hat{c}_{m\sigma}^{\dagger}$——对应的产生算符。

可以得到：

$$E_{\text{Hub}} = \langle \hat{U} \rangle = \frac{1}{2} \sum_{\substack{m,n,m',n',\sigma \\ m \neq n', m' \neq n'}} (U_{mnm'n'} - U_{mnn'm'}) \langle n',\sigma;m',\sigma | \hat{\boldsymbol{\rho}}_2 | n,\sigma;m,\sigma \rangle +$$

$$\frac{1}{2} \sum_{m,n,m',n',\sigma} U_{mnm'n'} \langle n',\sigma;m',-\sigma | \hat{\boldsymbol{\rho}}_2 | n,-\sigma;m,\sigma \rangle -$$

$$U_{mnn'm'} \langle n',-\sigma;m',\sigma | \hat{\boldsymbol{\rho}}_2 | n,-\sigma;m,\sigma \rangle \tag{1-54}$$

式中 $\hat{\boldsymbol{\rho}}_2$——两体密度矩阵。

采用多体波函数是单粒子态的 Slater 行列式的假设，两体密度矩阵 $\hat{\boldsymbol{\rho}}_2$ 可以被分解为单体密度矩阵的行列式。在这种情况下：

$$E_{\text{Hub}} = \frac{1}{2} \sum_{mn\sigma} U(n_{mm}^{\sigma} n_{nn}^{\sigma} - n_{mn}^{\sigma} n_{nm}^{\sigma} + n_{mm}^{\sigma} n_{nn}^{-\sigma}) +$$

$$\frac{1}{2} \sum_{m,n,\sigma} J(n_{mn}^{\sigma} n_{nm}^{\sigma} - n_{mm}^{\sigma} n_{nn}^{\sigma} + n_{mn}^{\sigma} n_{nm}^{-\sigma}) \tag{1-55}$$

式中 $n_{mm}^{\sigma} = \langle m | \hat{\rho}^{\sigma} | n \rangle$。到这一步，唯一引入的近似是状态对应于一个 Slater 行列式。如果 $U_{mnm'n'}$ 是利用未屏蔽库仑势得到的，则上式等价于对该系统的 Hartree-Fock 处理。

现在，除了两位点项，其他项都忽略。由于 $U_{mnm'n'}$ 的对称性，这使得只剩下两种类型的项：U_{mnnm} 和 U_{mnmn}。然后将这些值在 Hubbard 投影算子上平均以产生两个标量：

$$U = \frac{1}{(2l+1)^2} \sum_{m,n} U_{mnnm} ; J = \frac{1}{(2l+1)^2} \sum_{m,n} U_{mnmn} \tag{1-56}$$

使用这些平均值替代张量项即可将上面的 Hubbard 能量式简化为

$$E_{\text{Hub}} = \frac{1}{2} \sum_{m,n,\sigma} U(n_{mm}^{\sigma} n_{nn}^{\sigma} - n_{mn}^{\sigma} n_{nm}^{\sigma} + n_{mm}^{\sigma} n_{nn}^{-\sigma}) + \frac{1}{2} \sum_{m,n,\sigma} J(n_{mn}^{\sigma} n_{nm}^{\sigma} - n_{mm}^{\sigma} n_{nn}^{\sigma} + n_{mn}^{\sigma} n_{nm}^{-\sigma})$$

$$= \sum_\sigma \frac{U}{2}[(n^\sigma)^2 + n^\sigma n^{-\sigma} - \mathrm{Tr}\,(\pmb{n}^\sigma \pmb{n}^\sigma)] + \frac{J}{2}[\mathrm{Tr}\,[\pmb{n}^\sigma \pmb{n}^\sigma + \pmb{n}^\sigma \pmb{n}^{-\sigma}] - (n^\sigma)^2] \qquad (1\text{-}57)$$

式中 $n^\sigma = \mathrm{Tr}\,[\pmb{n}^\sigma]$。到这一步，如果上式被直接合并到 DFT 的形式中去，已经被常规交换关联泛函处理过的、与子系统相关的相互作用将会被重复计算。为避免这种情况，考虑全局域化限制(fully localised limit, FLL)，其中所有的关联子空间都有整数占据。在这种近似下：

$$\mathrm{Tr}[\pmb{n}^\sigma \pmb{n}^\sigma] \to n^\sigma; \qquad \mathrm{Tr}[\pmb{n}^\sigma \pmb{n}^{-\sigma}] \to n^{\sigma_{\min}},$$

式中 $\sigma_{\min}$——少数自旋。

因此在 FLL 下，双计数项为

$$E_{\mathrm{DC}} = \frac{U}{2}n(n-1) - \frac{J}{2}\sum_\sigma n^\sigma(n^\sigma - 1) + J n^{\sigma_{\min}} \qquad (1\text{-}58)$$

式中 $n = \sum_\sigma n^\sigma$。

因此

$$E_{\mathrm{Hub}} - E_{\mathrm{DC}} = \sum_{I\sigma} \frac{U^I - J^I}{2} \mathrm{Tr}[\pmb{n}^{I\sigma}(1 - \pmb{n}^{I\sigma})] + \sum_{I\sigma} \frac{J^I}{2}(\mathrm{Tr}\,[\pmb{n}^{I\sigma}\pmb{n}^{I-\sigma}] - 2\delta_{\sigma\sigma_{\min}} n^{I\sigma})$$

$$(1\text{-}59)$$

注意：现在整个表达式已经被一般化为允许多个位点(标为 I)的可能性。每个位点都应用了修正项。作为一个最后的近似，相反自旋间的相互作用项(包含在第二个求和之中)被忽略。这使得：

$$E_{\mathrm{U}} = E_{\mathrm{Hub}} - E_{\mathrm{DC}} = \sum_{I\sigma} \frac{U^I_{\mathrm{eff}}}{2} \mathrm{Tr}[\pmb{n}^{I\sigma}(1 - \pmb{n}^{I\sigma})] \qquad (1\text{-}60)$$

其中，on-site 的库仑排斥参数 U^I 被有效地减掉 J^I 记为 U^I_{eff}。对 KS 势的 DFT + U 修正为

$$\hat{V}_U = \sum_{I\sigma mn} U^I \,|\,m\rangle \left(\frac{1}{2} - n^{I\sigma}_{mn}\right)\langle n\,| \qquad (1\text{-}61)$$

这样，推导就完成了：Hubbard 模型的形式可以并入 DFT 的框架中。[39]

按照定义，Hubbard U 和 Hund J 参数分别为：

$$U = \frac{1}{2\mathrm{Tr}[\hat{P}]} \frac{\mathrm{dTr}[(\hat{v}^\uparrow_{\mathrm{Hxc}} + \hat{v}^\downarrow_{\mathrm{Hxc}})\hat{P}]}{\mathrm{dTr}[(\hat{\rho}^\uparrow + \hat{\rho}^\downarrow)\hat{P}]}$$

$$J = \frac{-1}{2\mathrm{Tr}[\hat{P}]} \frac{\mathrm{dTr}[(\hat{v}^\uparrow_{\mathrm{Hxc}} - \hat{v}^\downarrow_{\mathrm{Hxc}})\hat{P}]}{\mathrm{dTr}[(\hat{\rho}^\uparrow - \hat{\rho}^\downarrow)\hat{P}]} \qquad (1\text{-}62)$$

式中 $\hat{P}$——子空间投影算符；

$\hat{v}^\uparrow_{\mathrm{Hxc}}, \hat{v}^\downarrow_{\mathrm{Hxc}}$——自旋 α 和 β 的 Hartree 和交换关联势算符；

$\hat{\rho}^\uparrow, \hat{\rho}^\downarrow$——自旋 α 和 β 的密度算符。

在实际的参数计算中,我们针对晶胞内局域于某一个原子上的需要加 U 和 J 修正的轨道,施加 $\delta\alpha\hat{P}$(例如:$\delta\alpha_{\uparrow,\downarrow}=\{0,\pm0.10,\pm0.20\}\text{eV}$)和 $\delta\beta\hat{P}$(例如:$\delta\beta_{\uparrow}=\{0,\pm0.01,\pm0.02\}\text{eV}$,$\delta\beta_{\downarrow}=\{0,\mp0.01,\mp0.02\}\text{eV}$)的扰动势。分别对以上扰动势做完一系列的 SCF 计算以后我们得到一系列的

$$\delta\text{Tr}[(\hat{v}_{\text{Hxc}}^{\uparrow}+\hat{v}_{\text{Hxc}}^{\downarrow})\hat{P}],\delta\text{Tr}[(\hat{\rho}^{\uparrow}+\hat{\rho}^{\downarrow})\hat{P}]$$

通过线性拟合计算得到斜率,从而计算出 U 值,同理可算得 J 值。从而可得 Dudarev $U_{\text{eff}}=U-J$。若需要包含其余的 $+J$ 修正项则可利用我们计算得到的 J 参数继续添加修正项。以上我们仅简略介绍一下实际中传统线性响应 U 和 J 参数的计算[39-41,43-45]。其他详细的理论和方法参见参考文献[39-47]。

1.4.2 溶剂化模型

众所周知,几乎所有重要的化学反应及生物反应都是在溶液中进行的,比如固体-液体界面的光催化反应、电催化及原电池等。在实验中,往往把水作为溶剂载体,把反应物溶质溶解于水溶液中。在溶解过程中,溶质分子将对溶剂水溶液产生极化作用,从而引起溶剂水溶液电荷的重新分布。反过来,溶剂水溶液又将对溶质分子产生极化效应,进而引起溶质分子电荷的重新分布。最后溶质与溶液电荷达到平衡。然而,在理论模拟计算中往往忽略了溶剂水溶液的影响,进而忽略了这种长程的溶质分子与溶剂分子间的静电极化作用,造成理论结果与实验不相吻合。直接把溶剂溶液加入到理论计算存在下列问题:首先,当把大量的显性的溶剂分子加入到理论模拟中时,将会造成计算量非常巨大。再加上需要对溶剂分子的几何构型进行统计采样,相应的计算成本会进一步大大增加。其次,利用加真空层的理论模拟来研究溶质分子在溶剂溶液中的性质将不够准确。再次,即使不考虑计算成本,分子在固体表面的构型将随着加入溶剂分子数量而不同。最后,氢键在水溶液中起着非常重要的作用,目前的理论计算还存在困难。因此,我们非常有必要引入连续溶剂化模型。这个模型的基本思想是将溶剂溶液视为连续介质,无显式溶剂分子结构,各向同性或各向异性,只用一个宏观参量介电常数来表示,比如水溶液的介电常数为 78.36。当存在外场时,介质发生极化,产生诱导偶极或极化电荷,这些极化电荷是束缚电荷。溶质分子将被限制在一个以电荷密度来标定的腔里面,腔的选取根据不同的模型而定。溶质分子的电荷是自由电荷。溶质分子和溶剂分子之间的相互作用是通过长程静电相互作用而产生。点偶极溶剂化模型是由 Onsager 率先提出的,该模型主要是用球型腔来表征溶剂可接近表面[48]。目前应用最广的溶剂化模型是由 Tomas 于 20 世纪 80 年代提出的极化连续介质模型(polarizable continuum model,PCM)[49,50]。从电磁场理论的角度建立其他电荷(自由电荷 Q 和极化电荷 q)在 P 点的电场强度 E 和 P 点极化电荷的关系。同时,在处理溶质分子时引入了范德瓦尔半径来表征溶剂可接近表面(由 1.2 倍原子范德瓦尔半径构建)。在积分方程公式化

PCM 的基础上,对介质引入类导体假设,Klamt 等人提出了 COSMO 溶剂化模型[51,52],其溶剂可接近表面为原子范德瓦尔半径再加上 0.5 Å(1 Å=1.0×10^{-10} m)。最近,刘智攀课题组也发展了利用修订泊松玻尔兹曼方法来处理溶剂化效应,并将其应用到周期性体系中[54-57]。从上可得出,目前的溶剂化模型在处理溶剂可接近表面还存在如何标定的问题。此外,这些理论模型在计算原子力方面以及对于周期性体系,特别是大周期性体系还存在不可忽视的问题。

为了解决上面提出的问题,我们采用了 Fattebert 和 Gygi 等人[55-58]提出的:利用溶质分子电子密度 ρ^{elec} 来表征介质的介电常数,即介质的介电常数 ε 是溶质电子密度 ρ^{elec} 的函数,其表达式为

$$\varepsilon(\rho^{elec}) = 1 + \frac{\varepsilon_\infty}{2}\left\{1 + \frac{1-[\rho^{elec}(r)/\rho_0]^{2\beta}}{1+[\rho^{elec}(r)/\rho_0]^{2\beta}}\right\} \tag{1-63}$$

式中 $\varepsilon(\rho^{elec})$ ——整个体系介质的介电常数;

ρ^{elec} ——溶质分子电子密度;

1——溶质分子内部电子密度较高时的介电常数;

ε_∞ ——当溶质分子电子密度 ρ^{elec} 趋于零时的渐进值,即溶剂溶液的介电常数,比如体相水的介电常数为 78.36;

ρ_0 ——用来表征溶剂可接近表面,即溶质分子腔大小的参数;

β ——调节溶质分子腔表面与溶剂溶液界面厚度的参数,调控该函数的光滑程度。

这个函数主要取决于参数:ε_∞、ρ_0 及 β。

在 Fattebert 和 Gygi 介电常数的基础上,Scherlis 等人发现该方法用于二维体系存在着不可避免的数值问题。为了解决该问题他们提出用原子坐标来表述介电常数[57,58]。同时,最近 Andreussi 等人[59]提出另一形式的介电常数,其表达式为

$$\varepsilon_{\varepsilon_0,\rho_{min},\rho_{max}}(\rho^{elec}) = \begin{cases} 1 & \rho^{elec} > \rho_{max} \\ \exp(t_1(\ln\rho^{elec})) & \rho_{min} < \rho^{elec} < \rho_{max} \\ \varepsilon_0 & \rho^{elec} < \rho_{min} \end{cases} \tag{1-64}$$

式中 ρ_{max}、ρ_{min} ——调节溶质分子电子密度的两个阈值,调控溶质分子与溶剂溶液界面的厚度;

ε_0 ——体相溶剂溶液的介电常数。

不同于(1-63)式,该函数引入了光滑函数 t 及利用指数函数表征体系介电常数的变化。$t(x)$ 函数的表达式为

$$t(x) = \frac{\ln\varepsilon_0}{2\pi}\left[2\pi\frac{(\ln\rho_{max}-x)}{\ln\rho_{max}-\ln\rho_{min}} - \sin\left(2\pi\frac{(\ln\rho_{max}-x)}{(\ln\rho_{max}-\ln\rho_{min})}\right)\right] \tag{1-65}$$

首先,利用 DFT 初步迭代算出溶质分子在整个体系各个格点电子密度 ρ^{elec},再通过数

值计算，就可以得到整个体系各个格点介电常数。在此基础上，通过求解有介质存在时的泊松方程，从而得到各个格点静电势 $\Phi^{\text{tot}}(r)$。泊松方程，其形式如下：

$$\nabla \cdot \varepsilon(\rho^{\text{elec}}(r))\nabla\Phi^{\text{tot}}(r) = -4\pi\rho^{\text{tot}}(r) \tag{1-66}$$

式中　∇——Nabla 算子；

$\rho^{\text{tot}}(r)$——总电荷密度。

关于此方程的求解，目前应用最广泛的是多级网格及高阶有限差分方法比如四阶、六阶以至于七阶等高级有限差分方法。同时，利用边界条件 $\Phi^{\text{tot}}(r)=0$。在得到体系各个格点静电势后，通过积分方法得到体系静电能。体系总的静电能表达式为

$$E_{\text{es}} = \frac{1}{8\pi}\int \varepsilon[\rho](\nabla\Phi[\rho])^2 \mathrm{d}r \tag{1-67}$$

届时，初步溶质分子电荷密度及静电能都得到了，我们重新把这部分效应引入到密度泛函里面，从而密度泛函 Kohn-sham 能量变为

$$E[\rho] = T[\rho] + \int v(r)\rho(r)\mathrm{d}r + E_{\text{xc}}[\rho] + \frac{1}{2}\int \rho\Phi[\rho]\mathrm{d}r \tag{1-68}$$

式中　$E[\rho]$——体系总的 Kohn-sham 能量；

右式三项分别是标准电子的动能、电子受其他作用势的相互作用能及交换关联能。最后一项是溶质分子与溶剂分子之间的静电能。

上述所应用的计算体系各个格点静电势方法中，由于在效率及并行方面存在一定的问题，我们发现利用迭代算法求解静电势将更加有效可行。下面我们主要论述是利用迭代方法求解体系的电荷密度及静电势。在这里我们把体系的电荷密度分为溶质电荷密度 ρ^{sol} 及极化电荷密度 ρ^{pol}，因此体系总的电荷密度可以表示为两项之和：

$$\rho^{\text{tot}}(r) = \rho^{\text{sol}}(r) + \rho^{\text{pol}}(r) \tag{1-69}$$

电荷密度 $\rho^{\text{sol}}(r)$ 是溶质分子电子密度及其离子核密度之和：

$$\rho^{\text{sol}}(r) = \rho^{\text{elec}}(r) + \rho^{\text{ion}}(r) \tag{1-70}$$

极化电荷密度 $\rho^{\text{pol}}(r)$ 可以表示为

$$\rho^{\text{pol}}(r) = \frac{1}{4\pi}\nabla\ln\varepsilon(\rho^{\text{elec}}(r)) \cdot \nabla\varphi^{\text{tot}}(r) - \frac{\varepsilon(\rho^{\text{elec}}(r))-1}{\varepsilon(\rho^{\text{elec}}(r))}\rho^{\text{sol}}(r) \tag{1-71}$$

在这里，我们把上式的第一项改为迭代项，表示为

$$\rho^{\text{iter}}(r) = \frac{1}{4\pi}\nabla\ln\varepsilon(\rho^{\text{elec}}(r)) \cdot \nabla\varphi^{\text{tot}}(r) \tag{1-72}$$

下面主要介绍电荷密度迭代过程：

第一步，为了避免计算所得电荷密度未达到收敛值，我们设置了 SCF 收敛阈值 τ^{scf}，只有达到了收敛阈值迭代过程才算完成。

第二步，设定迭代初始值。初始的极化电荷密度设置为零 $\rho_0^{\text{iter}}(r)=0$，所有接下来的计算都是用前一步计算所得的极化电荷密度值，即 $\rho_0^{\text{iter}}(r)=\rho_{\text{old}}^{\text{iter}}(r)$。

第三步,计算第 n 次迭代后体系总电荷密度,其包括溶质分子电荷密度和极化电荷密度表示为:

$$\rho_n^{\text{tot}}(r) = \rho^{\text{sol}}(r) + \rho_n^{\text{pol}}(r) \tag{1-73}$$

$$= \rho^{\text{sol}}(r) + \rho_n^{\text{iter}}(r) + \frac{1-\varepsilon(\rho^{\text{elec}}(r))}{\varepsilon(\rho^{\text{elec}}(r))} \rho^{\text{sol}}(r) \tag{1-74}$$

$$= \frac{1}{\varepsilon(\rho^{\text{elec}}(r))} \rho^{\text{sol}}(r) + \rho_n^{\text{iter}}(r) \tag{1-75}$$

第四步,在倒空间,进行一次快速傅里叶变换(fast Fourier transform,FFT)及三次逆变换(inverse fast Fourier transform,IFFT)计算出总静电势梯度

$$\rho_n^{\text{tot}}(r) \xrightarrow{\text{FFT}} \rho_n^{\text{tot}}(g) \tag{1-76}$$

$$\nabla \phi_{n+1}^{\text{tot}}(g) = \frac{4\pi i g}{g^2} \rho_n^{\text{tot}}(g) \tag{1-77}$$

$$\nabla \phi_{n+1}^{\text{tot}}(g) \xrightarrow{\text{IFFT}} \nabla \phi_{n+1}^{\text{tot}}(r) \tag{1-78}$$

第五步,计算第 $n+1$ 次迭代后极化电荷密度

$$\rho_{n+1}^{\text{iter}}(r) = \frac{1}{4\pi} \nabla \ln \varepsilon(\rho^{\text{elec}}(r)) \cdot \nabla \phi_{n+1}^{\text{tot}}(r) \tag{1-79}$$

第六步,为了使迭代过程稳定,我们将第 n 次迭代的极化电荷密度部分的混合到第 $n+1$ 次迭代中去

$$\rho_{n+1}^{\text{iter}}(r) = \eta \rho_{n+1}^{\text{iter}}(r) + (1-\eta) \rho_n^{\text{iter}}(r) \tag{1-80}$$

式中 η——混合因子,一般取值 0.6。

$n+1$ 与 n 次迭代之间的差值为

$$\rho^{\text{res}}(r) = \rho_{n+1}^{\text{iter}}(r) - \rho_n^{\text{iter}}(r) \tag{1-90}$$

第七步,当极化电荷两次迭代之间的差值达到给定的收敛值,那么迭代过程结束,从而可得体系总电荷密度

$$(\rho^{\text{res}}(r))^2 = \tau^{\text{pol}} \tag{1-91}$$

式中 τ^{pol}——给定的收敛标准值。

通过上述迭代过程,可以得到体系各个格点处总电荷密度及静电势梯度,一方面为极化电荷密度计算提供条件

$$\rho^{\text{pol}}(r) = \frac{1}{4\pi} \nabla \ln \varepsilon(\rho^{\text{elec}}(r)) \cdot \nabla \phi^{\text{tot}}(r) - \frac{\varepsilon(\rho^{\text{elec}}(r))-1}{\varepsilon(\rho^{\text{elec}}(r))} \rho^{\text{sol}}(r) \tag{1-92}$$

通过求解真空条件下的泊松方程:

$$\nabla^2 \phi^{\text{pol}}(r) = -4\pi \rho^{\text{pol}}(r) \tag{1-93}$$

得到体系各个格点极化势,进而求得体系极化能:

$$E_{\text{el}}^{\text{pol}} = \frac{1}{2} \int \rho^{\text{sol}} \phi^{\text{pol}} \text{d}r \tag{1-94}$$

另一面,根据体系总静电势梯度,可以求得体系溶质分子在各个格点势

$$\phi^{sol}(r) = -\frac{1}{8}\frac{d\varepsilon}{d\rho^{elec}}|\nabla\phi^{tot}|^2 \tag{1-95}$$

因此,可以求得溶质分子极化能

$$E_{el}^{sol} = \frac{1}{2}\int \rho^{sol}\phi^{sol}dr \tag{1-96}$$

整个体系静电能可以表达为溶质分子的静电能和极化电荷静电能之和:

$$E^{el} = E_{el}^{sol} + E_{el}^{pol} = \frac{1}{2}\int \rho^{sol}\phi^{sol}dr + \frac{1}{2}\int \rho^{sol}\phi^{pol}dr \tag{1-97}$$

最后我们把这部分静电能重新加入到密度泛函 Kohn-sham 能里面:

$$E[\rho] = T[\rho] + \int v(r)\rho(r)dr + E_{xc}[\rho] + E^{el} \tag{1-98}$$

从而可以得到密度泛函体系总能量。

目前,这些程序代码已经植入到 CP2K 软件包里面。CP2K 软件是采用混合高斯平面波基[60],可以对固体、液体、分子及生物体系进行原子及分子动力学模拟。特别值得指出的是,CP2K 在处理大体系方面具有很好的优势并且其并行效率非常高,故具有计算成本低、效率高的特点。因此可以利用此程序进行各种化学反应、催化反应等反应的模拟。

1.4.3 Cluster Expansion 模型

1. Cluster Expansion 模型发展的必要性

高通量的电子结构计算广泛应用于材料科学中的新型材料的设计之中。一般情况下,采用第一性原理模拟手段,例如 Kohn-Sham DFT。第一性原理计算作为强有力的工具,可以计算分子或块体材料的稳定性、电子性质(能带性质,电子激发态等)、特定用途的新型化合物等。但是,相应的计算量一般与体系电子数目(N)的 $N^3 \sim N^4$ 成正比。巨大的计算量使得第一性原理计算几乎不可能直接模拟大体系情况下的性质。在晶体材料中,我们假设其拥有无限多的原子;但是,由于块体体系中的多重对称性,我们可以用 PBC 来重现块体的特性。通过施加 PBC 的途径,我们能够极大提高计算效率。另外,布洛赫定理可以解决晶体中的多体问题。

在众多材料中,存在有不同空间占据晶格的相(比如金属合金的 bcc,fcc,hcp 相)。再者,在材料的掺杂、吸附情况下,存在拥有不同位置、不同浓度的掺杂情况。而该类体系的相对稳定性,可以通过比较不同原子排布的情况下体系的相对能量来确定,一般情况要求在 DFT 的精度之内。但是,由于合金或者掺杂体系下的结构构型的巨大数目,使得直接进行 DFT 计算变得几乎不可能。例如,如果只考虑石墨烯表面有限数目的占据位点,氧化石墨烯也会拥有巨大数目的可能结构,通过传统的理论计算方法去揭示石墨烯细致的氧化过程将变得异常困难。因为吸附与生长过程相当复杂,单纯相互作用势力场是很难精确描述此

类问题的。另外,虽然第一性原理能够精确得到给定吸附位点下的精确结构,但在实际中通过计算大量此类结构来得到最稳定结构也是极其困难的。因此,为了在 DFT 精度的框架下解决此类问题,必须依赖于合适的计算方法。

团簇展开(cluster expansion,CE)方法,可以解决以上存在的问题。团簇展开方法由 Mayer 于 1941 年提出,其作为近似计算方法,主要用系列展开的方法来表达配分函数。在计算材料学中,通过结合第一性原理计算,结合蒙特卡洛方法,可以计算材料的各种性质(磁学、热力学等)。本文中,我们将以石墨烯氧化过程的稳定构型收索为例,说明其基本的方法及应用。

2. CE 的方法简介

本部分提出了一种改进型 CE 方法来探究表面的吸附及生长过程。与传统的 CE 方法不同,在低吸附原子浓度下确定一些合适的有效的团簇相互作用(effective cluster interaction,ECI)参量,接着随着原子浓度的增加,通过优化被选择固定数目 ECI 的参量数值,以预测相应原子浓度下的最稳定结构。作为一种应用,通过与第一性原理计算结合来预测氧原子在单层石墨烯的吸附和生长行为。计算结果成功地揭示了石墨烯表面吸附不同数目氧原子的结构演化过程。随着氧原子浓度的增加,我们揭示了氧原子在石墨烯表面的聚集行为及遗传特性。作为一种表面原子吸附的目标性方法,CE 方法也可以用来解决其他表面原子吸附或生长的演化问题[61]。

1) 计算初始的设置及模型

本文中所用的第一性原理计算均用到 VASP 软件包。本文用到的交换关联为由 Perdew、Burke、Ernzerhof(PBE)[23] 提出的 GGA-PBE。平面波函数基的截断动能设置为 550 eV。其中 k 点采取 Monkhorst-Pack scheme[62],石墨烯矩形超胞设置为 $3\times3\times1$。另外,几何优化设置的精度为:每个原子上的受力不大于 0.01 eV/10^{-10} m,总能量的收敛标准为 10^{-5} eV。在我们的结构模型中,对于石墨烯采用(4×7)的矩形超胞,包含 112 个碳原子和最多到 19 个吸附的氧原子。在我们的计算中,只考虑氧原子在石墨烯所有桥位上的吸附位点,因为桥位是氧原子在石墨烯的最稳定吸附点[63]。即使只考虑在石墨烯两个吸附氧原子距离比较小(2.60×10^{-10} m)的情况,仍有数个可能的构型,如图 1-4(a)所示。其中 A_1—A_2 表示两个氧原子占据在同一六圆环对边位置的双占据构型。B_1—B_2 表示两个氧原子占据两个邻近六圆环相邻桥位的情形,C_1—C_2 代表两个氧原子占据同一六圆环的次近邻桥位的情形,D_1—D_2 代表不稳定的双原子吸附情形,即氧原子占据最邻近的两个桥位。在我们的计算中,B_1—B_2 及 C_1—C_2 为最稳定的双氧原子占据情形,至少比在图 1-4(b)出现的二原子占据情形能量上稳定 0.25 eV。这两个最稳定的双氧原子构型作为在下一部分研究吸附浓度为 $C_{112}O_x$($x\geqslant5$)情形下一个限制条件,以减少可能的氧吸附结构。

D_1—D_2 表示氧原子占据两相邻桥位的结构,不稳定。A,B,C 和 D 均代表氧原子。氧原子附近的石墨烯中的碳原子用 a 和 b 表示。距离参量[r_1,r_2]和[r_1,r_3]能将 A_1—A_2 和 B_1—B_2 区分开。r_1 表示 A_1 和 A_2 或 B_1 和 B_2 氧原子的距离。同时,r_2,r_3 分别表示氧原子

附近的碳原子 a_1 和 a_2 或 b_1 和 b_2 距离。r_1 用红线表示，r_2 和 r_3 用绿线表示。

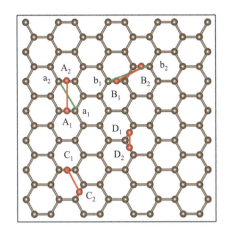 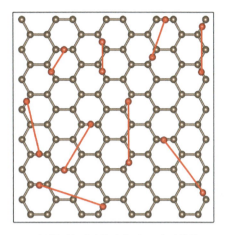

（a）矩形石墨烯两个吸附氧原子距离　　　（b）根据下文讨论的改进型 CE 方法最终

小于 2.6 Å 的四种可能构型　　　　　　　　选择九个氧原子对团簇模型[64]

图 1-4　矩形石墨烯两个吸附氧原子距离小于 2.6×10^{-10} m 的可能构型及改进型

为了更好地确定最稳定的吸附构型，氧原子在石墨烯表面的吸附能成为本文的判断标准。而表面吸附能 E_{ad} 由以下公式决定：

$$E_{ad}=[E(GO_x)-\mu_G-x\mu_o]/x \tag{1-99}$$

式中　$E(GO_x)$——单个表面氧化石墨烯的能量；

　　　μ_G——超胞石墨烯的能量；

　　　μ_o——单个氧原子的能量；

　　　x——氧原子的数目。

2）CE 方法

CE 方法是由著名的 Ising Hamiltonian[65-66]发展而来的。CE 方法最基本的思想是将任何结构的能量用不同团簇能量的贡献的线性相加来表征：

$$E(\sigma)=J_\alpha+\sum_i J_i \hat{S}_i(\sigma_i)+\sum_{i<j}m_{ij}J_{ij}\hat{S}_i(\sigma_i)\hat{S}_j(\sigma_j)+\\ \sum_{i<j<k}m_{ijk}J_{ijk}\hat{S}_i(\sigma_i)\hat{S}_j(\sigma_j)\hat{S}_k(\sigma_k) \tag{1-100}$$

式中　i,j,k——石墨烯表面所有可能被占据的桥位；

　　　E——该构型的总能量；

　　　m——一种团簇函数占据的位点数目；

　　　J_α——给定结构每一展开项中团簇函数对应的有效团簇相互作用参量（代表每一个团簇函数对于总能量的贡献，如果考虑每一个团簇函数对结构能量的贡献，结构的总能便能精确地给出）；

$S_i(\sigma_i)$——取值 0 或 1,分别代表位置 i 未被或被氧原子占据。

CE 方法最主要的目的是选择合适、有限数目的团簇来重现给定体系的物理特性。在本文中,把吸附能作为目标函数。首先,通过第一性原理计算来得到有限数目结构的总能。然后,将计算吸附能作为下文中的给定结构的能量变量,即方程(1-100)中的 $E(\sigma)$。与交叉验证方法不同,我们在构型能的 CE 中选择合适 ECI 的方法由以下方程决定,

$$F^2 = \sum_{i=1}^{n} k_i (E_i^{re} - E_i^{ce})^2 \quad (1\text{-}101)$$

式中 n——利用 DFT 计算结构的总和;

k_i——给定结构的权重因子,这里我们设定为常数;

E_i^{re}, E_i^{ce}——给定一个结构的 DFT 计算(或实验)和 CE 得到的能量。

通过改变 ECI 数目并优化来最小化方程(1-101)中的 F,能得到一组 ECI。这组优化的 ECI 能够用来预测结构的能量。在本文中,利用了遍地搜索(scatter searching,SS)[67]方法来优化方程(1-101),来选取一组 ECI。SS 方法是根据局部的最小值并通过随机交叉组合的方法获得新的初始值,并进一步优化来得到全局最值。为了提高 SS 方法中的局域最值的精确度,我们利用了一个解决高维非线性优化问题的线性搜索算法。改进型 CE 方法的详细介绍如下。

3) 建立团簇函数和减少结构数目

如前面提到的,结构的构型由团簇函数来表征,一个结构的总能能够用不同的团簇对应的 ECI 数值来表征,它们代表着对构型不同的能量贡献。能否有效地将团簇分辨关系到 CE 方法的精度。因此是否能够有效分辨不同的团簇便变得非常重要。当我们构造一个描述团簇的函数的时候,用两个吸附原子间的距离来描述双原子团簇。但是,这个距离本身并不能有效地将双原子团簇分开。我们以氧原子在石墨烯桥位吸附情况下的双原子团簇为例。如图 1-4 所示,有一些典型的双氧原子团簇分布在石墨烯上。两个团簇的氧原子之间的距离 A_1—A_2 和 B_1—B_2 是相同的,即 r_1 相同,但团簇不同。为了更好地将两个不同的团簇分开,我们考虑靠近吸附氧原子最近碳原子的距离。

如图 1-4 所示,r_2 表示碳原子 a_1 和 a_2 之间的距离,r_3 表示碳原子 b_1 和 b_2 之间的距离。团簇 A_1—A_2 可以用 $[r_1, r_2]$ 数组来表征,其可与代表 B_1—B_2 的数组 $[r_1, r_3]$ 区分开。与构造双原子团簇的方法类似,用来表征三原子与四原子团簇的占据位点相关的参量分别为三个和六个。在这里,对于单纯依靠吸附原子之间距离参量不足以分辨的相似团簇,我们考虑包含了占据位点附近的碳原子之间的距离,其与双原子团簇表征参量相同。总的来说,我们用一组包含了吸附原子之间相对位置及吸附原子附近衬底碳原子间的相对距离作为参量(必要时)来表征团簇。为了更好地选择适合一个吸附原子覆盖度的展开团簇,我们建立一个以距离为截断的团簇集合。我们选择数组中的截断距离作为团簇的选择判据,例如,一旦选择一个截断距离数组$[R_2, R_3, R_4]$,相应的符合条件的双原子、三原子、四原子团簇将要被

选择,选择的原则是双原子、三原子、四原子团簇中吸附原子间的最大距离分别限制为:$r_2 <R_2, r_3 < R_3$ 和 $r_4 < R_4$。在本节中,双原子、三原子、四原子团簇中吸附原子间距离截断选取为[6 Å, 6 Å, 6 Å]。

团簇的精确表征是 CE 方法的先决条件。而为了减少计算量,我们对相似性结构进行了判断以减少重复结构。每一结构都与结构库中的结构通过数据编号对比,来决定新结构是否在结构库中以便决定是否加入结构库。如果对应团簇的数据标号没有在结构库中出现,我们便将新结构加入结构库,否则将不加入。吸附原子在相对较低的覆盖度下($C_{112}O_x, 1 \leq x \leq 4$),所有满足初始距离截断条件的结构会被考虑。而在相对较高覆盖度下 $C_{112}O_x (x \geq 5), x = n$ 个原子吸附覆盖度下的初始结构,由 $x = n - 1$ 数目原子吸附下最稳定的 10^4 可能的结构增加一个吸附原子下得到的。在本章中,考虑氧原子在石墨烯上的吸附特性[68],$x = n$ 覆盖度下吸附的氧原子具有一定的限制条件,即第 n 个氧原子必须与前 $n - 1$ 个吸附氧原子中的任意一个形成 B_1—B_2 或者 C_1—C_2 键。

4)改进的 CE 方案

一旦初始最大能量截断[6 Å, 6 Å, 6 Å]被选定,初始相对应的双、三、四原子团簇也会被选择,团簇相对应的 ECI 的数目也确定了。但是,用有限数目的 ECI(对应团簇)来描绘体系的物理性质是必须的。为了证明 ECI 的精确度,用方程(1-101)中的 F 作为目标函数,用来检查所选择的 ECI 描绘的构型是否与第一性原理计算能量符合。我们从低吸附度石墨烯($C_{112}O_x, 1 \leq x \leq 7$)结构进行初始的优化获得总能。利用 SS 方法并改变距离截断来改变 ECI 数目,从[6 Å, 6 Å, 6 Å] 变化到[3.3 Å, 3.3 Å, 3.3 Å]来优化目标函数 F。在这种情况下,优化得到最小的 F 对应的 ECI 会被选中,同时,如果用选中的 ECI 预测出来的最低能量结构没有经过 DFT 计算验证,应通过 DFT 计算并加入到进一步的优化过程中。当 DFT 计算得到的最低能量结构与 CE 方法表征的最低能量结构一致时,那么循环结束。

一旦挑选出在低覆盖度石墨烯 $C_{112}O_x (1 \leq x \leq 7)$ 的 ECI,那么在接下的高覆盖度情况下相应的 ECI 数目也会被固定下来。但是,在这个阶段随着氧原子覆盖度的增加,固定数目 ECI 的数值会渐进地优化并改善。例如,为了得到 8 个氧原子在石墨烯表面吸附的最稳定构型,首先我们基于 7 个氧原子吸附的最稳定氧化石墨烯的结构来确定 8 个氧原子情况下的可能结构。与在相对较低覆盖度的初步优化类似,在覆盖度为 $C_{112}O_x (1 \leq x \leq 7)$ 情况下的最稳定结构也会更新,并且相应 ECI 的数值也会更新。同时应注意,如果 $C_{112}O_8$ 最稳定结构被 CE 方法预测出来,其应该加入到 ECI 的进一步优化中。这种情况下,在该吸附度($C_{112}O_x, 1 \leq x \leq 8$)最稳定结构将都会更新。通过这种方法,我们将一步一步地探索每个覆盖度下的最稳定结构。

3. 改进型团簇方法的应用:氧化石墨烯结构的探索

1)ECI 的建立

如引言中所说,由于大量氧原子在石墨烯表面吸附拥有大量可能结构,预测其不同覆盖度下最稳定的构形是相当复杂的[69,70]。为了解决这个问题,用上面提到的改进型 CE 来探究石墨烯的氧化过程,我们研究含 112 个碳原子的矩形石墨烯超胞吸附氧原子最大数目为 19 情形下的吸附行为。

首先,在最大氧原子吸附数目为 7 覆盖度情况下,通过最小化方程(1-101)中的 F 来选择 ECI。最终,在我们的 CE 优化中得到 24 个团簇,包含 1 个单氧原子团簇、9 个双氧原子团簇、9 个三氧原子团簇、5 个四氧原子团簇。根据方程(1-101),可得氧原子吸附能值在 20~33 meV/adatom 的能量区间(对应吸附原子在 7~13 个之间),预示该 CE 方法下的高度可靠性。应当注意,如上部分所提到的一样,ECI 一旦在低覆盖度($1 \leqslant x \leqslant 7$)情况下被确定下来,ECI 的数目在接下来的步骤中将被固定,而相应的系数 J_α 会随着覆盖度($8 \leqslant x \leqslant 13$)的增加逐步地优化提高。根据以上覆盖度($x=13$)优化得到的 ECI 的数目和数值,我们将探究较高的氧原子覆盖度下 $C_{112}O_x$($14 \leqslant x \leqslant 19$)氧化石烯的最稳定结构。

2) $C_{112}O_x$($1 \leqslant x \leqslant 13$)

一旦 ECI 被确定下来,接着将会得到所有吸附结构的吸附能,如图 1-5(a)所示。随着氧原子数目的增加,氧原子的平均吸附能将会出现一个开口向上的类抛物线的特性,而最低点位于吸附原子数目为 9 的情形(-3.15 eV/adatom)。当石墨烯表面吸附的氧原子的数目达到 11 时候,饱和的氧原子将会引起吸附氧原子间的库仑排斥作用增强并使衬底的石墨烯变形,使氧原子吸附度较大时 $C_{112}O_x$($x>11$)的吸附能数值增大。正如图 1-5(c)所表示的,拟合的 ECI 的系数值 J_α 在氧原子覆盖度从 7 变化到 13 时并没有太多变化。另外,连接所有最稳定结构相的凸包[图 1-5(b)中的红线],表明在石墨烯的氧化过程中($1 \leqslant x \leqslant 13$)存在着 9 个稳定相($C_{112}O_1$,$C_{112}O_2$,$C_{112}O_3$,$C_{112}O_5$,$C_{112}O_7$,$C_{112}O_9$,$C_{112}O_{11}$ 及 $C_{112}O_{13}$)。在 $C_{112}O_x$($1 \leqslant x \leqslant 13$)覆盖度下相对应的最稳定结构如图 1-6 所示。这些结果表明氧原子倾向于在石墨烯表面团聚,与前人的第一性原理计算符合[69-70]。

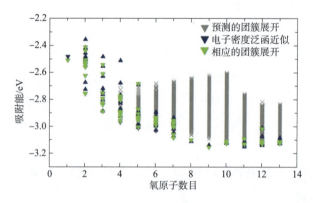

(a) $C_{112}O_x$($1 \leqslant x \leqslant 13$)情形,吸附能随着氧原子数目的变化曲线;这里,用 CE 预测的结果用灰色标识,选择结构的 DFT 计算值及其相应结构的 CE 计算值分别用蓝色、绿色标识

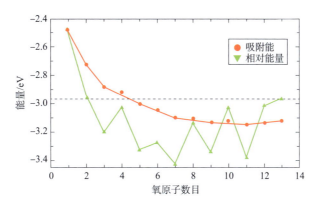

(b) x 及 $x-1$ 个氧原子情况下总吸附能的差别($\Delta E_A = E(x) - E(x-1)$)用绿色表示；不同数目原子吸附最稳定结构的吸附能用红色表示。其中黑色虚线表示文章[61]预测最稳定构型 C_8O_1 的吸附能

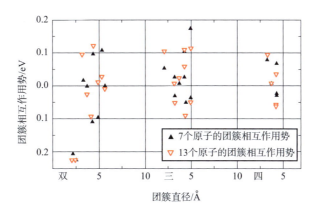

(c) 7 个及 13 个氧原子吸附下用改进型 CE 方法得到的单体、双体、三体 J_a 对比值。黑实▼(红色空心▽)代表 7(13)个吸附氧原子下 J_{as} 值[64]

图 1-5 氧原子在石墨烯吸附能力的团簇展开方法预测及其相互作用势

为了确定我们得到的"基态"结构是否是最稳定的结构，将其与其他相应的结构进行吸附能对比。在前面的工作报道中，C_8O_1 是一个非常稳定的构型[61]。前面工作中的通过在 48 个碳原子石墨烯吸附氧原子，并用传统 CE 方法预测的最稳定构型 C_8O_1[71]，其每个氧原子吸附能如图 1-5(b)中的黑虚线所示。从图中可以看出，当氧原子吸附度不小于 $5(C_{112}O_x, x \geqslant 5)$ 的时候，本文中各个氧覆盖度下的最稳定结构吸附性比规则氧原子 C_8O_1 情形下更稳定。$C_{112}O_x$ 与前人 C_8O_1 结构之间吸附能能量的差别，变化范围最值在 0.03 eV/adatom($x=5$)到 0.18 eV/adatom($x=11$)之间。更近一步的理解，当本文中氧原子数目为 $14(C_{112}O_x, x=14)$，与前文中 C_8O_1 拥有同样的氧碳比例，我们预测最稳定结构的吸附能比后者要稳定 0.15 eV/adatom。这些结果清晰的表明，不规则石墨烯氧吸附结构要

比规则的构型更稳定,进一步说明氧原子倾向于在石墨烯表面形成不均匀的结构,而非均匀规则结构。如前面的实验及理论工作所示。氧化石墨烯的典型结构具有不定性,我们的结果验证并给出了实验不定性氧化石墨烯的结构。

为了更好地了解氧化石墨烯的结构演化,$C_{112}O_x (1 \leqslant x \leqslant 13)$中的最稳定 8 个结构特性在图 1-6 给出。当一个氧原子吸附在石墨烯的桥位时候,吸附能为 -2.48 eV/adatom,这和前面的工作类似[70]。氧原子在石墨烯表面吸附能较大的原因是氧的电负性(3.44)比碳的电负性(2.55)要大,从而导致了碳原子到氧原子的电荷转移。在这种情况下,氧原子附近的碳原子的电子性质有所变化,由 sp^2 转化为 sp^3 键。当第二个氧原子吸附到石墨烯表面时候,它更倾向于吸附在第一个氧原子的邻近位点[图 1-6(b)],导致一个比单氧原子吸附情况下更负的吸附能(-2.72 eV/adatom)。与单原子吸附的情形相比,两个原子情况下的更负吸附能应该是第二氧原子与邻近的碳原子以及第一个氧原子也形成类似的 sp^3 杂化形式导致的。当第三个氧原子接着吸附时,三个氧原子在石墨烯表面形成小的团簇,占据一个六边形的三个桥位,如图 1-6(c)所示。

当吸附的氧原子数目达到 5 时构型如图 1-6(d)所示。有趣的是,5 个氧原子的吸附的结构并不是在 3 个氧原子吸附的情况下简单加上 2 个原子,而是存在相变的过程(由图可看出)。当吸附的氧原子数目达到 7 个时候,如图 1-6(e)所描述的,其最稳定构型具有 3 个氧原子吸附的结构特征。应该注意到,在实际情况下石墨烯的氧化过程,氧原子的吸附是一个能量最小化的过程,在这种情况下,相变是不容易实现的。在这种情况下,相比于 $C_{112}O_5$ 结构通过相变加上 2 个氧原子,$C_{112}O_7$ 的最稳定构型更容易通过在 $C_{112}O_3$ 基础上吸附 4 个氧原子来实现。紧接着,在接下来的石墨烯氧化过程中呈现相似的规则:新的或者氧原子数目较高的吸附的结构,是在前面或者低数目原子吸附的结构基础上加上相应的氧原子的方式一步一步得到。例如 $C_{112}O_9$,$C_{112}O_{11}$ 及 $C_{112}O_{13}$ 的构型[图 1-6(f)、图 1-6(g)、图 1-6(h)]。在这部分的讨论中,我们清楚地揭示了石墨烯氧化过程中的结构变化。有趣的是,遗传特性在整个石墨烯氧化过程中都存在。另外,氧原子在石墨烯表面倾向于成团,而不是形成均匀或者线性的结构。

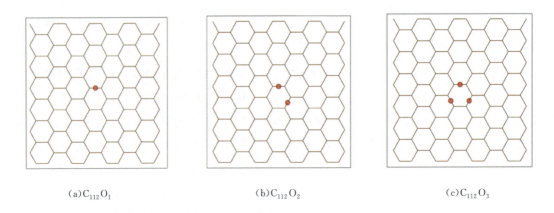

(a) $C_{112}O_1$ (b) $C_{112}O_2$ (c) $C_{112}O_3$

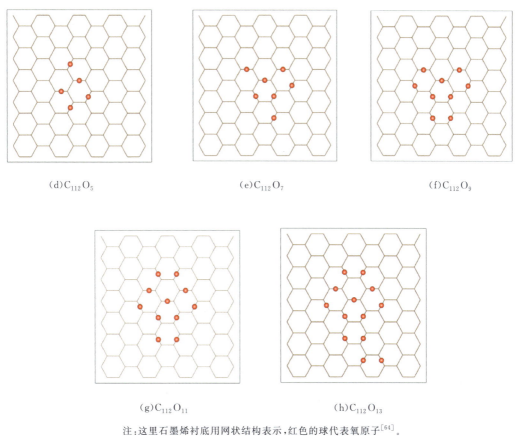

(d) $C_{112}O_5$ (e) $C_{112}O_7$ (f) $C_{112}O_9$

(g) $C_{112}O_{11}$ (h) $C_{112}O_{13}$

注:这里石墨烯衬底用网状结构表示,红色的球代表氧原子[64]。

图 1-6　预测 $C_{112}O_x(1<x<14)$ 的最稳定构型

3) $C_{112}O_x(14 \leqslant x \leqslant 19)$

如前文所提到的,我们已经探究了氧原子数目小于 13 情况下氧化石墨烯的结构演化。但是,当氧原子数目进一步增加时候,由于氧原子的数目较大导致的氧化石墨烯的结构数目更大。如果采用第一性原理与改进型 CE 方法优化 ECI 来逐步得到更高氧原子吸附度情况下的最稳定结构的方案,计算量同样巨大。为了解决这一问题,当氧原子数目大于 13 时的 $C_{112}O_x(x>13)$,我们利用在 $C_{112}O_x(x=13)$ 得到的 ECI 来表征所有可能结构的吸附能,即在此后 ECI 的数目及数值均不变。这种方案是可行的,因为在前面的结果中我们发现氧原子在石墨烯表面具有团聚行为,而且氧原子之间的相互用主要是短程作用,在吸附氧原子数目不大于 13 的情况下已经包含、优化。因此,前面建立起来的 ECI 是可以用来进一步描述更高氧覆盖度石墨烯 $C_{112}O_x(x>13)$ 的情形。为了进一步验证该 ECI 对于描述更高氧覆盖度的情形是合理的,我们将用该 ECI 预测的 $C_{112}O_{14}$ 最稳定结构的吸附能提取出来并与 DFT 计算结果对比发现,两者之间的差别在 9 meV/adatom。该结果表明我们 CE 方法的可靠性。我们的结果表明,在 13 个氧原子吸附情况下得到的 ECI 可以用来探索更高氧覆盖度

$C_{112}O_x(x>13)$ 情况下的最稳定氧化石墨烯的结构。用上面方法预测的 $C_{112}O_x(14 \leqslant x \leqslant 19)$ 的最稳定结构如图 1-7 所示。我们发现一个有趣的现象,高覆盖度情形下氧原子仍然在石墨烯表面保持不均匀分布的特征。高的氧覆盖度下的最稳定结构倾向于形成两个(或数个)低覆盖度情况下的氧团簇部分,并且这些氧团簇通过一个或数个氧原子连接起来。

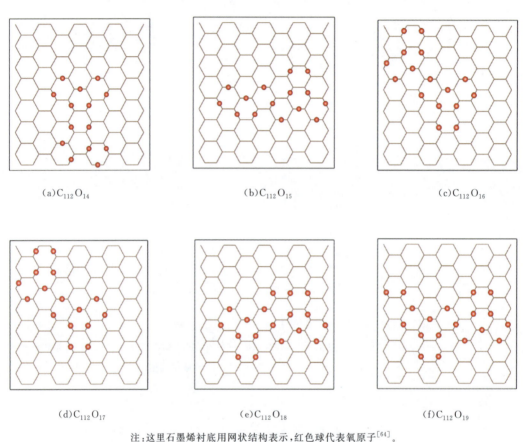

(a) $C_{112}O_{14}$ (b) $C_{112}O_{15}$ (c) $C_{112}O_{16}$

(d) $C_{112}O_{17}$ (e) $C_{112}O_{18}$ (f) $C_{112}O_{19}$

注:这里石墨烯衬底用网状结构表示,红色球代表氧原子[64]。

图 1-7 预测得到 $C_{112}O_x(14 \leqslant x \leqslant 19)$ 最稳定构型

4. 团簇展开方法结合蒙特卡洛方法

在模拟大体系实际情况的合金微观结构、缺陷分布或磁学构型时,上述方法将会极大的受限。而用上述 CE 方法得到的 ECI 及对应的团簇函数作为初始值,并结合蒙特卡洛方法,将会实现保持第一性原理计算精度在更大尺度的模拟,使其更接近于体系的实际情况。

我们以蒙特卡洛中的 Metropolis 抽样为例,简明阐述其重要基本思想及过程。首先我们产生状态[ql],不同的状态之间并非完全独立,而是通过一个马尔可夫过程联系起来,即让一个新的状态从前面一个状态通过一定的转移概率进行的。通过选择适当的转移概率函数,可以使得该马尔可夫过程产生的状态分布函数在足够多的转移次数下,趋向于平衡的分布。我们以一个粒子在二维平面的迁移举例说明。假定粒子的初始位置是 (x,y),系统的

势能为 U，U 依赖于粒子的位置。先假设将粒子从初始位置转移到一个临时的位置$(x+\alpha\mu_1, y+\alpha\mu_2)$，其中 α 为一个可以调节的常数，$\mu_i=2\varphi-1$，$i=1$ 和 2，φ 是一个区间在$[-1,1]$上均匀分布的随机数。随着位置的改变，系统从一个状态$[r_N]_j$可以转变为$[r_N]_{j+1}$。

Metropolis 包含了四个步骤：

①像上面描述的那样转移系统状态；②计算状态转移前后系统势能的转变量，$\triangle U=U_{j+1}-U_j$；③如果$\triangle U<0$，系统接受转移，意味着粒子迁移到新的位置；④如果$\triangle U>0$，当$e^{-\beta U}>\varphi$情况下，接受系统状态转移，否则不接受状态转移，其中$\beta=kT$，k表示玻尔兹曼常数，T表示温度。而步骤④可以防止体系陷入局部势能最低点无法迁移出来。

正如前面提出，结合第一性原理计算的体系能量，我们可以得到团簇展开方法中的团簇相互作用势($J\alpha$)及对应的团簇函数。那么在处理给定更大体系能量时，我们便可以利用团簇函数及对应相互作用势，结合大体系中的特定晶格点、吸附位置的信息得到体系的能量值，以进行蒙特卡洛计算确定大体系的最稳定构型。此类方法可以处理固体或者二维表面的粒子扩散、合金材料的成分组成、磁性材料的磁性分布等问题。

1.4.4 Surface Hopping 模型

正如前面所介绍，利用传统的 DFT 第一性原理计算能够得到材料的电子性质。但是，由于该理论是建立在几大近似的基础上，因此天然存在着一些局限性，其中一个重要的近似就是波恩-奥本海默近似，又称绝热近似，即由于电子的质量远小于原子核质量，原子核的运动远远跟不上电子的运动，所以可以把它们的运动分开处理。这样在绝热近似下，体系的运动就转化成多电子的量子力学运动和原子核的经典力学运动。此举在保证了一定精度下，大大精简了计算难度，但是隐藏在绝热近似背后的局限就源于用经典力学描述原子核的运动。

第一，它忽略了诸如量子隧穿等量子行为；第二，也是至关重要的一点，它描述的体系只是在一个简单的势能面上运动。然而，实际情况是对于多原子体系，每一个非简并的电子态都对应一个不同的波恩-奥本海默势能面。一旦电子发生跃迁，每个原子上受的力就会相应发生改变，这个时候原子核的运动就不应该是绝热近似下描述的不受电子运动的影响。同样反过来，原子核的运动也会影响电子跃迁的概率。因此，对于电子跃迁这一动态过程，基于绝热近似下的经典动力学完全不足以准确描述，这也是传统 DFT 只能考虑基态不能计算激发态的原因。那么，如何在分子动力学中考虑这一非绝热过程成了一大难题，后续科学家们尝试各种方法来攻克这一难题，其中比较出名的当属耶鲁大学 John C. Tully 教授于 1990 年提出的表面空间跳跃(surface hopping, SH)[72]方法。

值得注意的是，Tully 在提出这套 SH 方法之前，为了使体系在运动过程中考虑电子跃迁的影响，特意先对这套方法特别是原子的轨道提出了一些基本要求。首先，这套方法要确保计算量不是太大；其次，原子不能只是在单轨道上运动，轨道要能出现分支，这一点十分重要。在这之前,已经有不少学者试图构建"最佳"的轨道来考虑电子跃迁的影响,其中最出名的当属 Ehrenfest 方法。在这个方法中,原子核将会在电子作用的有效场 $\bar{V}(R)$ 下做经典运动,

$$\bar{V}(R) = \langle \Psi_{el}(r,R) | H_{el}(r,R) \Psi_{el}(r,R) \rangle \tag{1-102}$$

式中 〈·〉——对电子的坐标积分;

$H_{el}(r,R)$——电子哈密顿量即总的哈密顿量减去原子核动能算符;

$\Psi_{el}(r,R)$——电子波函数,是玻恩-奥本海默函数的线性组合;

$\bar{V}(R)$——电子哈密顿量的期望值。

这样电子的波函数会由原子核的轨道自洽得到,具体如图 1-8 所示。

在某些情况下,这些单轨道方法还是准确的。但在很多问题上,它们还是满足不了。根本原因是在具有强电子耦合的时候,单轨道会将体系衍生到一个包含所有电子态的加权平均的势能面上。而在实际物理原理下,体系只能处在其中的某一个态,而不可能在某个"平均"态上。如图 1-9 所示,假设一个原子与金属表面相撞,该原子要么从表面散射开,要么束缚在表面。因此,一旦电子空穴对被激发,原子就很有可能被束缚住(图 1-9 中轨道分支 2),如果没有电子跃迁发生的话,原子就很有可能发生散射(分支 1)。不可能存在一个加权平均的轨道来准确描述所有可能的结果。特别是两个能量差别很大的电子态之间一旦发生跃迁,产生的大量能量甚至会破坏成键,仅"平均"或"有效"轨道是不能合理地描述这一量子跃迁。

通常说来,一个合理的分子动力学若想考虑到电子跃迁,就必须能够将轨道一分为二或一分为多,其中的每一个分支都能考虑到弱电子耦合情况。有很多方法可以实现这一要求,其中一个可行的方法就是统计每一个态的占据数,通过随机算法在每一个分支点产生一个随机数,然后比较跃迁概率和随机数的大小来决定体系是否跳到另一个分支上。这个方法也将是本文稍后所要介绍的。

除此之外,还有许多其他条件需要满足,例如要满足能量和动量守恒,要考虑到所有电子耦合强度

图 1-8 Ehrenfest 方法中电子波函数自洽示意图

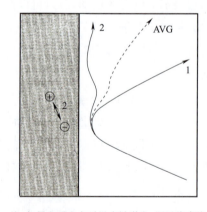

注:如果电子空穴对没有被激发,原子将直接散射出表面(分支 1)。如果电子空穴对被激发(分支 2),原子将会损失能量并且被束缚在表面。不可能存在一个平均的轨道来充分描述这种情况[72]。

AVG:平均值

图 1-9 原子-金属表面散射示意图

下的跃迁,这也是所有 SH 方法中比较难满足的一点。另外还要考虑各个轨道之间的电子相干性,这个和电子波函数息息相关。总之在保证计算精度的前提下,这些条件都要尽可能满足,接下来我们将介绍该 SH 模型的原理和公式推导过程。

首先和前面介绍的一样,我们定义 r 和 R 分别表示电子和原子核的位置,这样总的哈密顿量包含了电子和核的运动,可以写成

$$H = T_R + H_0(r, R) \tag{1-103}$$

式中 $H_0(r, R)$ ——在固定原子核位置下电子的哈密顿量;

T_R ——原子核动能算符。

接下来我们选取一组正交的基态电子波函数 $\Phi_1(r,R)$、$\Phi_2(r,R)$、$\cdots$、$\Phi_j(r,R)$,这个是和原子核位置有关的。它们可以是绝热波函数,也可以是其他波函数。这样电子哈密顿矩阵元 $V_{ij}(R)$ 就可以写成:

$$V_{ij}(R) = \langle \varphi_i(r,R) | H_0(r,R) \varphi_j(r,R) \rangle \tag{1-104}$$

同样尖括号还是表示只对电子坐标积分。接着我们定义非绝热耦合矢量 $d_{ij}(R)$:

$$d_{ij}(R) = \langle \varphi_i(r,R) | \nabla_R \varphi_j(r,R) \rangle \tag{1-105}$$

式中 $\varphi_i(r,R)$ ——i 电子波函数;

∇_R ——针对原子核坐标 R 的梯度算符。

这个非绝热耦合是影响电子跃迁最重要的参数。此时原子核的运动只是由一个初始非精确的轨道来描述,但它必须满足时间连续性 $R(t)$。同时体系的波函数也可以由基态波函数来展开:

$$\Psi(r, R, t) = \sum_j c_j(t) \varphi_j(r, R) \tag{1-106}$$

式中 $c_j(t)$ ——权重系数。

将式(1-106)代入含时薛定谔方程,两边同乘以 $\varphi_k(r,R)$ 积分得到

$$i\hbar \frac{\partial c_k(t)}{\partial t} = \sum_j c_j(t) \left[V_{ij}(R) - i\hbar \frac{\partial R}{\partial t} d_{kj}(R) \right] \tag{1-107}$$

为了把它写成矩阵表达式,定义 $a_{kj} = c_k c_j^*$,那么

$$i\hbar \frac{\partial a_{kj}}{\partial t} = \sum_j \left\{ a_{lj} \left[V_{kl}(R) - i\hbar \frac{\partial R}{\partial t} d_{kl}(R) \right] - a_{kl} \left[V_{lj}(R) - i\hbar \frac{\partial R}{\partial t} d_{lj}(R) \right] \right\} \tag{1-108}$$

这里我们考虑了正交波函数的基本性质 $d_{lj}^* = -d_{lj}$,$d_{jj} = 0$。式(1-108)比式(1-107)更具有普遍性,因为它允许了混合态的存在,其中的非对角元 a_{kj} 对应的是相干性,对角元 a_{jj} 就是电子态的占据数,它满足

$$a_{kk}^* = \sum_{l \neq k} b_{kl} \tag{1-109}$$

式中

$$b_{kl} = 2\hbar^{-1} \text{Im}(a_{kl}^* V_{kl}) - 2\text{Re}(a_{kl}^* \dot{R} \cdot d_{kl}) \tag{1-110}$$

其中　Im,Re——虚部、实部；

b_{kl}——跃迁概率相关系数。

接下来要做的是选取一个合适的轨道 $R(t)$。为了更清晰的理解表面空间跳跃是如何实现,我们以最常见的最少开关的表面空间跳跃(fewest switch surface hopping,FWSH)为例解释说明。

假设一个 two-states 体系含有 N 个轨道,在 t 时刻分配给态 1 的轨道数有 $N'_1 = a'_{11} N$ 个, a'_{11} 就是由式(1-108)积分得到的概率;类似地分配给态 2 的轨道数有 $N'_2 = a'_{22} N$ 个。经过很短的 Δt 时间后,概率变成了 a_{11} 和 a_{22}。假设此时 $a_{11} < a'_{11}, a_{22} > a'_{22}$。理论上同时存在态 1 与态 2 相互之间的跃迁,但此时我们认为只有态 1 到态 2 的跃迁,不存在态 2 到态 1 的跃迁,这也是最少交换(fewest switch)名称的由来。此时跃迁的数量是 $(a'_{11} - a_{11}) N = (a_{22} - a'_{22}) N$ 个。而在这个区间的跃迁概率则是 $(a'_{11} - a_{11}) / a'_{11} \approx a'_{22} \Delta t / a_{11}$,因为时间足够短。当时间增长,这时就会通过式(1-107)或式(1-108)对 Δt 积分得到处于对应态的概率 a_{11} 和 a_{22}。这时为了判断跃迁是否发生,就会生成一个 0 到 1 之间的随机数 ζ,只要满足

$$\frac{\Delta t b_{21}}{a_{11}} > \zeta \tag{1-111}$$

就会发生态 1 到态 2 的跃迁。这里的 b_{21} 就源于式(1-110)中的定义。目前来自南加州大学的 Oleg Prezhdo 教授已经成功地将此方法移植到他们开发的程序 PYXAID[72,73] 上,并已成功应用在很多材料上[74-77]。

如图 1-10 所示,他们通过非绝热分子动力学模拟两种不同的有机无机杂化型钙钛矿里电子空穴对的复合过程,最后发现 PbI_2 终端的钙钛矿由于其中电声耦合作用更弱,故而电子从导带底跃迁到价带顶的概率更低,从而成功解释了实验上生长钙钛矿时,PbI_2 含量稍多就会有更长的激子寿命这一现象。鉴于目前 SH 模型已经取得的成功,以及材料激发态性质的重要性,我们相信它在今后的舞台上会有更多的发挥。

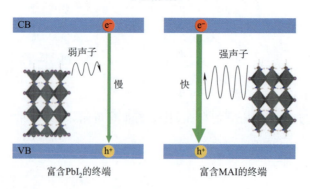

图 1-10　两种不同终端的钙钛矿内部电子空穴对非绝热重组过程示意图

1.4.5 机器学习

1. 机器学习概述

受益于计算能力的指数性增长和算法的巨大突破,人工智能在过去的数年间取得了前所未有的巨大进展,而机器学习是人工智能的一个重要分支。机器学习研究和构建的是一类特殊的算法,使计算机能够"自己"在数据中学习进而总结、分析,甚至推理出一些规律或者结论,并利用规律对未知的数据进行预测。显然,机器学习方法是实现人工智能的一个重要途径。机器学习已经在近几十年发展成为一门交叉学科,涉及概率论与数理统计、计算复杂性理论、最优化理论、数值计算、信息论等众多领域。机器学习方法本质是数学方法,处理问题的一般思路可以概括为:把一个实际问题利用各种变量进行参数化,并且抽象成数学模型;利用各种数学方法解析这个模型,从而达到解决这一实际问题的目标;最后通过一定的标准评估这个数学模型,判断这个数学模型是否能够有力地表示这个实际问题,从而解决该实际问题。

机器学习大致可以分为以下几类:

(1) 监督式学习

计算机通过一个给定的训练集学习出一个函数,这一函数可以被用来预测结果。其训练集必须包括特征和目标,该目标是人为设定的,换句话说,监督式学习需要有明确的目标。监督式学习包含两个重要功能:回归和分类。回归指是预测连续和具体的数值;分类是指对离散型数据分类以供计算机凭借特征进行预测。主流的监督式学习算法可以按照功能来列举,具有分类功能的算法有:朴素贝叶斯分析、支持向量机、逻辑回归等;具有回归功能的算法有:回归树、线性回归等;兼具二者功能的算法有:K-邻近、Adaboost、神经网络等。综上所述,监督式学习的本质是:对于输入数据即训练集,我们对其类别是已知的。

(2) 非监督式学习

非监督式学习与监督式学习相反,在训练前无须给数据打上标记,其没有明确的目的训练方式,无法提前预知学习的结果,因此,非监督式学习很难量化学习效果。其主要目标是在没有打上标记的数据集中找到一些潜在的结构,其本质是一种统计分类手段。我们无法判断最终分类的效果如何。常见的非监督式学习类型是降维和聚类。降维的目的是在保证数据集结构的前提下降低数据集特征的维度以便分类,主流算法包括奇异值分解、主成分分析等。聚类实际上就是一种数据分类的方法,但是这种分类有别于监督式学习中的分类,这是一种朴素的分类,只知道把具有不同属性的类别分开,不知道分类结果类别的从属,主流算法包括高斯混合模型、K均值、层次聚类等。

(3) 强化学习

强化学习的过程看起来更加"智能",本质是一个序列决策问题。其关注的是个体在一个既定的环境中不断学习并且累计,以获得整体上较高的收益。从模型研究的角度出发,强化学习在主流算法上分为两大类：有模型学习和无模型学习。二者本质区别在于个体能否完整了解到其所在的环境，这意味着个体是否能够获得对环境的一个概览，是否能够发生提前规划。

上文概述了机器学习中的一些基本概念，在实际应用层面上，机器学习方法的使用基本可以概括为以下几个步骤：(1)数据的收集与预处理；(2)选择合适的模型；(3)模型训练；(4)评估模型；(5)调整模型。

2. 材料科学中的机器学习

材料的电子结构与材料性质的关系可以由薛定谔方程给出，对于一定化学元素分布的化学材料体系，其化学键以及一些材料体系中宏观的相互作用，可以被赋予严谨的理论基础，从而可以通过描述电子行为理解一些物理过程以及化学变化。基于薛定谔方程的DFT的发展日趋成熟，其已经能够广泛地计算固体的结构和行为，可以提供丰富的材料物性数据。伴随研究的逐步深入，研究涉及的材料体系愈发复杂并且研究的目标也更趋预测性，例如新型能源及储能材料的性能预测，高效光催化材料的筛选等。我们需要在实验合成材料前就能够在一定程度上预测出其性质，因此，基于开放的材料物性数据库和开源软件环境的计算机高通量筛选研究已经成为常态。对于此类密集型大数据的分析处理可以分为简单分析和复杂分析两类，对应于材料研究中的大数据分析往往需要挖掘内在规律，因此复杂分析居多。而机器学习又是处理复杂分析大数据问题的重要方法。

机器学习技术已经被应用于计算材料学领域的研究并且取得了显著的成果。计算材料学通常基于一定的理论模型、计算、设计和预测材料的结构与性能，或从实验数据出发对材料体系进行建模、数值计算以及模拟。传统的材料科学研究方法常常依赖运气，通过计算机计算或者实验测量获得材料的新性质。但是，如果能够利用计算机计算或者实验测量产生大量的数据，借助机器学习技术，搜寻材料的预期性质，将会极大地加速新材料的发现和材料的各种性质的研究。

借助机器学习方法研究材料科学的一般流程如图1-11[78]所示。首先，样本构建，即对数据进行预处理，其中包括数据清洗、特征提取、特征选择、特征构建、特征学习。其次，机器学习方法的确定以及模型的搭建，输入数据与输出数据之间由一系列线性以及非线性函数相关联，机器学习方法包括回归、分类、聚类、概率估计、优化等。然后，模型评估。选择合适的评价指标来评价模型的合理性与方法的有效性。最后，对学习出来的结果进行可视化或转化成相应的材料科学特征，这也是不可或缺的一步。

这里的大数据不仅指大规模的数据量，还指新颖的软件分析工具和数据分析技术的集合。这些工具和分析手段有助于获得高度分散的数据中的潜在规律进而产生实际价值。同时，为了真正利用机器学习的优势和潜力，必须将材料科学这一领域的问题合理地转化为合规的机器学习问题或者使得机器学习的处理对象拥有具体的材料科学问题研究含义。通过对化学和材料学中的一些定义和属性的数量化，可以有效地对大数据加以利用。例如

IoChem-BD[79]平台,该平台可以直接管理化学结构、键能、自旋角动量等结构描述性符号的大量数据,这些数据不仅仅依赖于系统分析工具,同时还需要一定的通用分析工具和可视化工具。但是,所谓的通用性是相对的,应该选取的描述性符号依赖于具体研究的问题。如果在获得数据的初期并不完全确定需要研究的问题,可以借助更加完备和智能的数据平台如AiiDA[80],该平台围绕自动化、数据、环境和共享搭建。设计上基于导向非循环图以此来跟踪数据和计算的出处,同时保证搜索和储存能力,在计算的最后可以将复杂的序列编码成科学的工作流程。

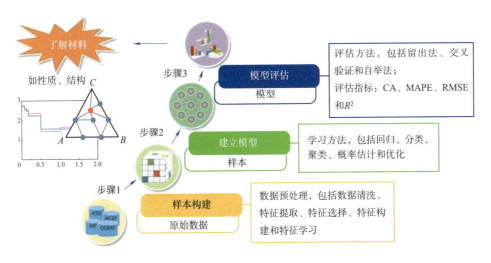

图 1-11　在材料科学研究中施行可行的机器学习方法
首先依赖的是高质量和丰富的数据集合

在有效的数据获取与筛选之后,特征提取与建模对结果的影响将十分重大。传统的机器学习方法中,在特征提取这一步很大程度上依赖人的经验与直觉,但是也可以通过一些方法去筛选出更有效的特征,例如 Shuaihua Lu[81]等人从 30 种机器学习的原始特征中通过梯度增强聚类算法(gradient boosting regression,GBR)筛选出了一种更具代表性的特征,进而预测有机-无机钙钛矿(hybrid organic-inorganic perovskites,HOIPs)光伏,图 1-12 是该工作的流程和特征表示图。在一些情况下,即便能够通过一些方法辅助筛选特征,由于人的直觉和经验有限,预先取得的特征并不完备甚至无效。在材料研究体系复杂度飙升,数据量日趋庞大的今天,依赖人的主观认识提取特征的作用也越来越有限,这也限制了机器学习方法在某些情况下的适用性和有效性。但是最近快速发展的深度学习方法可以有效地帮助人们进行特征提取和确定,这极可能成为机器学习在材料科学研究中的新趋势。

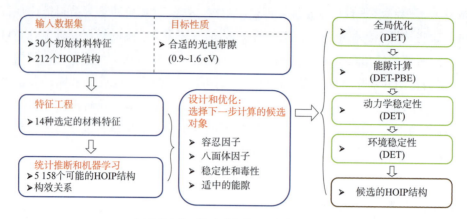

(a) 无铅有机-无机杂化钙钛矿光伏的设计框架

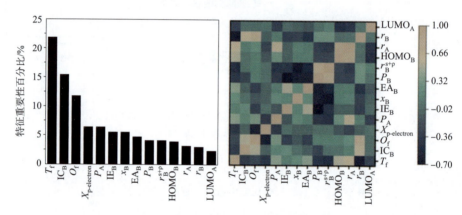

(b) GBR 方法确定出的 14 种最具代表性的特征　　(c) 14 种特征的皮尔森关系密度图[81]

图 1-12　借助机器学习方法预测结构稳定的无铅有机-无机杂化钙钛矿光伏

　　收集完数据并施以恰当的表示之后,需要选择合适的模型进行学习,这里的模型即机器学习算法。根据具体的问题和数据的类型,应当选择合适的模型(参见表 1-1)。在选择了合适的模型之后,需要对模型的选择进行评估,以便获得一个最佳的学习模型。既然是评估,一定会有偏差,偏差的来源可以概括为以下三种:模型偏差、模型方差和不可约误差。模型偏差来源于模型对原始研究对象的既定假设的错误或描述的缺乏。模型方差其实是对训练集中的波动性数据的敏感程度,这一点同时会受到训练数据的属性的影响,因为当数据不够详细或过分集中在某些性质附近时,就会出现欠拟合;若模型的复杂程度过高,则极易出现过拟合。一个模型是否拥有较高的准确性,主要由其能否应用于未知数据决定。确定模型质量的方法包含选择适量的原始数据中的一部分作为测试集,用测试集来验证模型的准确性。材料科学研究所需要的机器学习算法有时会被要求具有从案例中逐步学习新的模式与规律的能力。例如材料体系结构预测、功能材料设计或定量结构-活性关系(quantitative structure-activity relationship,QSAR)模型的推导等,QSAR 本质上就是基于分类和回归分析的机器学习技术的实践。

表 1-1 根据数据的类型或需要解决的问题,相应选择的机器学习算法[83]

类型	方法	算法	化学问题
贝叶斯学派	概率推理	朴素贝叶斯贝叶斯网络	新的理论是否有效?
进化学派	演化结构	遗传算法粒子群算法	什么分子具有这种特性?
符号学派	逻辑推理	规则学习决策树	如何制造这种材料?
联结学派	模式识别	人工神经网络反向传播算法	合成了何种化合物?
类推学派	约束优化	最邻近算法支持向量机	找到结构-性质关系

3. 机器学习在计算材料学中的应用

(1) 材料设计方法

一个材料体系的描述符与理想模型相关联的模型可以被用来预测未知的材料结构。Pulido A 等人通过构建能量-结构-功能图去预测材料可能具有的结构和性质[83],同时可以辅助新材料合成,预测晶体结构、力学性能等。关于利用机器学习方法发现新的功能材料的研究可以追溯到 1998 年,一项研究报道了将机器学习方法应用于预测磁学和光电子材料[84]。近几年,关于机器学习在功能材料发现方面的研究数量大幅增加,并且研究问题的复杂度越来越高,例如导致材料结构无序性的晶格相互作用的描述符,或者材料的磁性和铁电性能[85]。人们甚至不再满足于在给定条件下的正向的功能材料搜索,开始谋求功能材料的逆向设计,即从材料的功能或性质出发,逆向搜索符合要求的功能材料。其实,这与机器学习方法的思路不谋而合,材料的功能或性质对应机器学习中的描述符。材料逆向设计的典型例子是合金材料,因为其可能的组合数量十分巨大,并且电子性质对晶体结构十分敏感,因此很难通过正向的建模去计算获得具有特定功能的合金材料。Franceschetti A 等人发展了一套旨在解决从特定的电子结构出发寻找具有一定结构的合金材料的方法[86]。迄今为止,大量关于材料结构机器学习研究均集中在一种或一类特定类型的晶体结构上,这是因为很难构建合适的、完备的数据结构从而有效地表示晶体固体,而且描述符或者表示方法在不同的材料间的迁移性很低,因此大量的研究一般专注于一个材料体系的结构信息。这也为未来的研究方向指明了一条道路,即研究通用化和迁移性高的材料体系描述符。

(2) 预测理化性质

计算材料学中常规的获得材料理化性质的方法通常是通过定量或者定性的公式,从材料具有的物理量出发,计算各种理化性质。但是有些体系的结构复杂,有时很难有效直接地计算其理化性质,这时机器学习方法是一个更好的选择。Pilania G[87] 等构建了一套基于材料结构与性能的映射规则,基于材料指纹的任一化学结构或电子电荷密度分布可以用来快速有效地预测材料的理化性质,包括形成能、晶格常数、带隙、电子亲和能以及介电常数等,基本原理如图 1-13 所示。Jha D[88] 等人基于深度人工神经网络(Deep Neural Network,

DNN),提取元素之间的物理化学相互作用以及相似性,并作出快速且精确的预测,其原理如图 1-14 所示。

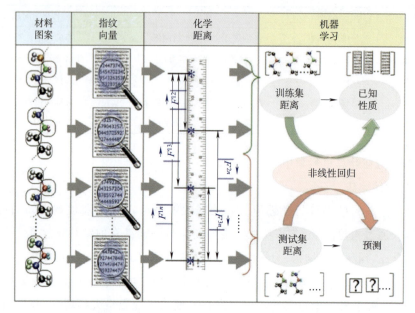

注:材料的主要特征被简化为数字指纹向量,然后在机器学习框架(这里是核回归分析)中使用化学相似性或化学距离的合适度量,以将距离映射到材料的性质。[88]

图 1-13　预测材料理化性质基本原理图

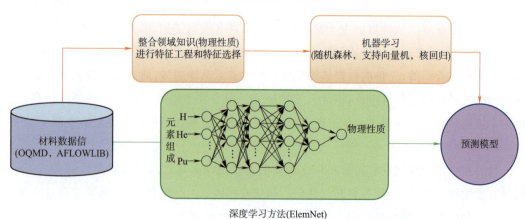

图 1-14　深度学习方法与常规机器学习方法在预测材料性能方面的比较[89]

用于材料性质预测的常规机器学习方法包括以模型输入格式表示材料成分,通过特征选择,计算组成元素的重要化学和物理属性,然后应用机器学习技术来构建预测模型。而基于深度学习的预测方法可以直接学习从元素组成中预测材料的属性。

4. 计算材料学中的机器学习前沿进展

(1) 定义新概念

能够真正像人一样总结规律,产生新的知识是未来机器学习发展的重要方向之一。尽管现今的机器学习技术能够有效地从海量数据中总结和概括规律,但是机器学习过程产生的结果很难表示成科学知识或者可解释的形式。Schmidt M 等[89]人发展了从实验收集的数据中检测守恒定律的计算方法,首先计算变量之间的偏导数,然后搜索一个可描述的物理不变量方程。为了测量方程是否很好地描述不变性,导出相同的偏导数符号,再与所述数据进行比较,这些符号会与一张关系图相对应,图的结点表示一定的数学区块,最后产生物理学方程,流程如图 1-15 所示。倘若此类技术能够发展成熟,那基于机器学习的计算材料学方法可以成为一个真正的"黑箱",实现将输入数据转换到具体物理方程的自动化流程。

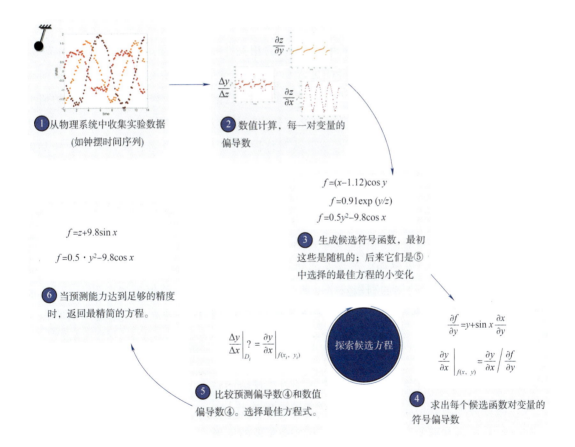

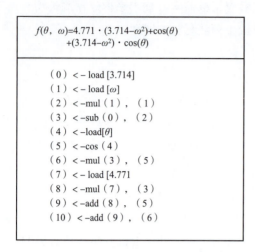
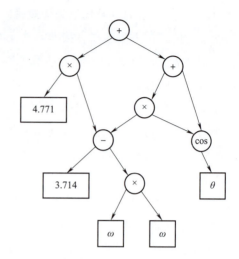

图 1-15　从实验数据产生物理学公式的流程[89]

(2) 发展新的描述符

在机器学习方法下的材料研究领域,描述符的相关性和有效性几乎决定了结果的成败。一个好的描述符需要比目标属性或特征更容易获得,并且尽量拥有较低的维数。材料研究背景下的有用的描述符和获得方法已经被深入研究[90]。但是,对获得描述符的方法的研究正如对机器学习在计算材料学中的应用研究一样应该被推进。例如借助分子原子指纹技术在深度学习方法下使预测更具准确性,或者从对称性、分子结构以及固有属性出发构建晶体材料的描述符。

(3) 小数据集学习

在应用于某些任务时,由于关于材料体系的原始数据不足,机器学习无法实现预期的准确性。因此在某些情况下,需要在较小的数据集上训练出更准确的模型。上文中提到的基于深度学习的 ElemNet 可以在一定程度上满足这种需求[88],或者通过从错误或者不准确的数据集中学习来提高对数据的利用效率以期缩小训练模型所需的数据集规模[91]。但是,借助更加高效的数据转化模式和更抽象化的描述符来提高小数据集的利用效率仍然面临极大的挑战。

5. 机器学习展望

在未来几十年内,计算材料学中的机器学习领域会面临以下几方面的挑战:

(1) 高可靠性的数据库。尽管目前材料学领域的数据库以及机器学习算法取得了长足的进步,但是可靠数据的稀缺性仍然制约着这个领域的发展,尤其是人们鲜有涉足的研究领域。因此需要研究更加先进的高通量理论。

(2) 速度问题。在机器学习领域,人们一直不断追求的目标就是如何提高机器学习的速度,速度训练和速度测试之间的矛盾和怎样才能有效削弱二者之间的冲突是人们最关心的问题。解决此类问题可以通过提升硬件性能或者开发更加高效的机器学习算法。

（3）可理解性。人们一般能通过机器学习算法得到结果，却不知道逻辑性的因果关系，在未来的机器学习分析中，计算材料学研究者们不仅希望能利用机器学习算能得到结果，而且能知道结果产生的原因。

（4）数据处理的能力。过去大多数机器学习方法处理的对象是经过标记的数据。但在未来的大数据分析中，机器学习算法不但要处理大量未标记的数据，而且还要受一些不平衡数据、垃圾数据等的干扰和影响。在材料研究中，错误和低准确度的数据具有不可避免和数量较大的特点，能够筛选甚至对这些数据加以利用是具有挑战性的。

1.5 第一性原理计算方法的发展趋势

利用高通量多尺度的第一性原理计算来研究及设计材料，是 2011 年美国提及的"材料基因计划"中的重要概念，是未来实现材料快速研发及产业化的主要手段，能更好地走出理论设计、实验研究、应用产业化，即学—研—产的道路。高通量设计材料，是基于第一性原理这一基本理论研究方法及材料设计需求，并应用或发展新的算法，植入或整合到现有的理论代码，或发展新的计算模拟软件，根据材料的化学组分及基本信息，来达到设计材料的目的。多尺度计算，主要是针对材料的不同尺度、不同环境研究需求，在保持精度的同时提高计算速度，在不同的尺度下研究材料性质。基于第一性原理的高通量多尺度模拟，将会成为设计材料的强力手段。

1.5.1 基础理论的发展及算法的改进

算法的改进，基于两方面：量子理论在材料计算发展领域的发展、智能方法的高效性和目的性。从现 DFT 发展的软件包来看，在解决过渡金属、强相互作用、核自旋、光的吸收激发等方面存在一定问题，并且有提高的空间。未来的基本理论的发展，将会围绕此类问题进行基础理论研究，从而解决高通量计算的前提：理论计算模拟的可靠性。因此，在此强调高通量计算的基础：理论的可靠性及方法的高效性，并且能够为设计材料提供支持。因此，在理论计算中，通过元素特别是过渡金属、重金属的 d 轨道，涉及原子核电荷、自旋对电子性质的影响，将有可能成为研究的方向。处理以上更精细问题的研究，也有利于为促进计算效率而产生的第一性原理速度的提高。比如，计算表面吸附的问题时涉及基底的重复性及相似性，可以对基底的小部分结构优化并复制到更大区域，进而对更大的区域进行计算，来提高计算的速度。

正如上节提到的，现有的高通量智能搜索程序，能够更多地考虑材料性质导向性，并能解决很多问题。例如，如果想要寻找更好的热电材料，应该在前面提到的软件的基础上进行定向的粗略筛选，充分考虑到电子、空穴有效质量，材料的形变能及带隙对热电材料的要求，来达到目的。在电池领域的研究中,氧化还原反应是其中的核心,合金材料可能会有很大的催化活性及极高的经济效益,并可以根据初始的氧化还原反应对材料化学性质要求来实现,比如氧原子在催化材料吸附能力适中是氧化反应的前提,因此可以基于 CE 方法寻找合适的合金材料,指导实验合成。另外,可以发展化学反应的势垒面,比如在催化反应中寻找整个反应的最可能路径,最大程度地实现高通量筛选。

1.5.2　基于结构的物理化学性质的高通量筛选

材料的设计,离不开对基本物理化学性质的要求。高通量的计算,要基于对材料性质的研究。实现特定功能的某一类材料,应建立相应的数据库,对其基本的性质进行相应描述,并且可以设置成为网络共享的资源,为材料设计所用。而材料的设计,除了要寻找及预测新的材料,也要综合先前材料的性质,对其进行相应的合理拼接或是组合,以期望能提高一种或几种性能,实现材料的最优化设计。

首先,为了实现特定功能,可以利用现有材料的综合特点整合来实现。比如,光催化材料应具有较强的吸光能力,并且产生的电荷空穴应有效分离,以更有效地传到表面参与反应。在现有的光催化材料中单一的光催化材料很难实现此类功能。因此,对两种或者更多光催化材料做成的 p-n 结有可能更好地实现此类功能。因此,高通量计算能够针对不同的光催化材料进行筛选,并建立相应的库,能更快实现光催化效率的提高。其次,作为材料的系统设计,应充分考虑周围环境对材料的影响(材料与其他材料或液体的接触),可能使不适合某种应用的材料克服缺点。通过高通量的筛选,可实现传统材料性能的大幅度提高。

最后,材料的设计应考虑其经济及其实际意义,通过高通量计算来实现新型替代材料的产业化。例如,铂在燃料电池中具有极高的催化作用,而地球中铂元素含量极其稀少。因此,高通量计算应该针对此类问题进行大量的理论及实验设计,设计出更有效的催化材料。

1.5.3　人工智能与第一性原理结合的高通量多尺度计算

基于人工智能方法的高通量计算,即根据物质的化学成分,基于基本的量子力学及化学组分,根据外部条件,设定特定的目标函数,来预测或寻找实验中合成的新材料,为实验提供解释或指导。现有比较成熟的基于遗传(genetic algorithm,GA)算法和粒子群算法(particle swarm optimization,PSO)与第一性原理结合的全局结构搜索的两种软件。美籍华人 Ho Kai-Ming 教授 1995 首先将遗传算法与第一性原理结合,开发了 GA 方法在材料预测的软件并对 C_{60} 团簇的结构进行了预测[92]。近些年,吉林大学马琰铭教授课题组开发了功能强大的结构预测软件 CALPSO(crystal structure Analysis by particle swarm optimization)[93]。该软件首次将粒子群算法引入到结构预测之中。这两个软件都可以实现能量目标导向型结构搜索(比如寻找给定原子种类和数目结构的能量最低结构),根据晶体的空间群或者随机产生初始的结构,对结构进行第一性原理精度(结合第一性原理软件包

VASP,CASTEP)优化,并以能量作为目标函数利用基因算法或粒子群算法进行一代一代地搜索结构,扫描结构的多维空间,找到能量低的材料结构。以 CALYSPO 为例,已成功给出了实验上绝缘锂结构的结构,预测的 ABA$_2$-40 锂结构[94]也被实验所验证。作为该类方法的发展,更高的要求应运而生:能不能设计针对其他特定目标的结构,以达到实际应用的要求?作为一种扩展,复旦大学向红军教授基于太阳能电池材料的基本物理化学性质的要求,对 CALYPSO 进行了改进,并成功寻找可能具有直接带隙并可能用于光吸收的 Si_{20}-T 材料[95]。高通量结合以上软件的计算,能够全面地寻找结构,搜索到需要的材料。

基于以上两种软件实现的高通量计算,能够更大程度地搜索新的结构,但仍然有计算量限制。因此降低计算量便成为一种需求,现有两种方案可以实现:第一,基于第一性原理的精度及分子动力学的速度进行以上两种软件的改进以更高效地预测结构。王才壮教授等人[96]便对传统 GA 结构预测软件进行了改进,用到程序中第一性原理计算的拟合势力场结合分子动力学预测结构,并用第一性原理计算软件验证,可以在提高搜索空间的情况下大大降低计算量。第二,根据化学成键规律来降低搜索的空间。除了预测新结构,也可以针对现有结构进行的掺杂、过渡态进行高通量处理。例如,利用 CE 与 Monte Carlo 相结合的 ATAT(alloy theoretic automated toolkit)软件,根据第一性原理拟合 ECI 来研究合金、锂电池材料及其他掺杂或空位材料的性质。这种方法,既可以实现大通量计算,也可以降低计算量。另外,对于涉及化学反应等过渡态问题,由于涉及多个能量低点,需要寻找两种态之间可能低的能量势垒。复旦大学刘智攀教授[97]通过利用随机游走方法寻找光滑的势能面来解决此类问题。

1.5.4 第一性原理计算多尺度的材料设计的展望

多尺度的计算材料设计,应从两方面进行考虑:同一材料不同尺度的模拟及不同材料在系统的模拟。再结合以上的高通量,以缩短材料设计周期,提高计算材料的可靠性。

首先,应通过对不同材料不同尺度的模拟,更好地了解其性质。第一原理与分子动力学结合,是其中的发展方向之一:对于大体系的材料,部分通过分子动力学模拟与核心部分进行第一性原理模拟相结合。另一发展方向是以第一性原理研究其基本的性质并建立适当的势能函数,用分子动力学描绘其更大的体系以达到介观甚至宏观的尺度。

再者,应对材料的系统性设计时考虑不同尺度的模拟。例如在太阳能电池设计工程中,对于太阳能电池对太阳光的方向、太阳能电池外层的透光材料、吸光材料及收集电流的电流材料进行多尺度系统研究,以提高材料的系统有效性。

未来高通量多尺度的设计,应该从基本固体化学理论与计算理论的开发,以满足某一特性材料的物理化学基本特性的探索、新结构预测及特定目标导向性结构预测算法及软件的开发为理论与工具,建立及共享材料基本库,借鉴设计已有材料特性,设计或合成新型材料,并通过高通量多尺度的模拟以期望缩短材料的设计应用周期。当然,超级计算机的搭建、相应并行计算效率的优化等硬件条件也应该考虑。

参考文献

[1] PERDEW J P, RUZSINSZKY A, TAO J, et al. Prescription for the design and selection of density functional approximations: More constraint satisfaction with fewer fits[J]. The Journal of Chemical Physics, 2005, 123(6): 62201.

[2] THOMAS L H. The calculation of atomic fields[J]. Mathematical Proceedings of the Cambridge Philosophical Society, 1927, 23(5): 542-548.

[3] FERMI E. Unmetodo statistico per la determinazione di alcune priorieta dell'atome[J]. Rendiconti Accademia Nazionale dei Lincei, 1927, 6(32): 602-607.

[4] HOHENBERG P, KHON W. Inhomogeneous electron gas[J]. Physical Review, 1964, 136(3B): B864.

[5] KOHN W, SHAM L J. Self-consistent equations including exchange and correlation effects[J]. Physical Review, 1965, 140(4A): A1133.

[6] BORN M, Oppenheimer R. ZurQuantentheorie der Molekeln[J]. Annalen der Physik, 1927, 389(20): 457-484.

[7] HARTREE D R. The wave mechanics of an atom with a non-coulomb central field. part I. theory and methods[J]. Mathematical Proceedings of the Cambridge Philosophical Society, 1928, 24(1): 89-110.

[8] SLATER J C. Note on Hartree's method[J]. Physical Review, 1930, 35(2): 210-211.

[9] FOCK, V. Näherungsmethode zur Lösung des quantenmechanischen Mehrkörperproblems[J]. Z. Physik, 1930, 61, 126-148.

[10] EYRING H. The activated complex in chemical reactions[J]. J. Chem. Phys., 1935, 3, 107-115.

[11] EVANS M G, POLANYI, M. Some applications of the transition state method to the calculation of reaction velocities, especially in solution[J]. Faraday Soc., 1935, 31, 875-894.

[12] JÒNSSON H, MILLS G, JACOBSEN K. W. Nudged elastic band method for finding minimum energy paths of transitions[M]. Singapore: Classical and Quantum Dynamics in Condensed Phase Simulations, World Scientific, 1998.

[13] MILLS G. JÒNSSON H. Quantum and thermal effects in H_2 dissociative adsorption: evaluation of free energy barriers in multidimensional quantum systems[J]. Phys. Rev. Lett., 1994, 72: 1124-1127.

[14] MILLS G, JÒNSSON H, SCHENTER G K. Reversible work transition state theory: application to dissociative adsorption of hydrogen[J]. Surf. Sci., 1995, 324: 305-337.

[15] HENKELMN G, UBERUAGA B P, JÒNSSON H. A climbing image nudged elastic band method for finding saddle points and minimum energy paths[J]. J. Chem. Phys., 2000, 113: 9901-9904.

[16] HENKELMAN G, JÒNSSON H. Improved tangent estimate in the nudged elastic band method for finding minimum energy paths and saddle points[J]. J. Chem. Phys. 2000, 113: 9978-9985.

[17] DIRAC P A M. Note on exchange phenomena in the Thomas atom[J]. Mathematical Proceedings of the Cambridge Philosophical Society, 1930, 26(3): 376-385.

[18] 徐光宪, 黎乐民, 王德民. 量子化学: 基本原理和从头计算法[M]. 2版. 北京: 科学出版社, 2009.

[19] PERDEW J P,WANG Y. Accurate and simple analytic representation of the electron-gas correlation energy[J]. Physical Review B,1992,45(23):13244.

[20] BECKE A D. Density functional calculations of molecular bond energies[J]. J. Chem. Phys. ,1986, 84:4524-4529.

[21] BECKE A D. Density-functional exchange-energy approximation with correct asymptotic behavior [J]. Phys. Rev. A,1988,38:3098-3100.

[22] PERDEW J P. Density-functional approximation for the correlation energy of the inhomogeneous electron gas[J]. Phys. Rev. B,1986,33:8822-8824.

[23] PERDEW J P,BURKE K,ERNZERHOF M. Generalized gradient approximation made simple[J]. Physical Review Letters,1996,77(18):3865-3868.

[24] PERDEW J P,WANG Y. Pair-distribution function and its coupling-constant average for the spin-polarized electron gas[J]. Physical Review B,1992,46(20):12947.

[25] TAO J,PERDEW J P,STAROVEROV V N,et al. Climbing the density functional ladder:Nonempirical meta-generalized gradient approximation designed for molecules and solids[J]. Physical Review Letters, 2003,91(14):146401.

[26] BECKE A D. A new mixing of Hartree-Fock and local density-functional theories[J]. The Journal of Chemical Physics,1993,98(2):1372-1377.

[27] STEPHENS P J,DEVLIN F J,CHABALOWSKI C F,et al. Ab initio calculation of vibrational absorption and circular dichroism spectra using density functional force fields[J]. Journal of Physical Chemistry,1994,98(45):11623-11627.

[28] HEYD J,SCUSERIA G E,ERNZERHOF M. Hybrid functionals based on a screened Coulomb potential[J]. The Journal of Chemical Physics,2003,118(18):8207-8215.

[29] HEDIN L. New method for calculating the one-particle Green's function with application to the electron-gas problem[J]. Physical Review,1965,139(3A):A796.

[30] HOLM B. Total energies from GW calculations[J]. Physical Review Letters 1999,83(4):788.

[31] BACHELET G B,HAMANN D R,SCHLÜTER M. Pseudopotentials that work:From H to Pu[J]. Physical Review B,1982,26(8):4199-4228.

[32] KITTEL C. Introduction to Solid State Physics[M]. New jersey:John Wiley & Sons,2018.

[33] ASHCROFT N W,MERMIN N D. Solid state physics[M]. Rochester:Saunders College,1976.

[34] HAMANN D R,SCHLÜTER M,CHIANG C. Norm-conserving pseudopotentials[J]. Physical Review Letters,1979,43(20):1494-1497.

[35] VANDERBILT D. Soft self-consistent pseudopotentials in a generalized eigenvalue formalism[J]. Physical Review B,1990,41(11):7892-7895.

[36] BLÖCHL P E. Projector augmented-wave method[J]. Physical Review B,1994,50(24):17953-17979.

[37] SLATER J C. Atomic shielding constants[J]. Physical Review, 1930, 36(1): 57.

[38] BLOCH F. Über die quantenmechanik der elektronen in kristallgittern[J]. Zeitschrift für Physik 1929,52(7):555-600.

[39] LINSCOTT E. Accounting for strong electronic correlation in metalloproteins[M]. Cambridge: University of Cambridge,2019.

[40] LINSCOTT E B,COLE D J,PAYNE M. C,et al. Role of spin in the calculation of Hubbard U and

Hund's J parameters from first principles[J]. Physical Review B,2018,98(23):235157.

[41] MOYNIHAN G,TEOBALDI G,O'REGAN D D. A self-consistent ground-state formulation of the first-principles Hubbard U parameter validated on one-electron self-interaction error[J]. arXiv preprint,2017,1704:8076.

[42] ORHAN O K,O'REGAN D D. First-principles hubbard U and Hund's J corrected approximate density functional theory predicts an accurate fundamental gap in rutile and anatase TiO_2[J]. Physical Review B,2020,101(24):245137.

[43] O'REGAN D D,O'REGAN D D. Subspace representations in ab initio methods for strongly correlated systems[J]. Optimised Projections for the Ab initio Simulation of large and Strongly correlated systems,2012:89-123.

[44] COCOCCIONI M,DE GIRONCOLI S. Linear response approach to the calculation of the effective interaction parameters in the LDA+U method[J]. Physical Review B,2005,71(3):35105.

[45] 柴子巍. DFT+U+J及相关方法的发展、实现与应用[D]. 北京:中国工程物理研究院,2021.

[46] DUDAREV S L,BOTTON G A,SAVRASOV S Y,et al. Electron-energy-loss spectra and the structural stability of nickel oxide:An LSDA+U study[J]. Physical Review B,1998,57(3):1505-1509.

[47] ANISIMOV V I,ZAANEN J,ANDERSEN O K. Band theory and Mott insulators:Hubbard U instead of Stoner I[J]. Physical Review B,1991,44(3):943-954.

[48] ONSAGER LARS. Electric moments of molecules in liquids[J]. Journal of the American Chemical Society,1936,58(8):1486-1493.

[49] REICHARDT C,WELTON T. Solvents and solvent effects in organic chemistry[M]. Weinheim:Wiley-VCH,Germany, 2011.

[50] CRAMER C J,TRUHLAR D G. Implicit solvation models:Equilibria,structure,spectra,and dynamics[J]. Chemical Reviews,1999,99:2161-2200.

[51] TOMASI J,MENNUCCI B,CAMMI R. Quantum mechanical continuum solvation models[J]. Chemical Reviews,2005,105(8):2999-3094.

[52] KLAMT A,COSMO G S. COSMO:a new approach to dielectric screening in solvents with explicit expressions for the creening energy and its gradient[J]. Journal of the American Chemical Society,1993,2:799-805.

[53] FANG Y H,WEI G F,LIU Z P. Theoretical modeling of electrode/electrolyte interface from first-principles periodic continuum solvation method[J]. Catalysis Today,2013,202:98-104.

[54] WANG H F,LIU Z P. Formic acid oxidation at Pt/H_2O interface from periodic dft calculations integrated with a continuum solvation model[J]. Journal of Physical Chemistry C,2009,113(40):17502-17508.

[55] FATTEBERT J L,GYGI F. Density functional theory for efficient ab initio molecular dynamics simulations in solution[J]. Journal of Computational Chemistry,2002,23(6):662-666.

[56] FATTEBERT J L,GYGI F. First-principles molecular dynamics simulations in a continuum solvent [J]. International Journal of Quantum Chemistry,2003,93(2):139-147.

[57] SCHERLIS D A,FATTEBERT J L,GYGI F,et al. A unified electrostatic and cavitation model for first-principles molecular dynamics in solution[J]. The Journal of Chemical Physics,2006,124

(7):074103.

[58] SANCHEZ V M,SUED M,SCHERLIS D A. First-principles molecular dynamics simulations at solid-liquid interfaces with a continuum solvent[J]. The Journal of Chemical Physics,2009,131(17):174108.

[59] ANDREUSSI O,DABO I,MARZARI N. Revised self-consistent continuum solvation in electronic-structure calculations[J]. The Journal of Chemical Physics,2012,136(6):64102.

[60] VANDEVONDELE J,KRACK M,MOHAMED F,et al. Quickstep:fast and accurate density functional calculations using a mixed gaussian and plane waves approach[J]. Comput. Phys. Commun. ,2005,167,103-128.

[61] 李希波. 新型二维材料第一性原理计算及性质研究[D]. 北京:中国工程物理研究院,2016.

[62] MONKHORST H J,PACK J D. Special points for Brillouin-zone integrations[J]. Physical Review B,1976,13(12):5188-5192.

[63] NAKADA K,ISHII A. Migration of adatom adsorption on graphene using DFT calculation[J]. Solid State Communications,2011,151(1):13-16.

[64] LI X B,GUO P,WANG D,el al. Adaptive cluster expansion approach for predicting the structure evolution of graphene oxide[J]. The Journal of Chemical Physics,2014,141(22):224703.

[65] ZHANG Y., BLUM V., REUTER K. Accuracy of first-principles lateral interactions: Oxygen at Pd(100)[J]. Physical Review B, 2007, 75, 235406.

[66] FERREIRA L. G., WEI S.-H., ZUNGER A. First-principles calculation of alloy phase diagrams: The renormalized-interaction approach[J]. Physical Review B, 1989, 40, 3197.

[67] GLOVER F. A template for scatter search and path relinking[J]. European Conference on Artificial Evolution. Berlin Heidelberg:Springer Berlin Heidelberg,1997,1363:1-51.

[68] LIU L M,CAR R,SELLONI A,et al. Enhanced thermal decomposition of nitromethane on functionalized graphene sheets:ab initio molecular dynamics simulations[J]. The Journal of American Chemical Society,2012,134(46):19011-19016.

[69] NGUYEN M T,ERNI R,PASSERONE D. Two-dimensional nucleation and growth mechanism explaining graphene oxide structures[J]. Physical Review B,2012,86(11):115406.

[70] TOPSAKAL M,CIRACI S. Domain formation on oxidized graphene[J]. Physical Review B,2012,86(20):205402.

[71] HUANG B,XIANG H,XU Q,et al. Overcoming the phase inhomogeneity in chemically functionalized graphene:The case of graphene oxides[J]. Physical Review Letters,2013,110(8):085501.

[72] TULLY J C. Molecular dynamics with electronic transitions[J]. The Journal of Chemical Physics,1990,93(2):1061-1071.

[73] AKIMOV A V,PREZHDO O V. Advanced capabilities of the pyxaid program:integration schemes,decoherence effects,multiexcitonic states,and field-matter interaction[J]. Journal of Chemical Theory and Computation,2014,10(2):789-804.

[74] LI L,LONG R,BERTOLINI T,et al. Sulfur adatom and vacancy accelerate charge eecombination in MoS_2 but by different mechanisms:time-domain ab initio analysis[J]. Nano Letters,2017,17(12):7962-7967.

[75] TONG C J,LI L,LIU L M,et al. Long carrier Lifetimes in PbI_2-rich perovskites rationalized by ab

initio nonadiabatic molecular dynamics[J]. ACS Energy Letters,2018,3(8):1868-1874.

[76] LONG R,PREZHDO O V. Instantaneous generation of charge-separated state on TiO_2 Surface sensitized with plasmonic nanoparticles[J]. Journal of the American Chemical Society,2014,136(11):4343-4354.

[77] LONG R,LIU J,PREZHDO O V. Unravelling the effects of grain boundary and chemical doping on electron-hole recombination in $CH_3NH_3PbI_3$ perovskite by time-domain atomistic simulation[J]. Journal of the American Chemical Society,2016,138(11):3884-3890.

[78] LIU Y,ZHAO T,JU W,et al. Materials discovery and design using machine learning[J]. Journal of Materiomics,2017,3(3):159-177.

[79] ALVAREZ-MORENO M,DE GRAAF C,LOPEZ N,et al. Managing the computational chemistry big data problem:The ioChem-BD platform[J]. Journal of Chemical Information and Modeling,2015,55(1):95-103.

[80] PIZZI G,CEPELLOTTI A,SABATINI R,et al. AiiDA:automated interactive infrastructure and database for computational science[J]. Computational Materials Science,2016,111:218-230.

[81] LU S H,ZHOU Q,OU Y Y,et al. Accelerated discovery of stable lead-free hybrid organic-inorganic perovskites via machine learning[J]. Nature Communications,2018,9(1):1-8.

[82] DOMINGOS P. The Master Algorithm:How the Quest for the Ultimate Learning Machine Will Remake Our World[M]. New York:Basic Books,2015.

[83] PULIDO A,CHEN L,KACZOROWSKI T,et al. Functional materials discovery using energy-structure-function maps[J]. Nature,2017,543(7647):657-664.

[84] KISELYOVA N N,GLADUN V P,VASHCHENKO N D. Computational materials design using artificial intelligence methods [J]. Journal of Alloys and Compounds,1998,279(1):8-13.

[85] WALSH A. The quest for new functionality[J]. Nature Chemistry,2015,7(4):274-275.

[86] FRANCESCHETTI A,ZUNGER A. The inverse band-structure problem of finding an atomic configuration with given electronic properties[J]. Nature,1999,402(6757):60-63.

[87] PILANIA G,WANG C,JIANG X,et al. Accelerating materials property predictions using machine learning[J]. Scientific Reports,2013,3(1):1-6.

[88] JHA D,WARD L,PAUL A,et al. ElemNet:Deep learning the chemistry of materials from only elemental composition[J]. Scientific Reports,2018,8(1):17593.

[89] SCHMIDT M,LIPSON H. Distilling free-form natural laws from experimental data[J]. Science,2009,324(5923):81-85.

[90] CURTAROLO S,HART G L W,NARDELLI M B,et al. The high-throughput highway to computational materials design[J]. Nature Materials,2013,12(3):191-201.

[91] RACCUGLIA P,ELBERT K C,ADLER P D F,et al. Machine-learning-assisted materials discovery using failed experiments[J]. Nature,2016,533(7601):73-76.

[92] DEAVEN D M,HO K M. Molecular geometry optimization with a genetic algorithm[J]. Physical review letters,1995,75(2):288.

[93] WANG Y,LV J,ZHU L,et al. CALYPSO:A method for crystal structure prediction[J]. Computer Physics Communications,2012,183(10),2063-2070.

[94] LV J,WANG Y,ZHU L,et al. Predicted novel high-pressure phases of lithium [J]. Physical Review

Letters,2011,106:15503.

[95] XIANG H J,HUANG B,KAN E,et al. Towards direct-gap silicon phases by the inverse band structure design approach[J]. Physical review letters,2013,110(11):118702.

[96] WU S Q,JI M,WANG C Z,et al. An adaptive genetic algorithm for crystal structure predic-tion[J]. Journal of Physics:Condensed Matter,2014,26:35402.

[97] SHANG C,LIU Z P. Stochastic surface walking method for structure prediction and pathway searching[J]. Journal of Chemical Theory and Computation.,2013,9:1838-1845.

第 2 章 分子动力学方法

2.1 分子动力学方法概述

在当今材料计算科学研究中,分子动力学(molecular dynamics,MD)无疑是一项极其重要的模拟手段。自 1957 年 Alder[1]等人首次在硬球模型下,采用经典分子动力学方法成功研究了气体和液体的状态方程以来,分子动力学便正式出现在人们的视线里并开始崭露头角。尤其是在 20 世纪 80 年代后期,得益于日新月异的计算机技术,分子动力学模拟更是得到飞速发展,被成功地广泛应用于材料、物理、化学、生物、医学等各个领域。

分子动力学方法如此广受科学工作者的青睐自然与它自身性质息息相关。首先分子动力学是一套结合物理、数学和化学技术的分子模拟方法,而所谓的分子模拟则是利用计算机来模拟实验上原子核的运动过程,从而得到实验上基本无法观测到的原子尺度上的微观细节。故它与蒙特卡洛方法一起享有"计算机实验"的赞誉。但与蒙特卡洛方法相比,利用分子动力学模拟可以计算得到更加准确和有效的热力学量及其他宏观性质。因此作为实验的一个重要辅助手段,分子动力学自然从其诞生伊始便在材料模拟计算领域大放异彩。

另外,不同于需要求解薛定谔方程从而得到电子波函数的密度泛函理论,经典分子动力学假定原子的运动遵守的是牛顿运动方程。这样,要进行分子动力学模拟就剩下获取原子间相互作用势,即得到相应的电子基态。由前面章节所知,采用密度泛函理论就能够得到电子基态结构,然而由于该方法计算复杂,对于超过上百个原子的体系,计算量就已达到惊人的地步。有鉴于此,分子动力学巧妙地利用经验势来代替原子间实际作用势,如早期常见的二体势(LJ 势、Morse 势、Johnson 势等)以及后来出现的多体势(嵌入原子势等)。如此一来,整个体系的计算量大大降低,故而相比传统的第一性原理计算方法,采用分子动力学所对应的体系无论是在空间尺度还是在时间尺度上都有了质的提升。

分子动力学在计算机上实现分子模拟,一般来说可以分为如下几步:(1)选取合适的力场和势函数,即设定合理的初始模型。常见的力场包括粗粒化、全原子和联合力场;常见的势函数包括二体势和多体势。(2)给定粒子的初始位置和速度,即确定初始构型。合理的初始构型对整个计算模拟大有裨益,因为它能够加快系统趋向平衡。一旦初始构型确定下来,每个原子的初始速度就会由波尔兹曼分布得到。(3)趋于平衡的过程。当给定初始和边界条件后,就能够利用前面给定的相互作用势来解牛顿运动方程,从而计算每个原子的运动轨迹。但是此时得到的相关物理量并没有任何实际意义，因为此时系统并未达到平衡状态。因此让系统达到平衡变得至关重要，通常模拟中会通过给系统增加或者移出部分能量，直到输出的能量在一段时间内保持稳定。那么可认为此时的系统已经达到平衡状态，这一过程所需要的时间被称作弛豫时间。而在实际的分子动力学模拟中，选取合适的时间步长能有效加快系统趋向平衡态。(4)宏观性质的计算。一旦体系到达平衡状态，就可以通过体系的构型积分来计算体系的热力学量以及其他宏观性质，其中构型积分可以沿相空间的轨迹来求得。计算机上分子动力学模拟的主要流程如图 2-1 所示。

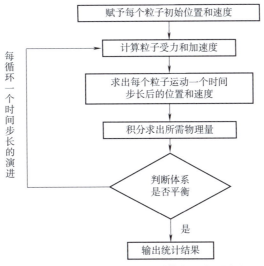

图 2-1　计算机上分子动力学模拟的主要流程

经典分子动力学在使用经验势的时候，虽然能够大幅降低计算量，但也同时存在一些缺点。首先经验势本身就存在一定的局限性，另外它不能描述局域电子之间的强相关作用，最后在模拟中无法得到电子性质和成键性质。考虑到经典分子动力学的这些缺点，Car 和 Parrinello[2]于 1985 年进一步引入电子虚拟动力学，提出从头算分子动力学(Car-Parrinello molecular dynamics，CPMD)，这也是密度泛函理论与分子动力学的首次结合，从而使得经典分子动力学经验势的不足得到了改善。另外，近些年基于紧束缚模型的自洽电荷密度泛理论(self-consistent charge density functional tight binding，SCC-DFTB)能够更精确地对大规模体系展开分子动力学模拟。正是由于有了第一性原理分子动力学，才加速了人类使用计算机对更多更复杂的实验加以模拟，从而很大程度上节约了成本。

2.2　分子动力学基本原理

分子动力学是一种确定性研究方法，通常用于研究经典粒子(原子、离子、分子等)在某个宏观系统中的动力学规律。通过解决牛顿方程来得到每个时间步长中所有粒子的位置和动量,因此在一定时间内和一定温度下可以追踪所有粒子的轨迹和能量的演变。当时间跨度足够长并且系统接近热力学平衡时,时间的统计平均值大约等于整体上的统计平均值。这就是统计物理学中所谓的各态历经假设。通过这一假设,统计平均值会提供系统结构的热力学和动力学特性的准确细节。例如在锂离子电池中,分子动力学可用于模拟嵌入过程中的锂离子的扩散路径和系数、结构演变和相变。

分子动力学方法最早由 Alder 和 Wainwright[3] 于 1959 年提出,现已成为物理、化学、材料和生物领域中应用最为广泛的计算机模拟方法之一。在经典的分子动力学模拟中,各粒子间的相互作用一般采取经验的函数形式,即势函数。体系在给定的初始条件下,根据已知的相互作用并遵循牛顿运动方程随时间演化。对于平衡的分子动力学模拟,体系的宏观物理量是一切可能的微观状态的系综平均。如果让体系到达平衡态后又向前演化足够长的时间,依据统计力学中的各态历经假设,体系将经历一切可能的微观态,因而系综平均就可以用相应的时间平均来代替。受限于计算机的运行速度和存储能力,目前分子动力学能模拟的典型体系,以固体为例,一维方向上的线尺度在百纳米左右,不超过 1 μm,而时间尺度只能达到纳秒量级。然而分子动力学模拟方法仍然因其对微观结构和原子尺度过程的成功描述,在物理、化学、材料和生物领域的研究中得到广泛的应用,揭示了微观世界丰富多彩的物理现象。分子动力学通过模拟微观世界的行为,可以获得包括原子的位置和运动速度等原子尺度的信息。而统计力学则可以把这些原子尺度的信息转换为宏观观察量,比如压强、能量、比热等。分子动力学中,这种转变常常是基于一个基本的假设:统计物理中著名的各态历经假设,即统计系综平均等效于对时间的平均。

$$\langle A \rangle_{\text{ensemble}} = \langle A \rangle_{\text{time}} \tag{2-1}$$

式中　$\langle A \rangle_{\text{ensemble}}$——统计系综平均;

$\langle A \rangle_{\text{time}}$——时间平均。

其最基本的思想是,如果我们允许一个系统随时间独立演变,系统将最终经过所有可能的态。分子动力学的目的就是通过模拟足够长时间的系统随时间的演化过程,从而产生足够多的满足我们需要的各种构型,然后通过对这些处于不同时间下的各种构型的平均,得到诸如结构、动力学、热力学等的宏观性质。原则上说,分子动力学模拟方法适用的微观物理体系没有限制。分子动力学方法既可以适用于少体系统,也可以适应于多体系统;既可以是点粒子系统,也可以是具有内部结构的体系。但分子动力学方法也有其受限制的地方:观测时间和模拟体系大小的限制。一般计算机模拟的体系比现实中的热力学体系小很多,通常会出现所谓"尺寸效应"的影响。为了减少尺寸效应,人们往往可以引入周期性、全反射、漫反射等边界条件。然而,边界条件本身也就是一种近似。

分子动力学模拟的通常做法是通过对超胞施加一定的温度使得其中的粒子产生运动,模拟时间结束后统计分析粒子在模拟过程中所遍历的空间位置,并以此推断其粒子传输性质。评价粒子扩散难易程度的一个重要指标是均方位移(meansquare displacement,MSD),

其定义为

$$r(t)^2 = \frac{t}{N(T-t)} \sum_{i=0}^{N} \sum_{t_0=0}^{T-t} \boldsymbol{r}_i(t+t_0) - \boldsymbol{r}_i(t_0)^2 \tag{2-2}$$

式中　N——同类粒子个数；

　　　T——总模拟时间；

　　　t——模拟步长；

　　　t_0——每次计算起始时刻；

　　　$\boldsymbol{r}_i(t_0)$——t_0 时刻第 i 个粒子的位置。

均方位移反映粒子在材料中的扩散动力学。均方位移值较大说明粒子扩散速率较快，反之说明粒子扩散较慢。如果均方位移不随时间变化，则说明粒子在平衡位置附近振动。

分子动力学模拟方法是基于求解牛顿运动方程来确定粒子的运动的。如果我们知道系统中每个粒子的受力和质量，我们就可以确定出每个粒子的加速度。对运动方程积分，可以得出粒子的运动轨迹，从而确定每个粒子位置、速度和加速度随时间的变化。从这个意义上说，分子动力学方法是确定性方法。一旦分子的初始位置和速度知道后，我们可以确定将来任意时刻系统的状态。牛顿运动方程可以写成

$$F_i = m_i a_i \tag{2-3}$$

式中　F_i——作用到粒子 i 上的力；

　　　m_i——粒子 i 的质量；

　　　a_i——粒子 i 的加速度。

受力可以表达为势能函数的梯度：

$$F_i = -\nabla_i V \tag{2-4}$$

式中　∇_i——梯度符号；

　　　V——系统的势能函数。

把这两个方程联立，可以得到：

$$-\frac{\mathrm{d}V}{\mathrm{d}r_i} = m_i \frac{\mathrm{d}^2 r_i}{\mathrm{d}t^2} \tag{2-5}$$

通过上式，牛顿运动方程把势能函数和粒子位置随时间变化关系联系起来了。初始位置通常可以由实验得到，比如 X 射线衍射以及核磁共振技术等，都可以确定原子的初始位置。而初始的速度分布通常用一个温度关联的随机分布函数，对分布函数进行修正，使总动量 P 为 0。

$$P = \sum_{i=1}^{N} m_i v_i = 0 \tag{2-6}$$

式中　v_i——第 i 个粒子速度。

通常速度分布的选择都用麦克斯韦-玻尔兹曼(Maxwell-Boltzmann)分布。在一定的温

度 T_1 下，分布函数给出某个原子在 x 方向上具有速度 v_x 的概率：

$$p(v_{ix}) = \left(\frac{m_i}{2\pi k_B T_1}\right)^{1/2} \exp\left(-\frac{1}{2}\frac{m_i v_{ix}^2}{k_B T_1}\right) \tag{2-7}$$

从上式，我们可以计算得出系统温度为

$$T_1 = \frac{1}{3N_y k_B} \sum_{i=1}^{N_y} \frac{|p_i|^2}{m_i} \tag{2-8}$$

式中　N——系统中原子个数；

　　　k_B——玻尔兹曼常数。

一般来说，势能函数是系统中所有原子的位置的函数。由于这一函数的复杂性，积分方程通常都不能得到一个解析解，求解方法只能是数值方法。分子动力学中发展了许多种数值方法，最常用的有 Verlet 算法、Leap-frog 算法、速度 Verlet 算法以及 Beeman 算法等。在选择算法时，必须考虑以下几点准则：①算法必须使能量和动量守恒；② 选择计算效率比较高的算法；③ 算法必须允许比较长的积分时间步长。另外，在分子动力学模拟中我们还常常要求用到各种边界条件，比如，周期性边界条件、开边界条件、反射性边界条件等。周期性边界条件使我们在模拟中使用相对少量的原子系统来模拟类似体相材料的情况。如图 2-2 所示，一个二维的箱子，中间一个盒子被周围的八个镜像箱子包围，对于力场范围的处理，通常使中间箱子中的粒子和其周围镜像粒子之间的相互作用为 0。当粒子从一个边界运动出（进），那么这个粒子将同时从另一个相对的边界运动进（出），如图 2-3 所示。

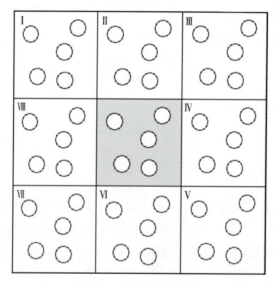

图 2-2　周期性边界条件

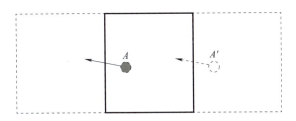

图 2-3　粒子运动在周期性边界条件下的处理

经典分子动力学中比较困难的问题是势能函数(力函数)的选择。对于原子尺度的相互作用,通常需要用量子力学来描述,但这将使问题变得非常复杂,从而导致计算量非常之大以至于常常使问题变得不可解。如果使用经验的势函数,问题将变容易多了,而且计算量将大大减少。但经验的势函数也存在着其自身的问题,大量的近似要求对经验势函数的各个系数进行严格的测试和调节,并且不同系统下,作用势函数可能大为不同,这限制了方法的扩展性和移植性;同时,由于需要给出合理势函数,常常要和实验进行拟合或通过实验验证。因此,其在材料设计中的"预言性"就显得比较差了。

2.3　分子动力学力场

2.3.1　分子动力学的力场概述

分子力场根据量子力学的波恩-奥本海默近似,一个分子的能量可以近似看作构成分子的各个原子的空间坐标的函数,简单地讲就是分子的能量随分子构型的变化而变化,而描述这种分子能量和分子结构之间关系的就是分子力场函数。分子力场函数为来自实验结果的经验公式,可以说对分子能量的模拟比较粗糙。但是相比于精确的量子力学从头计算方法,分子力场方法的计算量要小数十倍,而且在适当的范围内,分子力场方法的计算精度与量子化学计算相差无几,因此对大分子复杂体系而言,分子力场方法是一套行之有效的方法。以分子力场为基础的分子力学计算方法在分子动力学、蒙特卡罗方法、分子对接等分子模拟方法中有着广泛的应用。

分子动力学模拟是计算庞大复杂系统的有效方法,它以力场为依据,力场的完备与否决定分子动力学计算的可靠程度。分子的总能量是分子动能与势能之和,分子的势能通常可以用简单的几何坐标函数来表示。因此,分子力场也被称为势函数。一般分子力场势函数包括以下几个部分:

(1)键伸缩能:构成分子的各个化学键在轴向上的伸缩运动所引起的能量变化;
(2)键角弯曲能:键角变化引起的分子能量变化;
(3)二面角扭曲能:单轴旋转引起分子骨架扭曲所产生的能量变化;

(4) 离平面振动项：共平面原子的中心原子离平面小幅振动的势能；

(5) 交叉能量项：上述作用之间耦合引起的能量变化；

(6) 非键相互作用：包括范德华力、静电相互作用等与能量有关的非键相互作用。

力场可以看作是势能面的经验表达式，它是分子动力学模拟的基础，力场是通过原子位置计算体系能量，与之前的量子力学方法相比，大大节约了计算时间，可用于计算包含上万粒子数目的体系。势能函数在大多数情况下将描述分子几何形变最大程度地简化为仅仅使用简谐项和三角函数来实现，而非键原子之间的相互作用，则只采用库伦相互作用和兰纳-琼斯势相结合来描述。势能函数的可靠性主要取决于力场参数的准确性，而力场参数通常通过拟合实验观测数据和基于量子力学的第一性原理计算得到。

2.3.2 常见的分子力场

不同的分子力场会选取不同的函数形式来描述上述能量与体系构型之间的关系。到目前，不同的科研团队设计了很多适用于不同体系的力场函数，根据他们选择的函数和力场参数，可以分为以下几类：

1. 传统力场

AMBER 力场：由 Kollman 课题组开发的力场，是目前使用比较广泛的一种力场，适合处理生物大分子。

CHARMM 力场：由 Karplus 课题组开发，对小分子体系到溶剂化的大分子体系都有很好的拟合。

CVFF 力场：是一个可以用于无机体系计算的力场。

MMX 力场：MMX 力场包括 MM2 和 MM3，是目前应用非常广泛的一种力场，主要针对有机小分子。

2. 第二代力场

第二代的势能函数形式比传统力场要更加复杂，涉及的力场参数更多，计算量也更大，当然也相应地更加准确。

CFF 力场：一个力场家族，包括 CFF91、PCFF、CFF95 等很多力场，可以进行从有机小分子、生物大分子到分子筛等诸多体系的计算。

COMPASS 力场：MSI 公司开发，擅长进行高分子体系的计算。

MMFF94 力场：Hagler 开发，是由高精度计算数据得到的、目前最准确的力场之一。

3. 通用力场

通用力场也叫基于规则的力场，它所应用的力场参数是基于原子性质计算所得，用户可以通过自主设定一系列分子作为训练集来生成合用的力场参数。

ESFF 力场：MSI 公司开发的力场，可以进行有机、无机分子的计算。

UFF 力场：可以计算周期表上所有元素的参数。

Dreiding 力场:适用于有机小分子、大分子、主族元素的计算。

2.3.3 基于机器学习模拟分子力场

分子动力学模拟是研究原子尺度物理化学过程随时间演化过程的有力工具,其关键点之一是获得足够准确地描述原子之间的相互作用势。计算原子力场可以借助一些量子力学方法,但是在长时间和大尺度模拟上仍然面临挑战。机器学习以其对高规模数据的模拟和分析能力使之能够为分子动力学模拟提供强大的工具。Tran D.[4]等人提出了一种基于机器学习模拟原子力场的通用方案,其基本流程为①使用密度泛函理论,准备一个具有足够低噪声的原子环境和力的参考数据集;②利用可概括的一类结构指纹来表示原子环境;③适应性选择不同的数据集作为训练集;④利用不同的学习方法以根据原子构型计算原子受力,接着可以沿着反应坐标或分子动力学轨迹进行积分以从原子力中获得准确的势,原理如图 2-4 所示。

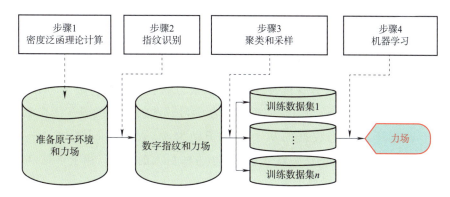

图 2-4 机器学习力场的生成流程

该方法中,原子的指纹是原子构型的数值表示,需要满足旋转和平移不变性,同时为了满足机器学习力场的需要,该表示还应满足对应于原子位置微小改变连续性的特性。因此,该方法中构造了具有如下形式的原子环境的表示:

$$V_{i,\alpha;k} = \sum_{j \neq i} \frac{r_{ij}^\alpha}{r_{ij}} \frac{1}{\sqrt{2\pi}w} \exp\left[-\frac{1}{2}\left(\frac{r_{ij}-a_k}{w}\right)^2\right] f_c(r_{ij}) \tag{2-9}$$

$$f_c(r_{ij}) = 0.5[\cos(\pi r_{ij}/R_c)+1]$$

式中 $V_{i,\alpha;k}$——第 i 个原子沿着 α 方向的化学环境;

r_{ij}——第 i 和第 j 个原子之间的距离;

k——元素种类;

r_{ij}^α——r_{ij} 在坐标方向 α 的投影;

w——高斯函数的标准方差;

R_c——截断半径,距离大于 R_c 的原子相互作用不考虑,即 $f_c(r_{ij})=0$。

Linfeng Z[5]等人报道了一种分子模拟方法,称为深势分子动力学(deep potential molecular dynamics,DPMD)。其基于经过从头算数据训练的深度神经网络生成的多体势和原子间力。该方法计算量和计算体系大小几乎为线性关系。该方法克服了与辅助量(例如对称函数或库仑矩阵)相关的局限性,体系中的每个原子被分配了一个局域参考系和局域环境,每个局域环境都包含有限数量的原子,原子的局部坐标根据深度学习势的方法按照对称性排列,每个体系的原子构型的势能是所有原子势能 E_i 的加和 $\sum_i E_i$,原子势能 E_i 是由第 i 个原子的在截断半径 R_c 下的局域环境,环境依赖性的原子能 E_i 体现了多体相互作用的特征。原子 i 的局域环境构建方法如图 2-5 所示。对于该深度神经网络,输入为图示中的 D_{ij},输出为 E_i,神经网络结构如图 2-6 所示。深势分子动力学实现了机器学习算法对精确的量子力学数据的参数化,使得基于密度泛函理论数据的从头算分子动力学(Ab initio molecular dynamics,AIMD)方法可以计算比直接的从头算分子动力学方法更大的体系。由上可见,精巧的数学构造是发展机器学习力场的重要因素。

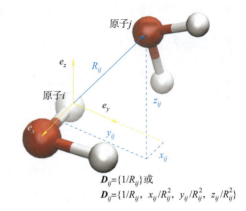

注:原子 j 表示原子 i 的紧邻原子;(e_x,e_y,e_z) 是原子 i 的局域坐标系;(x_{ij},y_{ij},z_{ij}) 表示矢量 R_{ij},其长度为 R_{ij};D_{ij} 是神经网络的输入。首先根据原子 i 的化学种类筛选其环境,然后对于每一个物种根据其对原子 i 的反向距离筛选原子。

图 2-5 以水为例,原子 i 环境的神经网络输入示意

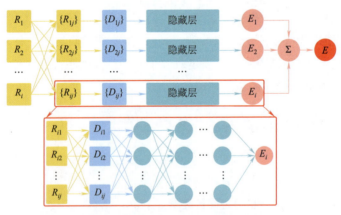

注:R_i—原子 i 的原子坐标;R_{ij}—原子 i 和 j 的距离矢量;D_{ij}—神经网络的输入;E_i—原子 i 的能量;E—所有原子能量求和。

图 2-6 深势分子动力学的深度神经网络结构

2.4 分子尺度材料模拟的发展趋势

对于未来分子动力学方法的发展和改善,将主要体现在以下两点:

第一,计算方法的改进。无论是经典分子动力学的经验势还是将密度泛函理论与分子动力学有机结合,无不体现出人类智慧的结晶。然而人类的智慧是无穷无尽的,尤其是站在先辈的肩膀上,未来更加完善更加精确的方法出现也是指日可待的。不管是通过第一性原理方法来寻找更加精确的交换关联泛函,还是另辟蹊径得到准确的体系微观相互作用,分子动力学势必会得益于此从而在计算材料领域有着更加广泛的应用。届时不仅对传统的吸附、传输问题有着更加深刻的理解,极端条件如高温高压下稳定性预测也能成功实现。另外诸如薄膜的形成,材料的生长等一系列复杂的微观动力学过程将会栩栩如生地展现在人类面前。

第二,高性能计算机的发展。现如今计算机技术的发展已令人目不暇接,未来计算机性能更是让人无法估测。可以肯定的是更长时间的动力学演化,更大尺度的体系和更精确的分子动力学模拟都将成为可能。有了高性能计算机的支撑,对于未来的分子动力学模拟,其研究的系统规模可以轻松达到数百万个原子,模拟时间不再是纳秒、微秒量级,而将跨越毫秒甚至达到秒量级,再一次实现计算领域的重大突破。这样一来材料科学应用领域将大幅扩展,实验材料成本大幅降低,新颖材料的理论预测亦将统统成为现实。甚至利用分子动力学让计算机完全代替实验也未尝没有可能。

总而言之,精度、速度、空间、时间是分子动力学未来发展的风向标,高性能计算机则是推动它前进的动力源泉。毫无疑问的是分子动力学方法必将在计算材料领域留下极其浓厚的一笔。

探索新材料及材料的新的性质及应用,结合实验手段和理论模拟来研究材料的结构、性质及改性是两个主要的手段。对于材料的性质的探讨,理论模拟具有极强的理论指导性及预见性,能很好地解释实验的结果,并对实验中的不足提出改进,进一步指导实验。在前面的章节讨论了理论模拟计算研究材料性质的两种方法:密度泛函理论和分子动力学。密度泛函理论能从电子的层面探讨材料的光学、磁性、力学等性质,而分子动力学从原子的尺度研究材料的热力学性质。随着超级计算机的迅速发展、计算方法的发展及应用、产业对材料的新的应用及新型材料实际需求,多尺度高通量筛选新材料、设计新器件提供计算资源基础及实际应用成为了一种趋势。

参考文献

[1] ALDER B J, WAINWRIGHT T E. Phase transition for a hard sphere system[J]. The Journal of Chemical Physics, 1957, 27(5): 1208-1209.

[2] CAR R,PARRINELLO M. Unified approach for molecular dynamics and density-functional theory[J]. Physical Review Letters,1985,55(22):2471-2474.

[3] ALDER B J,WAINWRIGHT T E. Studies in molecular dynamics[J]. The Journal of Chemical Physics,1959,31(2):459-466.

[4] HUAN T D,BATRA R,CHAPMAN J,et al. A universal strategy for the creation of machine learning-based atomistic force fields[J]. NPJ Computational Materials,2017,3(1):37.

[5] ZHANG L,HAN J,WANG H,et al. Deep potential molecular dynamics:a scalable model with the accuracy of quantum mechanics[J]. Physical Review Letters,2018,120(14):143001.

第3章 光催化技术及其基本原理

3.1 光催化技术发展概述

当代社会的发展对能源的需求与日俱增,传统化石能源逐步枯竭且污染问题严重,探索并开发新能源是目前全人类共同面对的难题。然而,裂变核能的安全令人担忧,聚变核能的研发异常缓慢,太阳能电池板效率低下且对光照条件苛刻,甚至需要匹配广袤的场所,其他可再生能源的利用和效率也并不乐观。在此情况下,找到一种符合当前需求并能够可持续发展的能源成为现在工业和社会发展亟须解决的问题。其中,研发高效使用太阳光分解水的光催化材料是目前人类最具潜力的解决方案之一。此外,环境污染问题也日益突出,大气污染、水污染、固体废弃物污染,这类污染物的产生远远超出地球本身的消化能力,人工处理污染物需要消耗大量财力物力。性能良好的光催化材料不仅能够促进新能源推广,同时减少污染物的存在。因此,光催化材料及技术的研究愈发重要。

催化剂是一种能够促进化学反应的特殊材料,该类材料本身参与中间反应并可在系列反应之后复原成原来的成分,或者通过降低化学反应的难度促进反应的进行。通俗来讲,化学反应就像翻越一座大山到达山的另一边,而催化剂的作用则像大山里的一条隧道,使得往来山的两边更加便利。光催化材料是可以吸收或利用太阳光能促进化学反应的特殊催化剂,这具体又可分为直接吸收太阳光并在光催化剂表面反应的催化剂,以及化学反应物直接利用光进行反应,而仅仅利用催化剂降低反应势垒。本章主要介绍光催化剂利用太阳光进行催化的基本原理和特性,而对反应物利用太阳光反应不作详细介绍。

光催化材料的发展历史最早可以追溯到 20 世纪初,德国化学家 Alexander Eibner 利用光照的氧化锌来漂白一种深蓝颜料时第一次将光照和漂白反应联系在一起[1]。此后,光催化反应的概念不断完善和发展。1938 年,Goodeve 和 Kitchener 首次发现稳定性好、易于制备、成本低、生物相容性优良等诸多优点的二氧化钛(TiO_2)材料能够通过吸收紫外光漂白染料[2]。随后,1972 年,Fujishima 和 Honda 首次发现 TiO_2 能够和铂电极联合起来光催化水产生氢气,这为其实际应用转向清洁能源奠定了重要基础[3]。此后于 1977 年,Nozik 发现在电化学光催化剂中添加一些铂、金等贵金属可以明显提升光催化材料的光敏活性[4],这对发展随后的异相光催化剂,以及当今备受关注的单原子催化开辟了先河。

由光催化材料的发展简史可以知道,光催化材料是一个比较新型的研究领域,但是其发展速度和关注度却持续不断。光催化材料的类型也从最初的单相催化剂，发展到如今的异质（相）催化剂。而后者又可分为多种结构，如表面活性分子修饰的有机异质结构，以及和其他无机材料结合的异质结构。在这些异质结构中，光催化材料既可以和晶体结构结合，也可以和非晶结构甚至单原子、团簇等结合。此外，同质异相的结合也能产生比同相结构更加高效的催化剂[5-8]。因此，异质（相）催化剂的研究丰富多彩，这也是当今光催化材料研究的焦点。

光催化材料从功能上又可以进一步被分成多种功能型光催化材料，比如可以促进有害有机物或者有害无机物分解的光催化剂，这种用途的催化剂有利于改善环境或者净化污染；部分半导体催化剂可以利用太阳光促进水分解产生氢气能源，该类催化剂的研发有利于解决能源危机以及能源导致的污染问题；此外，还有许多面向其他功能的光催化剂。

值得一提的是，尽管当今光催化材料的研究如火如荼，但是目前鲜有光催化剂在生活中得到广泛应用，这其中最为重要的原因是其比较低下的反应效率。寻找、设计高效的光催化材料便成为计算材料学中最为热门和最具潜力的研究重点。本章主要从计算模拟的角度出发，理论联系实际研究计算材料领域可以实现的事情，以及存在的局限性。

3.2　光催化基本原理

在光催化材料内部，通过吸收太阳光子分别产生带负电的电子以及具有正电荷电子特性的空穴准粒子（电子空穴对，图 3-1），亦可称为光生（致）载流子。在一些情况下，光生载流子局域在材料的离子或空位上，从而导致周围的离子发生形变（图 3-2），这是载流子与声子耦合的结果，光生载流子及其导致的周围畸变一起被称为极化子，这些带负电的电子（或极化子）可以参与还原反应，而具有正电特性的空穴参与氧化反应，继而分别得到目标产物。从上述催化机理可知，光催化反应的效率取决于以下三步[9]：①光子的吸收；②光致电子空穴的分离；③电子空穴涉及的氧化还原反应效率。以上过程在大部分光催化剂中都比较类似，而不同功能的光催化材料在第三步分别走向不同的用途。以下就光催化材料催化水分解产氢进行总结。

光催化剂应是稳定、环境友好、生产成本低的材料。自从 1972 年 Fujishima 和 Honda 发现在受辐照的 TiO_2 上可以持续发生水的氧化还原反应[11]，并产生 H_2 以来，有大量的理论和实验工作一直在设计和优化不同的光催化材料[12-17]。TiO_2 一直被认为主流光催化剂，因为它拥有非常好的光催化性能以及优异的稳定性和无毒性[18-22]。

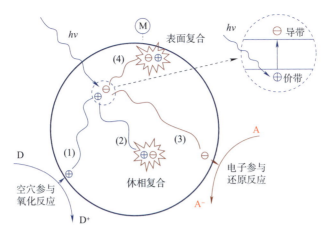

注：D，A 分别代表供体(donor)和受体(acceptor)，M 为表面吸附分子，hv 为光子；
光致电子空穴对有四种可能去处：供体吸收光致空穴，体相电子空穴复合，
受体吸收光致电子，表面电子空穴复合[10]。

图 3-1　半导体表面光催化机理图

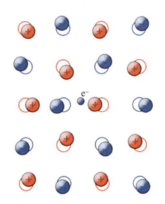

注：蓝色和红色实心圆分别代表阴离子和阳离子，空心圈代表原来位置。

图 3-2　极化子形成机理

光催化材料需要良好的能带匹配，即合适的能带带边位置。如图 3-3 所示，光催化剂的导带底应在水解反应中 $2H^+ +2e^- \rightarrow H_2$ 半反应标准电位(-4.44 eV，红色虚线)上方，以备光致电子可被用于氢离子的还原反应析氢；而光催化剂的价带顶应在水解反应中 $2H_2O+4h^+ \rightarrow O_2+4H^+$ 半反应标准电位(-5.73 eV)下方，以备光致空穴可被用于水的氧化反应析氧[19]。而 TiO_2 的带边刚好将两个半反应的电位包括在内，因此，TiO_2 可用于光解水，而常常用于电子芯片中的半导体硅却并不合适。

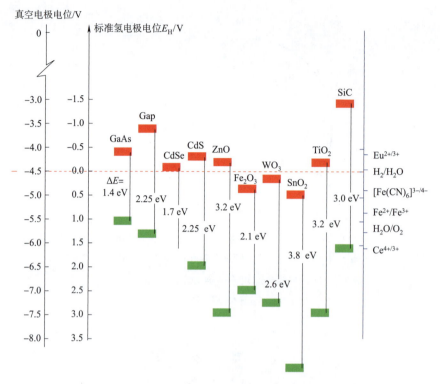

注：ΔE 代表带隙，红色与绿色带条为半导体材料带边位置；
标准氢为 pH=1 下的水环境；右边蓝色纵坐标为部分产物氧化还原反应电位[19]。

图 3-3　部分常见半导体材料能带带边与标准氢或真空电极电位匹配

能带的带隙大小也是候选光催化材料的决定因素之一。绝缘体不适宜光催化水解，因氧化还原都涉及电荷转移。宽带隙半导体须通过缺陷或掺杂调控增强导电性，问题在于如何做好缺陷或掺杂的调控。由于可见光在太阳光谱中占比较大，光催化剂的吸收谱最好能处于可见太阳光光谱 1.4～3.1 eV 波段中，也可用缺陷或掺杂调控带隙和带边优化 TiO_2 宽带隙（约为 3.0 eV）晶体，从而达到可吸收太阳光光谱 1.4～3.1 eV 波段的目的。此外，在如 TiO_2 等宽带隙优良光催化衬底表面添加可吸收可见光的染料分子、半导体、金属纳米激元体等都是可用于改良光吸收的方案。然而，在设计与调控中，需注意避免产生降低活性载流子寿命的缺陷、杂质和界面态密度。

激发态产生过程中或产生后的光致电子空穴对的空间分离有利于增加激发态参与光解水反应的时间和机率。有计算结果显示异质结双层材料吸收 2.0～4.0 eV 光子时电子空穴对会分离待在两片不同的材料层上[23]。又例如在 TiO_2 表面添加异质结层而产生界面电场也可用于电子空穴对产生后的空间分离；同样，在 TiO_2 表面纳米薄层添加缺陷、杂质除优化可见光吸收外，还有可能在表面纳米薄层与 TiO_2 之间界面产生电场从而可以实现电子空穴对产生后的空间分离。

3.3 光催化材料本征性质

TiO$_2$为当今最受关注并被研究的光催化材料之一,无论金红石相还是锐钛矿相都具有比较典型的晶体结构,因此二者也经常被当作研究其他半导体材料或者光催化材料的经典模型。对TiO$_2$材料在紫外光辐照分解水的特性(生成氢气化学燃料和氧气)[3]以及TiO$_2$不同相、结构、形态、缺陷/掺杂剂存在和样品制备工艺的差异对材料光催化性能[10,24-26]的影响等问题的研究也成为科学家们对表征与理解光催化材料性能的重要因素,以及挖掘不同因素间的交互作用。本节将以TiO$_2$为重点研究内容对光催化材料中的种种问题和主要特征进行阐述。

3.3.1 电子结构

电子结构是影响光催化材料性质中最为主要的一项因素,无论是其光吸收、能带边缘匹配、缺陷引入的带隙变化等都可以直观地从光催化材料的电子结构中一探究竟。对电子结构的预测是计算材料学的一项应用。但是,由于计算方法的发展和限制,在对描述这些材料的电子性质上也或多或少存在一些问题。

TiO$_2$光还原(氧化)反应主要是由于光激发导致的多余局域电子的出现(湮灭)来驱动的,而这个过程又经常会引入一些还原性(提供电子)缺陷,比如氧空位(O$_v$)、间隙钛离子(Ti$_{int}$)以及杂质H产生的羟基集团(O$_{br}$H)[10,24,27]。为了弥补TiO$_2$缺点,许多改进和调控的方法逐渐涌现出来。然而,该体系中有关多余电荷的行为都还未完全清晰。因此,在过去十年里,光催化材料中极化子的问题引起了广大研究者的特别关注[27]。

如图3-4所示,金红石和锐钛矿相的TiO$_2$均是典型的宽带隙半导体,在不存在缺陷或质子化界面的情况下,TiO$_2$能量最低的两个晶相分别是锐钛矿和金红石,而且两相均是宽带隙的半导体,价带的边缘以O(2p轨道)为主,导带的边缘主要由Ti(3d轨道)组成。由于在TiO$_2$中Ti原子周围由6个O原子与之成键,构成了八面体结构的晶体场。在该种晶体场下,Ti原子的3d轨道劈裂成了t$_{2g}$(d_{xy},d_{xz},d_{yz}轨道)和e$_g$($d_{x^2-y^2}$,d_{z^2}轨道)两个主要的轨道团体。当体系中存在缺陷时,往往会引入一些极化子(缺陷电子或空穴),极化子是一种有着粒子特征表现的准粒子,当光激发产生的电荷局域在某一位置处,由于库仑作用便会对周围不同离子产生相应的吸引或排斥,而这种结构上的畸变会随着电荷的迁移而改变,因而我们将这种电荷及其周边发生的畸变称作为极化子。而且,最近研究发现随着缺陷的浓度或者环境的变化,这些极化子的位置和局域程度也随之发生变化。

在TiO$_2$中存在多余电子时,多余电子开始会占据低能级的导带底并以自由载流子的形式存在(非局域的载流子提高了TiO$_2$的导电性),而额外的多余电子则会与晶格振动的声子耦合,形成能量稳定的局域在Ti离子上的极化子,也就是由局域电子和局域该电子的势组成的电子极化子这样一种准粒子。这种极化子的形成应理解为先将一个正四价态的Ti还原到正三价态,并在弛豫过程中出现一个孤立电子。相反,电子的湮灭则与起初产生于高能级价带顶的空穴相关,这些产生的空穴或参与或不参与极化子的弛豫而局域在一个或多个 O 上形成空穴极化子[28-30]。

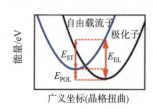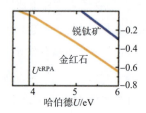

(a) 极化和离域情况下极化能(E_{POL}),应力能(E_{ST})和电子局域能(E_{EL})与晶格扭曲关系的构型图

(b) 金红石(橘色)和锐钛矿(蓝色)相中 E_{POL} 与哈伯德 U 之间的关系。竖直线为从头算 cRPA 方法计算的关联能 U 值(U^{cRPA})

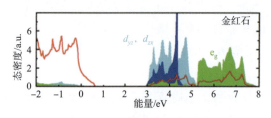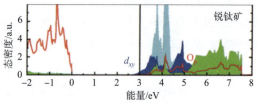

(c) 金红石不同轨道构成态密度

(d) 锐钛矿不同轨道构成的态密度(DOS)[31]

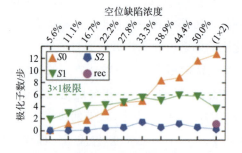

(e) 第一性分子动力学模拟不同空位缺陷浓度体系极化子个数

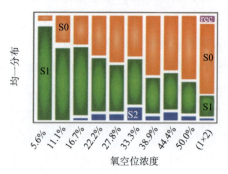

(f) 分子动力学统计的极化子位置 S# 为距表面的第#层,rec 代表重构面[32]

图 3-4 不同晶相电子结构及极化子形成能和分布

在对局域极化子的描述上,计算方法也呈现了不同的结果,比如纯的密度泛函理论(DFT)在描述缺陷 TiO_2 时给出了金属的电子结构,这与其本征的宽带隙半导体差别很大。这里主要由于 DFT 基于均匀电子气模型,因而对电子的描述偏向离域,造成局域电子的计算不够完善。通过引入哈伯德 U 修正或者哈特里福克交换能,这一偏差可以得到很好的修正。

自由载流子和局域极化子之间的竞争是由极化形成能 E_{POL} 控制的,该形成能既可为负值(偏好形成极化子)亦可为正值(偏好自由载流子形式)。该形成能 $E_{POL}=E_{EL}-E_{ST}$ 的符号取决于形成极化子过程是能量损失还是能量吸收。由于形成极化子扭曲晶格而需要应力能(E_{ST}),而在扭曲的 Ti(O)晶格中局域电子(空穴)则会得到一个能量(E_{EL})。由于两个能量值 E_{EL} 和 E_{ST} 都很依赖局域结构和势能,这样不同的晶相(金红石和锐钛矿)之间结构的不同,点缺陷导致的扭曲,表面或者界面弛豫,暴露在极化媒介(H_2O)或者其他极化子的情况都可以影响 E_{POL},从而影响 TiO_2 中多余电荷的局域或离域。

如果有足够的热能,给定位置处的极化子将会跃迁到临近位置,这种动态跃迁事件的发生概率受 E_{POL} 大小的影响。根据相关结构及跃迁方向,这种沿着不同晶相方向的,或者跨越材料界面的或者去向材料表面的迁移在动力学上都表现出很大的区别。极化子的存在和迁移还对体系的结构产生影响,比如最近的文章中就有报道极化子的存在能够影响原子层堆垛进而引起重构[33,34]。图 3-4 也给出了第一性原理分子动力学统计的极化子位置[32],可以看到极化子位置与极化子浓度、缺陷、结构等都存在紧密的联系。当极化子局域在 TiO_2 表面时,这种情况更加明显,而且实验上已经观察到多余电荷和相关分子的作用有利于增强其表面氧化还原反应的动力[10,35-39]。

当 TiO_2 中有极化子存在时,往往会在其带隙中间,导带底(实验上通常标为费米能级)以下 0.8~1.2 eV 处形成多余的能隙电子态(图 3-5),该能隙态已由多种实验手段得到证实。然而,对这一能隙态的来源一开始众说纷纭。有人认为是来自表面的缺陷导致的[41,42],有人则认为主要是体相内的缺陷造成的[43]。Mao 等人[28]系统研究了不同羟基浓度覆盖的金红石(110)表面的电子结构,得出缺陷态是由表面吸附氢原子所引入的多余电子产生的,而多余电子数量与羟基浓度是成正比的,说明多余电子产生的缺陷态强度与羟基浓度存在线性关系,从而证实了紫外光发射光谱所得到的缺陷峰强度与羟基浓度的线性依赖关系,揭示了能隙态和表面氧空位浓度(或者羟基)间的内在联系,同时发现间隙钛和表面氧空位两种缺陷会产生同样的能隙电子态。即能隙电子态均是由电子极化子占据的 Ti^{3+} 离子引入的,而 Ti^{3+} 离子的形成与电子极化子相关,与产生电子极化子的缺陷类型无关,这一发现统一了这一领域长期的关于能隙态起源的争论,为理解和设计新型光电催化材料提供了重要的理论支撑。

在理解能隙态起源基础上,有研究进一步发现 TiO_2 中 Ti^{3+} 离子对电子结构的影响并不仅仅限于能隙态上,理论研究发现 Ti^{3+} 离子的 3d 轨道由于 John-Teller 效应,其 3d 轨道分裂成费米能级以下 1.0 eV 的能隙态和费米能级之上 2.5 eV 的激发态(图 3-6)。从其分子轨道的分布上来看,两者存在紧密的关系,研究表明金红石相中能隙态的 d_{xy} 轨道容易通过局域激发跃迁到共振激发态的 $d_{xz}/d_{yz}/d_{z^2}$ 轨道,即能隙态是 TiO_2 中 d 轨道到 d 轨道跃迁的基态电子态,与光吸收密切相关,如还原性 TiO_2 呈蓝色以及 Ti^{3+} 自掺杂实现可见光催化。这一研究成果一方面澄清了 TiO_2(110)表面在费米能级以上[(2.5±0.2)eV]处激发态电子的物理本质,另一方面解释了 Ti^{3+} 自掺杂对 TiO_2 吸收光谱的扩展进而实现可见光催化的原因,为研究金属氧化物的基态和激发态电子结构提供了一个典型模型。

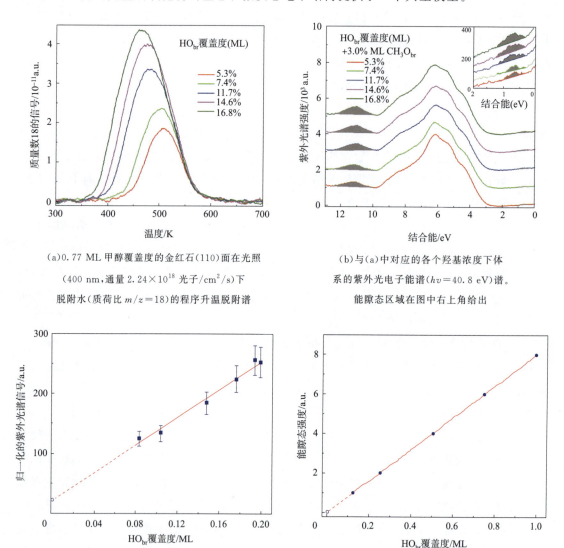

(a) 0.77 ML 甲醇覆盖度的金红石(110)面在光照 (400 nm,通量 $2.24×10^{18}$ 光子/cm²/s)下脱附水(质荷比 $m/z=18$)的程序升温脱附谱

(b) 与(a)中对应的各个羟基浓度下体系的紫外光电子能谱($h\nu=40.8$ eV)谱。能隙态区域在图中右上角给出

(c) 实验归一化的能隙态强度与表面 $O_{br}H$ 浓度的关系[40]

(d) 理论计算的能隙态强度与表面 $O_{br}H$ 浓度的关系[40]

图 3-5 能隙电子态强度与缺陷浓度关系

据报道,金红石和锐钛矿两种 TiO_2 的表面催化活性并不相同,对于电子极化子的影响,通过对不同种晶相的 TiO_2 进行进一步系统探索发现,同样的缺陷类型(以氧空位为例)产生

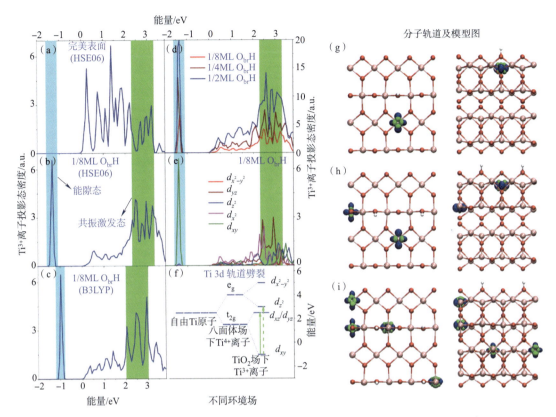

注：其中(a)表面模型中 Ti^{4+} 离子的投影态密度(PDOS)；(b)为 HSE06 计算的羟基化表面 Ti^{3+} 离子的 PDOS；(c)为 B3LYP 计算的 1/8 ML 羟基化表面 Ti^{3+} 离子的 PDOS；(d)为 HSE06 计算的不同浓度(1/8 ML, 1/4 ML 和 1/2 ML)的羟基化表面；(e)为 1/8 ML 下 Ti^{3+} 离子的亚轨道构成；(f)为能级劈裂示意图。(a)~(e)图中横坐标为相对导带底费米能级的能量。右侧分别为 1/8 ML(g)、1/4 ML(h)及 1/2 ML(i)羟基化金红石表面中的能隙态(蓝色瓣)和共振激发态(绿色瓣)所处分子轨道的自旋密度示意图。

图 3-6　HSE06(AB,DE)及 B3LYP(C)杂化泛函计算的不同浓度羟基化金红石(110)表面的态密度

的电子极化子在金红石和锐钛矿体系中引进的能隙态和共振激发态有细微差别，这种差别源自两种晶相不同的晶体场扭曲，如图 3-7(a)所示。随后通过对比两种晶相的吸光性发现，金红石比锐钛矿吸收光谱要窄，相比于前者，锐钛矿可以吸收部分可见光，更有效地进行光催化，两种晶相不同的表面活性很有可能是由于这些差别造成的。

表面吸附物是研究光催化材料另一项需要涉及的重要内容，无论是光催化水分解产生氢气，还是光催化有害有机物的分解变成无害的小分子，都不可避免地需要研究表面吸附物的影响。利用计算模拟，可以研究小分子吸附物(如水、甲醇、甲酸、CO_2 等)以及水环境下的光催化材料电子结构，从而可以探究吸附物对电子性质的影响。

由于表面吸附物的存在，表面缺陷的影响十分有限，为了研究吸附物对极化子等电子性质的影响需要涉及间隙钛。间隙钛是 TiO_2 中另一种常见的本征缺陷，在 TiO_2 光催化活性中扮

演的作用十分重要。早先就有文章揭示，表面吸附的氧气可以将体相中的钛填隙转移到表面上[43]。无独有偶，通过理论计算分析，间隙钛引入的极化子在表面吸附物存在的情况下也会发生变化。研究发现，电子极化子可以影响表面吸附物的分解状态，而吸附物的存也会促进钛间隙向表面扩散，同时对电子的占据态造成很大影响。比如本来是占据在 d_{xz} 轨道变成了占据在 d_{xy} 轨道，并因此改变该类局域电子与共振激发态的跃迁概率，如图 3-7(b)所示。

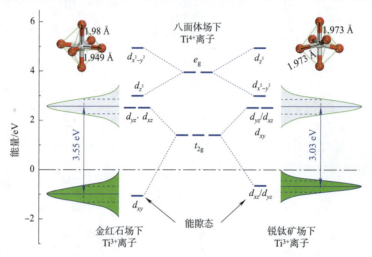

(a) 电子极化子在金红石和锐钛矿晶型电子结构的影响[44]

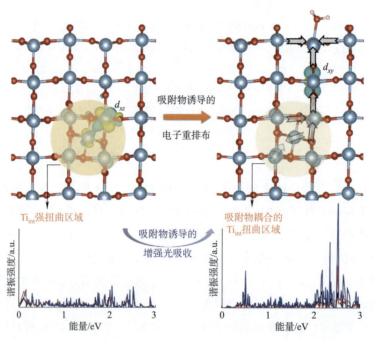

(b) 电子极化子与表面吸附物耦合效应[36]，其中能量坐标为相对费米能级的能量

注：1 Å=1×10^{-10} m。

图 3-7　Ti^{3+} 离子在不同晶体场中能级劈裂及间隙缺陷对光吸收影响

极化子的存在不仅仅会影响体系的结构和光吸收活性,还会对表面吸附物的状态和反应产生作用。最近的文章就有揭示 TiO_2 表面能够自发形成分子有序界面(图 3-8)[37],这对其表面反应非常重要。与此同时,也有大量文献都证明表面吸附的水或甲醇会影响到 TiO_2 体系中的极化子的分布,而极化子的位置也会影响到表面吸附物的状态,如图 3-8(e)所示[22,23]。即两者存在着紧密的相互作用,这种相互作用也将极大地影响光催化材料的活性表现。而众多实验方法并不能从微观尺度清晰地去探究和理解这种现象,计算模拟方法的出现使得人们对这种关系的研究更加得心应手。

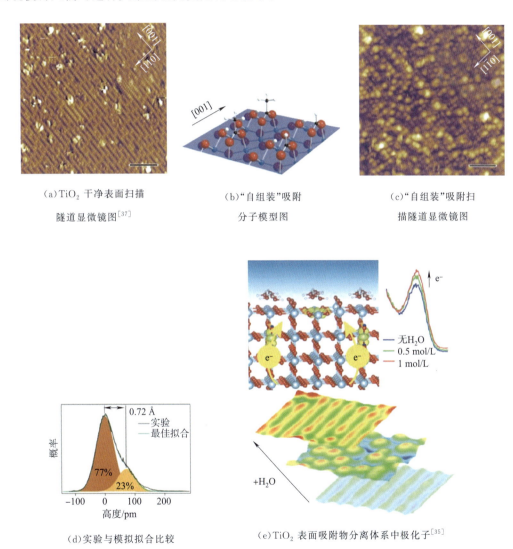

图 3-8 不同表面扫描隧道显微镜图及其微观结构

以上极化子出现的先决条件便是形成或引入缺陷,无论是理论还是实验均在缺陷 TiO_2 上进行了大量探索。早先的研究发现氧空位缺陷、表面的羟基或是氢掺杂都会给体系引入多余电子,进而形成 Ti^{3+} 离子,这些 Ti^{3+} 离子的电子态就是所谓的缺陷态[40]。除此之外,缺陷态直接参与材料光吸收的反应动力学。事实上,现在有足够多的证据认为不同颜色的 TiO_2 的光吸收是源于缺陷电子的共振激发。TiO_2 中当有缺陷存在时,会在其导带底以下约 1.0 eV 处产生 Ti^{3+} 离子导致的缺陷态,而且这些缺陷态会由于密集存在而连成一段缺陷带;同样的,Ti^{3+} 离子在导带底以上约 2.5 eV 处也会产生特殊的激发态,当这些激发态连在一起便在导带中形成一段特殊的激发带,而各种颜色的 TiO_2 就跟这种缺陷带和激发带之间的共振跃迁[45]存在极大的联系。这也是理论计算分析光催化材料的重要方向之一。

3.3.2 光吸收

由前述了解到,Ti^{3+} 离子引入的能隙态和共振激发态之间有着强烈的耦合作用,这对 TiO_2 的光吸收产生直接的影响。2011 年,一篇有关氢化的黑 TiO_2 的文章得到发表[46],这在光催化领域引起不小的波澜。这里直观地讲,"黑"意味着这种新型的材料可以吸收几乎所有的可见光,这就证明了其对太阳光谱中的可见光区域拥有非常高的吸收效率,随之而来的应该是比较高的太阳光催化效率,而且,文中确实说明了这种材料在光催化产氢上有着卓越的表现。随后国内也有大量的实验研究组通过 Al 或 S 氧化法成功地制备了可调节颜色的 TiO_2[47,48]。这些不同方法制备出的颜色各异的 TiO_2 都表现出了非常好的光催化性能。

然而,这里面仍然存在很多争议。比如,到底是什么原因可以导致氢掺杂的 TiO_2 变色。一些文章认为氢的掺杂可以导致能带带边的变化,不过这种解释并没有被大多人所接受。也有报道认为是体系当中缺陷引入的 Ti^{3+} 离子及表面非晶层的影响。在后续大量的理论和实验研究工作[48-51]中都提出了 Ti^{3+} 的存在,并认为其在 TiO_2 的可见光吸收中发挥了不可忽视的作用。

2015 年,Wang 等人通过利用双光子光电子能谱(2PPE)和理论计算提出 TiO_2 中的 d 轨道到 d 轨道跃迁是造成 TiO_2 光吸收变化的主要原因。然而,针对这一现象,不同研究人员的理解发生了分歧。图 3-9 给出了最近几年不同组对缺陷在 TiO_2 吸光性上影响的研究结果[52]。Onda 等人提出缺陷电子会提供光致激发的电子,从而影响到光催化活性,如图 3-9(a)所示[53]。而随后 Argondizzo 等人进一步探究了该工作结果并得出缺陷电子的 d 轨道到 d 轨道跃迁可能是影响 TiO_2 紫外光吸收的一个因素,如图 3-9(b)所示[54,55]。与此同时,Zhang 等人[27]利用带有 O_V 和表面羟基的样品做了同样的实验,提出 O_V 提供缺陷电子用以激发,而表面羟基提供局域激发电子的空态,如图 3-9(c)所示[56]。

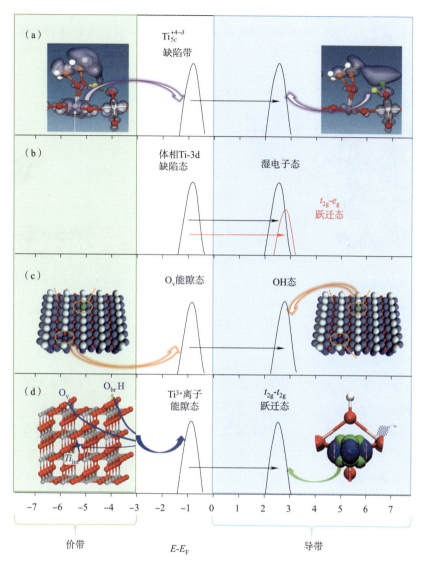

注:(a)湿电子态作为激发态[53],(b)e_g轨道及湿电子态作为激发态[54,55],
(c)表面 OH 为激发态[56],(d)t_{2g}轨道作为激发态[45]。

图中横坐标示意能带结构,其中绿色为价带,蓝色为导带区域。横坐标将导带底设为费米能级(E_F)并归为零。

图 3-9 不同研究组对缺陷、极化子在光吸收影响上的研究结果

Wang 等人在系列文章中提出无论是氧空位缺陷、表面的羟基还是氢掺杂都会产生能隙态,而能隙态直接参与材料光吸收的反应动力学,如图 3-10 所示[45]。事实上,现在有足够多的证据独立的或者一致地认为不同颜色的 TiO_2 的光吸收应该是源于缺陷电子的共振激发。TiO_2 中当有电子极化子存在时,会在其导带底以下约 1.0 eV 处产生 Ti^{3+} 离子导致的能隙态,而且这些能隙态会由于密集存在而连成一段缺陷带,同样地,Ti^{3+} 离子在导带底以

上约 2.5 eV 处也会产生特殊的激发态,当这些激发态连在一起便在导带中形成一段特殊的激发带,而各种颜色的 TiO_2 是源于这种能隙带和激发带之间的共振跃迁。

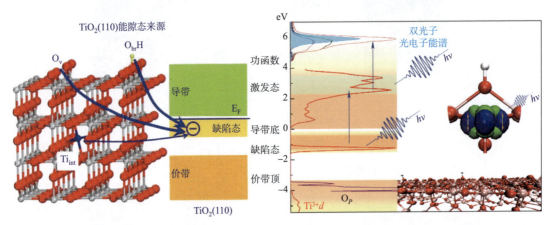

(a) 不同缺陷类型均能引入能隙态[40]   (b) 缺陷对光吸收和活性的影响[45]

注:O_v,$O_{br}H$,Ti_{int} 分别为表面氧空位、表面羟基及钛填隙缺陷,E_F 为费米能级,

hv 为光子,O_p,$Ti^{3+}d$ 为氧的 2p 轨道和钛的 3d 轨道成分。

图 3-10   能隙态的发现及缘由

当体系中缺陷浓度比较大的情况下,Ti^{3+} 离子自然便多,随之而来的影响便是使得缺陷带和激发带的展宽变得很大,这样一来,这两种带间的跃迁能量范围也会变宽,当跃迁能量范围也就是吸收的光子能量范围宽到跨越紫外到红光时,几乎所有能量的可见光光子都会被吸收,从而使得该材料几乎不反射可见光便呈现出黑色[57]。可当缺陷浓度不大时,情况恰恰相反,这两条带之间的跃迁主要靠吸收紫外光发生,而可见光几乎不能被吸收,也就反射了所有的可见光因而呈现白色。然而当 Ti^{3+} 离子导致的缺陷带和激发带不是特别宽时,这意味着在这些带上的电子或空穴会相对局域一些,有利于光致电子和空穴对的分离,减少复合概率从而提升光催化效率。因而如何调控以及掌握这两条带之间的相对关系是解决 TiO_2 吸光及光催化效率的至关因素。

虽然 TiO_2 光吸收的问题在最近几年获得了极大的突破,上述工作在一定程度上给出部分掺杂 TiO_2 会表现出不同的颜色,也从微观角度给出了缺陷影响 TiO_2 光吸收的证据。我们同时也要找到哪些缺陷是有用的,哪些是不利的,增加人们对该方面科学的认识,从而便于改良缺陷 TiO_2,这些方面的细致探索还需要计算材料学发挥其切实的用武之地。

3.3.3   表面活性

正如前文介绍到的,研究光催化材料的一个主要方面便是其表面吸附物的反应。而研究不同表面吸附物的反应势垒对理解不同表面的活性很有帮助,而最近研究发现,即便是相同晶相的 TiO_2,其不同表面的化学活性表现迥异,这对理解和设计高效的光催化材料或者异质结构十分有利,能够做到有的放矢。

如图 3-11 所示,利用推拉弹性带方法理论预测了甲醇分子在两种不同 TiO_2 表面的分解生成 H_2CO 的反应路径及其势垒。由其决速步势垒可以看出该反应在(011)表面的进行更为困难。而随后有实验组利用升温脱附谱(TPD)实验对这两个表面分别进行了探测,实验结果如图 3-11(c)所示,CH_3OH 的反应活性在(011)表面上的确不如(110)表面。这种不同晶面的化学活性差异不仅仅发生在金红石相表面,锐钛矿相不同表面的差异也被很多文章报道。因此,如果人们想要设计高效率的光催化材料,对相同材料的不同晶相,不同晶面的研究也必不可少。如果在理论能够准确预测高活性的表面之后,可以指导化学工程的制备方向,进而可以减少实验上较为昂贵的制备和实验。

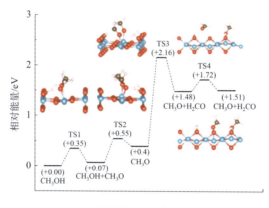

(a) TiO_2(110)表面

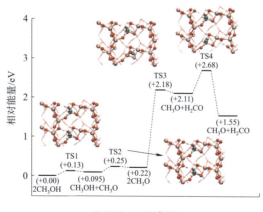

(b) TiO_2(011)表面

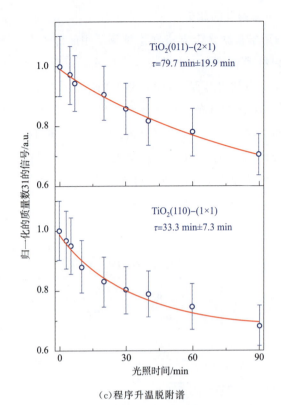

(c)程序升温脱附谱

注:(a),(b)中横坐标为广义坐标,数字为相对初始结构的能量变化;(c)中 τ 为拟合出的寿命值。

图 3-11　CH_3OH 在 TiO_2 不同表面上分解成 H_2CO 的
反应势垒及对应表面的升温脱附 TPD 谱实验[58,59]

光催化材料表面吸附物的反应多种多样,决定其表面活性的因素也千差万别,比如就有文章报道不同覆盖度的吸附物对其化学反应活性也不尽相同,如图 3-12 所示。同样通过理论结合实验观测,Liu 等人发现 CH_3OH 在不同吸附浓度下,其反应活性也受到影响。即在高覆盖度时(>1 单层),相比于低覆盖度(<1 单层),甲醇变得不那么容易分解。理论计算分析发现,这是由于甲醇分子的分解路径发生了改变,原先涉及同一层的分解,在高覆盖度下变成涉及两层甲醇分子的分解反应。这一过程的发现很难在实验中直接观测到,因而,通过微观模型理论计算可以帮助人们理解很多有关材料表面的反应过程。

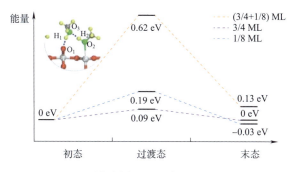

(a)不同覆盖度下甲醇分子分解势垒

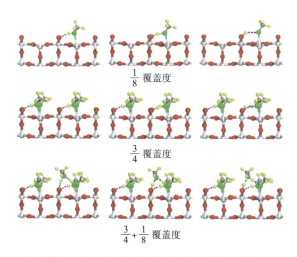

(b)不同覆盖度下甲醇分子分解的初态、过渡态和末态结构

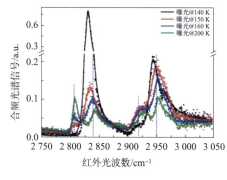

(c)不同覆盖度甲醇的合频光谱

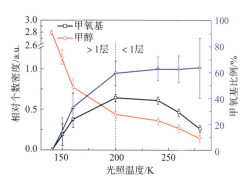

(d)甲醇和甲氧基与光照温度的关系

注：(a)中横坐标为广义坐标。

图3-12　不同覆盖度的甲醇分子分解势垒及合频光谱(SFG)与温度关系[62]

除了吸附物浓度造成的活性差别以外，不同的缺陷类型、浓度或者极化子浓度也能对 TiO_2 的表面活性造成影响。如图 3-13 所示，Selloni 课题组对不同缺陷类型，不同电子极化子浓度下的 TiO_2 表面分别计算了水的分解反应。从图中数据可知，极化子浓度或缺陷类型对水分子的吸附状态及其反应难易程度造成很大的区别[63]。

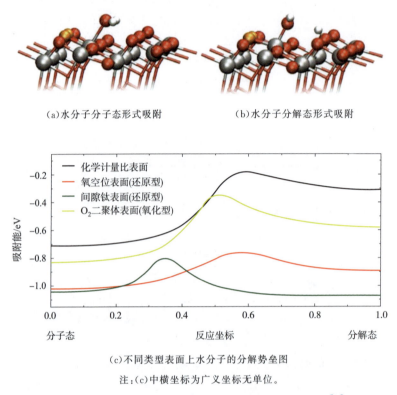

(a) 水分子分子态形式吸附　　(b) 水分子分解态形式吸附

(c) 不同类型表面上水分子的分解势垒图

注：(c) 中横坐标为广义坐标无单位。

图 3-13　不同电子极化子浓度下水在 TiO_2 表面的反应[63]

综上可知，缺陷产生的极化子对 TiO_2 的性质影响十分显著，其对体系的结构、光吸收、表面活性发挥着不可忽视的作用，但是目前人们对这方面的研究还比较缺乏，还有许多问题需要去探究。比如，不同表面的极化子存在是否对吸附物吸附状态产生影响；电子极化子和空穴极化子对吸附状态和电子结构影响是否相同。因此，从分子尺度对这些问题进行细致探究和挖掘十分有必要。利用第一性原理计算具有相对前沿性、预测性方法可以得到很多实验观测不到的现象。这对理解、设计光催化材料中细致环节很有帮助，同时也将对实验有很好的指导和启示。

3.4　光催化材料设计方法

TiO_2 的本征带隙（价带顶到导带底的能量差）约为 3.0 eV，一般情况下呈白色粉末，导致其只能利用有限的太阳光,因此其光催化效率也十分受限。目前有许多改良方法,比如通过金属、非金属掺杂,异质结等,这些方法虽然都在不同程度上取得了提升,但是其远未达到作为实际应用的光电催化材料的效率。为了提高其吸光性能,研究人员在制备黑色 TiO_2 方面取得了比较大的进步,这种材料拥有非常高的光吸收效率,因此其光催化效率并不会受吸光性能限制,故而可以得到较高的性能,许多文章报道了这种材料在光催化产氢上有着卓越的表现[46-48]。

3.4.1 掺杂

通过引入缺陷来调节 TiO_2 的电子结构,以期达到增强其光吸收的目的,这是光催化领域里最为常见的一种调控方法。最近十年里,在这一方面已经实现了很大的突破,比如 2011 年,Chen 等人在 Science 杂志上发表了一篇黑 TiO_2 的文章[46]提到这种黑 TiO_2 是在 200 kN 的氢气压强 200 ℃温度下煅烧 5 d 制得的,黑色 TiO_2 的成功制备便是掺杂工程取得的较大进步。

对于掺杂 TiO_2,无论是实验工作还是理论计算在过去几十年发表了许多文章,掺杂的元素主要是替代 O 的非金属元素,如 C、N、F、S 等[64-67],也有替代的金属元素,如 Al、V、Nb 等[68-74],同时,还有掺入过量的 Ti、H 等元素制备间隙杂质的方法[51,75-77]。随着掺杂的技艺日臻精熟,这一领域的研究也遇到了瓶颈,尤其是在理论计算方面,较难有新的突破。然而 2009 年[78,79],先后两篇理论工作介绍了空穴、电子补偿双掺杂,使得掺杂工艺得到进一步的提升。之后,黑 TiO_2 的出现又将掺杂研究推向了一个高潮。

对于光催化材料,直观地来讲,材料越黑,说明光吸收越好,对催化性能自然也将呈正比例增长。不过,2014 年的一篇文章[80]用同样的氢化处理将 Ti^{4+} 离子变成 Ti^{3+} 离子从而制得了"不是很黑"的 TiO_2,并且声称这种"不是很黑"的 TiO_2 是黑 TiO_2 效率的两倍。从此报道中可以看出,这种不是很黑的 TiO_2 意味着其缺陷的影响要小一些,但是,其催化活性反而增加了,这就意味着盲目地引入缺陷改良 TiO_2,很有可能会适得其反。因此,为了能够更好地改良 TiO_2 的电子性质,系统地对这些缺陷 TiO_2 进行了解就显得至关重要。

掺杂体系通常是在制备过程中有意向产生的,但是也有一些掺杂体系是在表面反应后遗留下来的。例如最近的一篇文献报道了 TiO_2 进行完光催化反应后,表面生成了一层非晶层,同时,作者提出在光催化反应制备氢气的同时,有部分 H 原子扩散到了 TiO_2 体相内部。图 3-14 给出了理论模拟的 H 原子扩散示意图,从中得知,在 H 浓度逐渐增加的情况下,其扩散势垒逐渐变小,这意味着 H 原子更容易向 TiO_2 体相内扩散。这与高压下 H 环境灼烧制备黑 TiO_2 的过程类似。而且,光催化反应后的 TiO_2 的确呈黑色状。

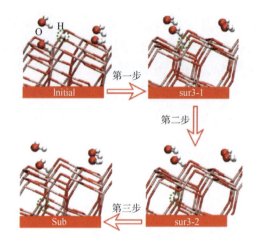

(a) H掺杂路径图

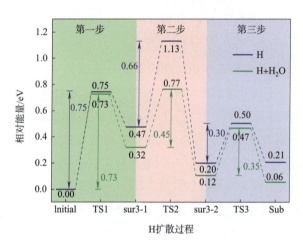

(b) 扩散结构能量变化

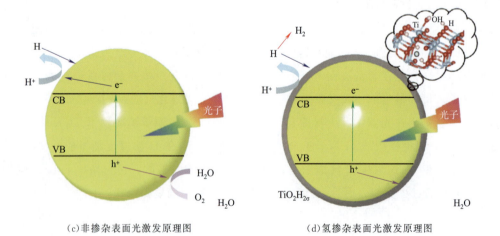

(c) 非掺杂表面光激发原理图　　　　(d) 氢掺杂表面光激发原理图

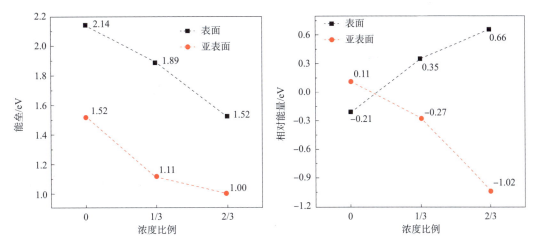

(e) 不同浓度下表面和亚表面扩散势垒关系　　(f) 不同浓度下氢在表面和亚表面的相对能量变化

注：initial、sur3-1、sur3-2、sub 分别为初始、亚稳态 1、亚稳态 2 及亚表面位置，TS 为过渡态。

图 3-14　TiO_2 中 H 掺杂路径及影响示意图[81]

由此可见，黑 TiO_2 的颜色，可能不是某一种单一因素造成的，它或许不仅仅涉及缺陷电子的光吸收，同时涉及表面非晶层结构对光吸收的作用。因此，探究这种非晶层材料与 TiO_2 的异质结构变得显而易见。

3.4.2　异质结构

此前，我们介绍光催化材料发展的一个热门方向便是异质结构的研究。这个领域结构多种多样，性能差异也比较大，其中很多理论和机理有待进一步探索和认知。计算材料模拟在这一方面能够发挥十足的优势，对探究其微观机理作用显著。以下主要介绍同类元素构成的异质结构以及非同类元素构成的异质结构，分别对计算材料的内容加以概述。

如图 3-15 所示，实验人员将光催化反应后的 TiO_2 表面烘干，并进行透射电子显微镜和电子能量损失谱表征。结果发现，在其表面的非晶层中发现了高度还原的 TiO_2，如 Ti_2O_3 以及 TiO。随后，Annabella 课题组在异质结构表面进行了系统的研究，分别通过在 TiO_2 表面构造不定性结构 Ti_2O_3 以及 TiO，对不同异质结构进行了理论模拟研究[82-84]。

2018 年 Selcuk 等人首先对 H 氛围下 TiO_2 表面非晶层的形成进行了理论模拟，如图 3-16 所示[84]。通过模拟发现，H_2 能够与表面的 O 原子结合并反应生成水分子，当水分子扩散离开表面后，便会在表面形成氧空位结构，而这种氧空位结构并不能在表面稳定存在，会进一步扩散到体相当中，这样表面结构趋于完整，进而可以继续和表面 H_2 反应生成 H_2O。当这些氧空位缺陷富集在表面原子层内时，便会造成 TiO_2 发生还原反应。通过这种反复循环，逐渐在 TiO_2 表面留下非晶层结构，这是理论模拟对黑 TiO_2 结构给出的可能的清晰微观机理。

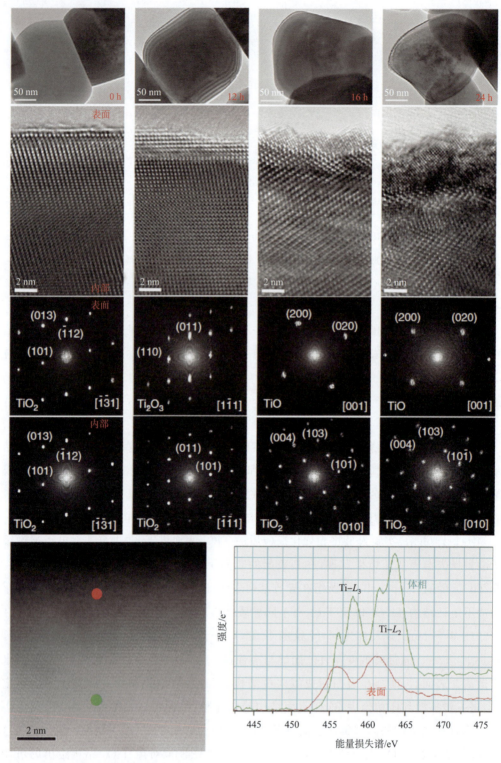

注：其中不同数字为代表不同表面的衍射峰，Ti-L_3、Ti-L_2 则为钛元素的 L_3、L_2 对应的能量损失峰。

图 3-15 干燥后的 H 掺杂 TiO_2 表面非晶层表征[81]

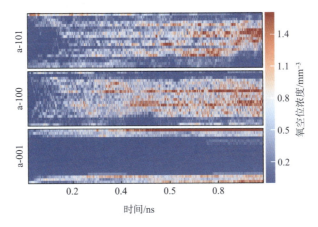

(a)不同表面氧空位浓度随时间的变化

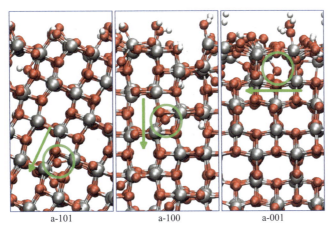

(b)不同表面空位的扩散路径

注：a-101、a-100、a-001 分别为锐钛矿相(101)、(100)、(001)表面。

图 3-16　H_2 氛围下 TiO_2 表面非晶层形成机理图[84]

随后，Zhao 等人分别对 Ti_2O_3 或 TiO 与 TiO_2 的异质结构分别给予分析和模拟[82,83]，发现了可能的还原 TiO_2 的转变过程以及较高的表面活性。这些研究对实验发现的分析和理解提供了完整的见解。除了异相结构，对于不同材料构成的异质结构一直是该领域一个热门方向。最近几年实验上合成了许多异种材料结合的异质结构，其中多数的光催化性能得到提升，如果能从微观尺度对这些异质结构进行机理分析将对人们对材料的理解非常有利，因此这类实验与理论结合的文章层出不穷。

例如 An 等人通过实验合成了光催化性能良好的 TiO_2 和 $BiVO_4$ 的异质结构[23]，但是对其光催化性能提升的原因并不是十分清楚。随后，理论分别对完美、缺陷的 TiO_2 和 $BiVO_4$ 的异质结构进行了理论分析，通过比较发现，氧空位缺陷容易在 TiO_2 表面形成，但是缺陷引入的多余电子极化子容易稳定存在于 $BiVO_4$ 一侧,如图 3-17 所示。而且金红石相和锐钛矿相两种晶相对电子极化子的分离程度有所区别,但是都在异质结构体系中引入了两种缺陷能级,Ti^{3+} 离子以及 V^{4+} 离子的能级,这两种缺陷能级相对位置比较靠近,而且都比较局域,具有较强的局域电子的能力,由于氧空位在 TiO_2 一侧比较稳定,电子容易在 Ti^{3+} 能级上形成,但是 V^{4+} 缺陷能级相对位置更低,电子容易向 $BiVO_4$ 一侧迁移,促进电子的有效转移,因而有益于体系的光催化活性。由此可见,实验理论结合的研究工作能够促进研究人员对光催化材料的深入了解。

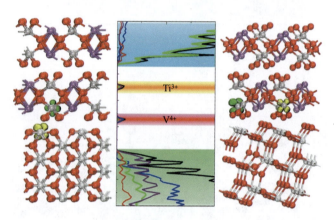

图 3-17 双缺陷调控的 TiO_2 与 $BiVO_4$ 异质结构[23]

3.4.3 单原子

单原子催化(single atom catalysis,SAC)是光催化材料研究中另一个热门方向,也是比较特殊的异质结构催化材料,本章单独以此为一节,以突出该种异质结构的重要性。2011 年,Qiao 等人通过实验在 FeO_x 表面合成了单原子 Pt[85]并且发现该类特殊异质结构能够极大地提升催化材料的活性,继而引发单原子催化领域的蓬勃发展。而且制备单元子的工艺不断得到提高和纯熟,比如 2018 年 Wei 等人就利用冰冻的方法制备单原子非常简便易用[86]。目前比较流行的单原子异质结构主要以铂(Pt)、金(Au)、钯(Pd)、铑(Rh)等贵金属,以及铜(Cu)、镍(Ni)等非贵金属为吸附单原子,以常用催化金属氧化物半导体 TiO_2、FeO_x、Cu_2O、CeO_2、CoO 等为吸附衬底[6]。

虽然这一领域的研究如雨后春笋出现,但是对于单原子在催化材料中所扮演的角色仍然模糊不定,例如有研究报道,金属异质结构主要作用是有效的分离催化材料中的光致电子,但是这一理论却并非适用各种情况。例如 2003 年就报道了非金属性金属原子同样拥有较高的表面活性[87]。而且,随着最近几年在单原子催化上的理论和实验研究,越来越多的研究人员认为单原子的作用纷繁复杂。

2017 年发表了一篇用于区分表面不同 Pt 原子或团簇的实验方法[88],随后利用该项技术,科研人员研究了 Pt 的催化活性随环境变化的改变[89],继而发现环境改变对单原子活性的影响至关重要。随后通过理论模拟,人们相继发现不同位置处的 Pt 原子,其化合价也有所区别[90,91],而且活性也千差万别。如图 3-18 所示,稳定吸附在表面氧原子中间的单原子 Pt 几乎不与表面发生电荷交换,因而表现出 0 价,该表面的活性也最差,在模拟的约 15 ps 分子动力学中,并没有观察到水分子在该表面的分解反应。相反在替换表面 Ti 和 O 的 Pt 单原子具有较高的活性,能够很快促进表面水分子发生分解反应。因为在后面两种情况下,Pt 原子与表面发生了极大的相互作用和电荷转移,分别呈 +4 价和 -2 价。为此,研究人员又对表面吸附的 PtOH 进行了模拟,发现具有 +1 价的 Pt 也具有分解表面水分子的活性。

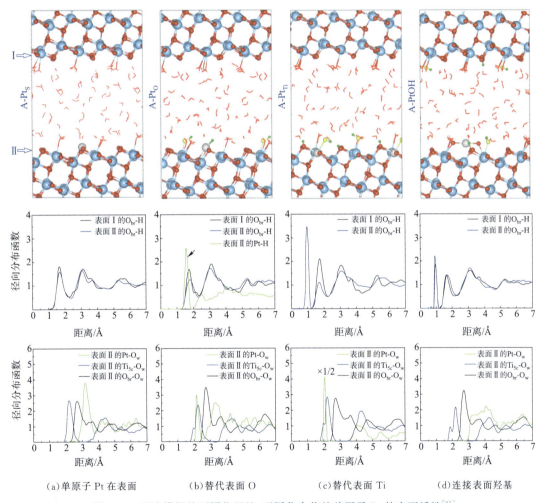

图 3-18 理论模拟的不同位置处、不同化合价的单原子 Pt 的表面活性[91]

无独有偶,在同一时间里,针对这种不同环境、不同价态的单原子,研究人员在不同的单原子催化体系中分别进行了研究,并得出一致的结论,即单原子在不同表面环境中具有不同的价态,因而获得了不同表面活性,造成催化活性上的差异[89,92-94]。由此可见,通过了解单原子在催化材料表面所起的作用，我们能够清晰地知道盲目的合成单原子催化材料并不能发挥出单原子催化真正的高效率，正如好钢用在刀刃上，要最大限度地发挥出贵金属的作用，需要控制合成的单原子都能够落在最优的位置上，而计算材料学能够使得研究人员在微观环境上了解得更加清晰和透彻。

3.4.4 深度势分子动力学

2023年，Wen等人开发并应用了基于从头算的深度神经网络（deep neural networks，DNN）模型，旨在阐明水在R-110界面上的结构和平均解离程度[97]。具体来说，他们采用了Zhang等人提出的"深度势"（deep potential，DP）方案，构建了一个DNN势能模型，能够准确再现DFT结果。他们对不同层数的R-110薄片模型进行了训练，并使用该势函数对不同厚度（4～16层）的R-110水相界面进行了纳秒级的模拟。

首先，他们比较了收敛的DP和SCAN（strongly constrained and appropriately normed）泛函预测的原子力，如图3-19（a）所示。DP力与SCAN值的均方根偏差（RMSD）从70.4 meV/Å到138.7 meV/Å不等，误差很小。图3-19（b）将DP和SCAN对不同厚度模型上解离水（E_d）和分子水（E_m）吸附能差（E_d-E_m）的计算结果进行了比较，DP很好地再现了SCAN所预测的（E_d-E_m）奇偶振荡行为。类似地，图3-19（c）对比了SCAN和DP在4层和5层模型上水的分解势垒，两者差别很小。

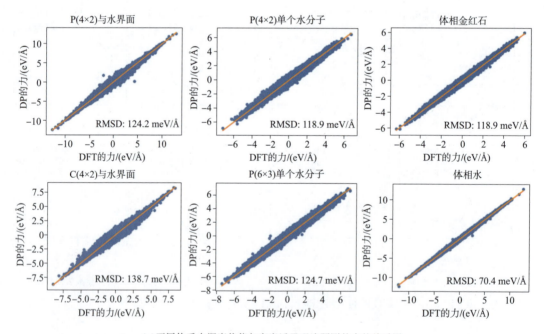

(a)不同体系中深度势能与密度泛函理论预测的力的关系图

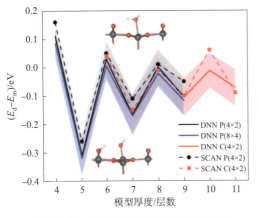 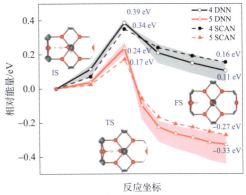

(b) 深度势能与密度泛函理论计算不同层数单个水分子分解态与分子态吸附能的差值

(c) 深度势能与密度泛函理论在四层和五层衬底模型上水分子分解势垒的比较

图 3-19 深度势能与密度泛函理论比较

通过监测深度势能分子动力学轨迹中界面水分子的分解发现：不同模型上的分解比例随着厚度增加而逐渐收敛（图 3-20），平均分解比例为 0.22 ± 0.06（较厚模型）。这个比例可以推测界面上解离态与分子态吸附水之间的自由能差为 (0.040 ± 0.004) eV，这与实验中获得的自由能差 (0.035 ± 0.03) eV 相符合。此外，文中还计算了表面羟基的寿命，为 7.6 ns $\pm$ 1.8 ns，这是 A-101 表面上估算的羟基寿命的 10 倍以上[112]，较长的羟基寿命有助于增强 R-110 的光氧化反应效率。

此外，该工作不仅验证了表面水分子的直接分解机制：吸附水分子直接向相邻桥氧 O_{br}（约 3 Å）转移质子；同时还观察到间接途径：与 O_{br} 结合的第二层水分子，将其质子转移到 O_{br} 上，并从 Ti_{5c} 处的水分子获得一个质子，如图 3-20(c) 所示。总之，利用纳秒级的 DPMD 模拟克服了从头算分子动力学的局限性，证实了基于从头算的 DNN 势能模拟能更好地促进理解和设计光催化和电化学界面反应。

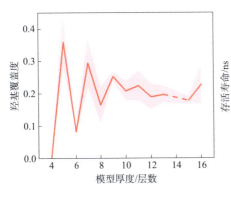 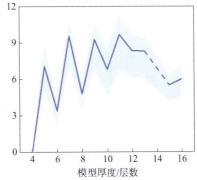

(a) 不同厚度模型表面水分子分解比例

(b) 不同厚度模型表面羟基的存活寿命

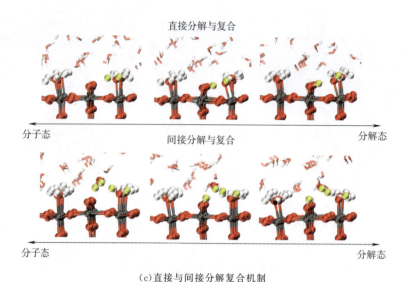

(c) 直接与间接分解复合机制

图 3-20 DPMD 路径中不同厚度模型水分子分解情况

3.5 光催化材料发展趋势

随着科学探测技术和理论的发展,人们对光催化材料的理解更加清晰明了,但是该领域内仍然有许多科学问题值得讨论。比如 TiO_2 可以变色的原因到底是什么,是缺陷态的影响,还是表面非晶层或者其他异质结构的结果;其光吸收特性改变的实质又是怎样的,还缺乏一个统一的解释,对这一问题的模糊理解也是对提高光催化材料的化学活性的巨大壁垒。

虽然掺杂对 TiO_2 的带隙调节已经到了炉火纯青的地步,但是对掺杂体系的理解仍然还十分有限,这方面的研究需要理论模拟和技术的近一步提高和发展。因此,未来一段时间内,计算材料学在光催化材料领域中,尤其是缺陷光催化材料中的研究仍占据着重要地位和分量。

此外,极化子的存在对体系的电子结构、光吸收以及电荷的转移等过程都有很大影响,因而,研究某一体系中极化子的行为表现对理解光催化机理十分重要。形成 Ti^{3+} 离子的一个关键因素便是多余电子的局域,这也随之产生了电子极化子。单晶相的金红石(110)和锐钛矿(101)表面[31]有着不同的结构,最新的研究结果表明多余电子在这两种表面上的表现也非常不同。如电子极化子容易在没有缺陷的金红石(110)表面上形成,而在锐钛矿(101)表面上则偏好以自由载流子的形态存在,不过在有表面氧空位的情况下,锐钛矿(101)表面也可形成电子-极化子。由于扫描探测显微在直接观察 TiO_2 中空穴-极化子上还有很多未解决的困难,这不仅限制了基于样品的实验结果分析,同样也阻碍了更深一步了解 DFT 模拟的单晶表面[28,29]或者小型的(约 100 个原子)纳米颗粒模型[30]。所以,对于计划子的作用和影响的研究也将是计算材料学中比较突出的方向。

另一方面,晶相表面以及缺陷等因素,是如何影响极化子和自由载流子之间的竞争,目前还没有统一的定论。而且,单相或者混相的 TiO_2 纳米颗粒的实验表明:不同的制备工艺,表面吸附物修饰以及不同相的(不)共存等都会表现出不同的光催化性能。严格来讲,单相简单的界面结果或理解是否可以解释实际复杂环境中的 TiO_2 反应很难确定。由于目前异质结构较差的效率,其相关的理论和实验研究,仍是该领域未来长期关注的重点。

随着研究人员对单原子催化的了解逐渐深入,制备高效单原子催化材料的目标将日渐逼近,从而实现该材料的商业应用也未必不可能。所以这方面的研究也将是光催化领域以及计算材料学中的"常春藤",引领着光催化领域的发展和进步。这些内容对于指导制造出高效、无污染、稳定、成本较低并且有特定目的的光催化剂非常有益,它不仅促进人类进入新型清洁能源社会的脚步,同时对改善人类居住环境,解决人类发展对能源的需求至关重要。

参考文献

[1] CORONADO J M, FRESNO F, HERNÁNDEZ-ALONSO M D, et al. Design of advancedphotocatalytic materials for energy and environmental applications[M]. London: Springer London, 2013, 71.

[2] GOODEVE C F, KITCHENER J A. The mechanism of photosensitisation by solids[J]. Transactions of the Faraday Society, 1938, 34: 902-908.

[3] FUJISHIMA A, HONDA K. Electrochemical photolysis of water at a semiconductor electrode[J]. Nature, 1972, 238(5358): 37-38.

[4] NOZIK A J. Photochemical diode[J]. Applied Physics Letters, 1977, 30(11): 567-569.

[5] TIAN J, ZHAO Z, KUMAR A, et al. Recent progress in design, synthesis, and applications of one-dimensional TiO_2 nanostructured surface heterostructures: a review[J]. Chemical Society Reviews, 2014, 43(20): 6920-6937.

[6] WANG A, LI J, ZHANG T. Heterogeneous single-atom catalysis[J]. Nature Reviews Chemistry, 2018, 2(6): 65-81.

[7] MAEDA K, DOMEN K. Photocatalytic water splitting: recent progress and future challenges[J]. Journal of Physical Chemistry Letters, 2010, 1(18): 2655-2661.

[8] KAWAHARA T, KONISHI Y, TADA H, et al. A patterned tio$_2$(anatase)/TiO_2(rutile) bilayer-type photocatalyst: effect of the anatase/rutile junction on the photocatalytic activity[J]. Angewandte Chemie-International Edition, 2002, 114(15): 2935-2937.

[9] XU Y J, COLMENARES J C. Heterogeneous photocatalysis: From fundamentals to green applications[M]. Berlin: Springer-Verlag Berlin Heidelberg, 2016, 361-416.

[10] HENDERSON M A. A surface science perspective on TiO_2 photocatalysis[J]. Surface Science Reports, 2011, 66(6-7): 185-297.

[11] AKIRA FUJISHIMA, K H. Electrochemical photolysis of water at a semiconductor electrode[J]. Nature, 1972, 238(5358): 37-38.

[12] ZHOU P,YU J,JARONIEC M. All-solid-state Z-scheme photocatalytic systems[J]. Advanced Materials,2014,26(29):4920-4935.

[13] LI Z,LUO W,ZHANG M,et al. Photoelectrochemical cells for solar hydrogen production: current state of promising photoelectrodes, methods to improve their properties, and outlook[J]. Energy & Environmental Science,2013,6(2):347-370.

[14] KUDO A,MISEKI Y. Heterogeneous photocatalyst materials for water splitting[J]. Chemical Society Reviews,2009,38(1):253-278.

[15] KUBACKA A,FERNANDEZ-GARCIA M,COLON G. Advanced nanoarchitectures for solar photocatalytic applications[J]. Chemical Reviews,2012,112(3):1555-1614.

[16] DAI L,XUE Y,QU L,et al. Metal-free catalysts for oxygen reduction reaction[J]. Chemical Reviews,2015,115(11):4823.

[17] ONG W J,TAN L L,NG Y H,et al. Graphitic carbon nitride($g-C_3N_4$)-based photocatalysts for artificial photosynthesis and environmental remediation: are we a step closer to achieving sustainability? [J]. Chemical Reviews,2016,116(12):7159-7329.

[18] SANG L,ZHAO Y,BURDA C. TiO_2 nanoparticles as functional building blocks[J]. Chemical Reviews,2014,114(19):9283-9318.

[19] KAPILASHRAMI M,ZHANG Y,LIU Y.-S,et al. Probing the optical property and electronic structure of TiO_2 nanomaterials for renewable energy applications[J]. Chemical Reviews,2014,114(19):9662-9707.

[20] CARGNELLO M,GORDON T R,MURRAY C B. Solution-phase synthesis of titanium dioxide nanoparticles and nanocrystals[J]. Chemical Reviews,2014,114(19):9319-9345.

[21] BOURIKAS K,KORDULIS C,LYCOURGHIOTIS A. Titanium dioxide (anatase and rutile): surface chemistry, liquid-solid interface chemistry, and scientific synthesis of supported catalysts[J]. Chemical Reviews,2014,114(19):9754-9823.

[22] HABISREUTINGER S N,SCHMIDT-MENDE L,STOLARCZYK J K. Photocatalytic reduction of CO_2 on TiO_2 and other semiconductors[J]. Angewandte Chemie-International Edition,2013,52(29):7372-7408.

[23] AN X,LI T,WEN B,et al. New insights into defect-mediated heterostructures for photoelectrochemical water splitting[J]. Advanced Energy Materials,2016,6(8):1502268.

[24] DIEBOLD U. The surface science of titanium dioxide[J]. Surface Science Reports,2003,48(5-8):53-229.

[25] GUO Q,ZHOU C,MA Z,et al. Elementary photocatalytic chemistry on TiO_2 surfaces[J]. Chemical Society Reviews,2015,45(13):3701-3730.

[26] CARGNELLO M,GORDON T R,MURRAY C B. Solution-phase synthesis of titanium dioxide nanoparticles and nanocrystals[J]. Chemical Reviews,2014,114(19):9319-9345.

[27] 闻波. 二氧化钛的电子性质及表面反应的第一性研究[D]. 北京:北京大学,2017.

[28] DI VALENTIN C,PACCHIONI G,SELLONI A. Electronic structure of defect states in hydroxylated and reduced rutile TiO_2 (110) surfaces[J]. Physical Review Letters,2006,97(16):166803.

[29] DI VALENTIN C,SELLONI A. Bulk and surface polarons in photoexcited anatase TiO_2[J]. Journal of Physical Chemistry Letters,2011,2(17):2223-2228.

[30] NUNZI F, AGRAWAL S, SELLONI A, et al. Structural and electronic properties of photoexcited TiO_2 nanoparticles from first principles[J]. Journal of Chemical Theory and Computation, 2015, 11(2):635-645.

[31] SETVIN M, FRANCHINI C, HAO X, et al. Direct view at excess electrons in TiO_2 rutile and anatase[J]. Physical Review Letters, 2014, 113(8):86402.

[32] RETICCIOLI M, SETVIN M, SCHMID M, et al. Formation and dynamics of small polarons on the rutile TiO_2(110)surface[J]. Physical Review B, 2018, 98(4):45306.

[33] PACCHIONI G. Surface reconstructions: polaron bricklayers at work[J]. Nature Reviews Materials, 2017, 2(11):17071.

[34] RETICCIOLI M, SETVIN M, HAO X, et al. Polaron-driven surface reconstructions[J]. Physical Review X, 2017, 7(3):31053.

[35] YIM C M, CHEN J, ZHANG Y, et al. Visualization of water-induced surface segregation of polarons on rutile TiO_2(110)[J]. Journal of Physical Chemistry Letters, 2018, 9(17):4865-4871.

[36] WEN B, YIN W J, LIU L M, et al. Defects, adsorbates and photoactivity of rutile TiO_2(110): insight by first-principles calculations[J]. Journal of Physical Chemistry Letters, 2018, 9(18):5281-5287.

[37] BALAJKA J, HINES M A, DEBENEDETTI W J I, et al. High-affinity adsorption leads to molecularly ordered interfaces on TiO_2 in air and solution[J]. Science, 2018, 361(6404):786-789.

[38] SETVIN M, ASCHAUER U, HULVA J, et al. Following the reduction of oxygen on TiO_2 anatase (101)step by step[J]. Journal of the American Chemical Society, 2016, 138(30):9565-9571.

[39] PAPAGEORGIOU A C, BEGLITIS N S, PANG C L, et al. Electron traps and their effect on the surface chemistry of TiO_2(110)[J]. Proceedings of the National Academy of Sciences of the United States of America, 2010, 107(6):2391-2396.

[40] MAO X, LANG X, WANG Z, et al. Band-gap states of TiO_2(110): major contribution from surface defects[J]. Journal of Physical Chemistry Letters, 2013, 4(22):3839-3844.

[41] YIM C M, PANG C L, THORNTON G. Oxygen vacancy origin of the surface band-gap state of TiO_2(110)[J]. Physical Review Letters, 2010, 104(3):36806.

[42] DESKINS N A, ROUSSEAU R, DUPUIS M. Localized electronic states from surface hydroxyls and polarons in TiO_2(110)[J]. Journal of Physical Chemistry C, 2009, 113(33):14583-14586.

[43] WENDT S, SPRUNGER P T, LIRA E, et al. The role of interstitial sites in the Ti3d defect state in the band gap of titania[J]. Science, 2008, 320(5884):1755-1759.

[44] WEN B, HAO Q, YIN W J, et al. Electronic structure and photoabsorption of Ti^{3+} ions in reduced anatase and rutile TiO_2[J]. Physical Chemistry Chemical Physics, 2018, 20(26):17658-17665.

[45] WANG Z, WEN B, HAO Q, et al. Localized excitation of Ti^{3+} ions in the photoabsorption and photocatalytic activity of reduced rutile TiO_2[J]. Journal of the American Chemical Society, 2015, 137(28):9146-9152.

[46] CHEN X, LIU L, YU P Y, et al. Increasing solar absorption for photocatalysis with black hydrogenated titanium dioxide nanocrystals[J]. Science, 2011, 331(6018):746-750.

[47] WANG Z, YANG C, LIN T, et al. Visible-light photocatalytic, solar thermal and photoelectrochemical properties of aluminium-reduced black titania[J]. Energy & Environmental Science, 2013, 6(10):3007-3014.

[48] YANG C, WANG Z, LIN T, et al. Core-shell nanostructured "black" rutile titania as excellent catalyst for hydrogen production enhanced by sulfur doping[J]. Journal of the American Chemical Society, 2013, 135(47):17831-17838.

[49] LIN T, YANG C, WANG Z, et al. Effective nonmetal incorporation in black titania with enhanced solar energy utilization[J]. Energy & Environmental Science, 2014, 7(3):967.

[50] NALDONI A, ALLIETA M, SANTANGELO S, et al. Effect of nature and location of defects on bandgap narrowing in black TiO_2 nanoparticles[J]. Journal of the American Chemical Society, 2012, 134(18):7600-7603.

[51] ZUO F, WANG L, WU T, et al. Self-doped Ti^{3+} enhanced photocatalyst for hydrogen production under visible light[J]. Journal of the American Chemical Society, 2010, 132(34):11856-11857.

[52] YIN W J, WEN B, ZHOU C, et al. Excess electrons in reduced rutile and anatase TiO_2[J]. Surface Science Reports, 2018, 73(2):58-82.

[53] ONDA K, LI B, ZHAO J, et al. Wet electrons at the $H_2O/TiO_2(110)$ surface[J]. Science, 2005, 308(5725):1154-1158.

[54] ARGONDIZZO A, TAN S, PETEK H. Resonant two-photon photoemission from Ti-3d defect states of $TiO_2(110)$ revisited[J]. Journal of Physical Chemistry C, 2016, 120(24):12959-12966.

[55] ARGONDIZZO A, CUI X, WANG C, et al. Ultrafast multiphoton pump-probe photoemission excitation pathways in rutile $TiO_2(110)$[J]. Physical Review B, 2015, 91(15):155429.

[56] ZHANG Y, PAYNE D T, PANG C L, et al. Non-band-gap photoexcitation of hydroxylated TiO_2[J]. Journal of Physical Chemistry Letters, 2015, 6(17):3391-3395.

[57] OU G, XU Y, WEN B, et al. Tuning defects in oxides at room temperature by lithium reduction[J]. Nature Communications, 2018, 9(1):1302.

[58] MAO X, WANG Z, LANG X, et al. Effect of surface structure on the photoreactivity of TiO_2[J]. Journal of Physical Chemistry C, 2015, 119(11):6121-6127.

[59] LANG X, WEN B, ZHOU C, et al. First-principles study of methanol oxidation into methyl formate on rutile $TiO_2(110)$[J]. Journal of Physical Chemistry C, 2014, 118(34):19859-19868.

[60] SELLONI A. Anatase shows its reactive side[J]. Nature Materials, 2008, 7(8):613-615.

[61] SELCUK S, SELLONI A. Facet-dependent trapping and dynamics of excess electrons at anatase TiO_2 surfaces and aqueous interfaces[J]. Nature Materials, 2016, 15(10):1107-1112.

[62] LIU S, LIU A, WEN B, et al. Coverage dependence of methanol dissociation on $TiO_2(110)$[J]. Journal of Physical Chemistry Letters, 2015, 6(16):3327-3334.

[63] ASCHAUER U J, TILOCCA A, SELLONI A. Ab initio simulations of the structure of thin water layers on defective anatase $TiO_2(101)$ surfaces[J]. International Journal of Quantum Chemistry, 2015, 115(18):1250-1257.

[64] DI VALENTIN C, FINAZZI E, PACCHIONI G, et al. N-doped TiO_2: theory and experiment[J]. Chemical Physics, 2007, 339(1-3):44-56.

[65] DI VALENTIN C, PACCHIONI G, SELLONI A. Origin of the different photoactivity of N-doped anatase and rutile TiO_2[J]. Physical Review B, 2004, 70(8):85116.

[66] DOZZI M V, D'ANDREA C, OHTANI B, et al. Fluorine-doped TiO_2 materials: photocatalytic activity vs. time-resolved photoluminescence[J]. Journal of Physical Chemistry C, 2013, 117(48):25586-25595.

[67] ASAHI R,MORIKAWA T,OHWAKI T,et al. Visible-light photocatalysis in nitrogen-doped titanium oxides[J]. Science,2001,293(5528):269-271.

[68] KUMARAVEL V,RHATIGAN S,MATHEW S,et al. Indium-doped TiO_2 photocatalysts with high-temperature anatase stability[J]. Journal of Physical Chemistry C,2019,123(34):21083-21096.

[69] CHOI W,TERMIN A,HOFFMANN M R. The role of metal ion dopants in quantum-sized TiO_2: correlation between photoreactivity and charge carrier recombination dynamics[J]. Journal of Physical Chemistry,1994,98(51):13669-13679.

[70] ZALESKA A. Doped-TiO_2:a review[J]. Recent Patents Engineering,2008,2(3):157-164.

[71] WANG J,YU Y,LI S,et al. Doping behavior of Zr^{4+} ions in Zr^{4+}-doped TiO_2 nanoparticles[J]. Journal of Physical Chemistry C,2013,117(51):27120-27126.

[72] SASAHARA A,TOMITORI M. XPS and STM study of Nb-doped TiO_2(110)-(1×1)surfaces[J]. Journal of Physical Chemistry C,2013,117(34):17680-17686.

[73] MORRIS D,DIXON R,JONES F H,et al. Nature of band-gap states in V-doped TiO_2 revealed by resonant photoemission[J]. Physical Review B,1997,55(24):16083-16087.

[74] KONG L,WANG C,ZHENG H,et al. Defect-induced yellow color in nb-doped TiO_2 and Its Impact on visible-light photocatalysis[J]. Journal of Physical Chemistry C,2015,119(29):16623-16632.

[75] BAI S,ZHANG N,GAO C,et al. Defect engineering in photocatalytic materials[J]. Nano Energy 2018,53:296-336.

[76] LIU X,GAO S,XU H,et al. Green synthetic approach for Ti^{3+} self-doped TiO_{2-x} nanoparticles with efficient visible light photocatalytic activity[J]. Nanoscale,2013,5(5):1870-1875.

[77] XING M,FANG W,NASIR M,et al. Self-doped Ti^{3+}-enhanced TiO_2 nanoparticles with a high-performance photocatalysis[J]. Journal of Catalysis,2013,297:236-243.

[78] ZHU W,QIU X,IANCU V,et al. Band gap narrowing of titanium oxide semiconductors by noncompensated anion-cation codoping for enhanced visible-light photoactivity[J]. Physical Review Letters,2009,103(22):226401.

[79] GAI Y,LI J,XIA J B,et al. Design of narrow-gap TiO_2:a passivated codoping approach for enhanced photoelectrochemical activity[J]. Physical Review Letters,2009,102(3):36402.

[80] LIU N,SCHNEIDER C,FREITAG D,et al. Black TiO_2 nanotubes:cocatalyst-free open-circuit hydrogen generation[J]. Nano Letters,2014,14(6):3309-3313.

[81] LU Y,YIN W J,PENG K L,et al. Self-hydrogenated shell promoting photocatalytic H_2 evolution on anatase TiO_2[J]. Nature Communications,2018,9(1):2752.

[82] WEN B,LIU L M,SELLONI A. Structure and reactivity of highly reduced titanium oxide surface layers on TiO_2:a first-principles study[J]. The Journal of Chemical Physics,2019,151(18):184701.

[83] ZHAO X,SELCUK S,SELLONI A. Formation and stability of reduced TiO_x layers on anatase TiO_2 (101):identification of a novel Ti_2O_3 phase[J]. Physical Review Materials,2018,2(1):15801.

[84] SELCUK S,ZHAO X,SELLONI A. Structural evolution of titanium dioxide during reduction in high-pressure hydrogen[J]. Nature Materials,2018,17(10):923-928.

[85] QIAO B,WANG A,YANG X,et al. Single-atom catalysis of CO oxidation using $Pt1/FeO_x$[J]. Nature Chemistry,2011,3(8):634.

[86] WEI H,HUANG K,WANG D,et al. Iced photochemical reduction to synthesize atomically dispersed

[87] FU Q,SALTSBURG H,FLYTZANI-STEPHANOPOULOS M. Active nonmetallic au and pt species on ceria-based water-gas shift catalysts[J]. Science,2003,301(5635):935-938.

[88] DERITA L,DAI S,LOPEZ-ZEPEDA K,et al. Catalyst architecture for stable single atom dispersion enables site-specific spectroscopic and reactivity measurements of co adsorbed to pt atoms,oxidized pt clusters,and metallic pt clusters on TiO_2[J]. Journal of the American Chemical Society,2017,139(40):14150-14165.

[89] DERITA L,RESASCO J,DAI S,et al. Structural evolution of atomically dispersed Pt catalysts dictates reactivity[J]. Nature Materials,2019,18(7):746-751.

[90] THANG H V,PACCHIONI G,DERITA L,et al. Nature of stable single atom Pt catalysts dispersed on anatase TiO_2[J]. Journal of Catalysis,2018,367:104-114.

[91] WEN B,YIN W J,SELLONI A,et al. Site dependent reactivity of Pt single atoms on anatase TiO_2(101)in aqueous environment[J]. Physical Chemistry Chemical Physics,2019,22(19):10455-10461.

[92] TANG Y,ASOKAN C,XU M,et al. Rh single atoms on TiO_2 dynamically respond to reaction conditions by adapting their site[J]. Nature Communications,2019,10(1):4488.

[93] REN Y,TANG Y,ZHANG L,et al. Unraveling the coordination structure-performance relationship in Pt_1/Fe_2O_3 single-atom catalyst[J]. Nature Communications,2019,10(1):4500.

[94] PARKINSON G S. Single-atom catalysis:how structure influences catalytic performance[J]. Catalysis Letters 2019,149(5):1137-1146.

[95] DAELMAN N,CAPDEVILA-CORTADA M,LOPEZ N. Dynamic charge and oxidation state of Pt/CeO_2 single-atom catalysts[J]. Nature Materials, 2019, 18(11): 1215-1221.

[96] LEE B H, PARK S, KIM M, et al. Reversible and cooperativephotoactivation of single-atom Cu/TiO_2 photocatalysts[J]. Nature Materials, 2019, 18(6): 620-626.

[97] WEN B,CALEGARI-ANDRADE M F, LIU L M, et al. Water dissociation at the water-rutile TiO_2(110) interface from ab initio-based deep neural network simulations[J]. Proceedings of the National Academy of Sciences, 2023, 120(2): e2212250120.

第 4 章 高效光催化材料设计

4.1 高效光催化材料开发概述

发展高效催化材料是提高太阳能转化、降解有机污染及缓解温室效应等的关键,对新能源开发、环境污染治理具有十分重要的战略意义。国家"材料科学系统工程发展战略研究——中国版材料基因组计划"明确指出发展高效催化材料是材料基因工程的重点发展方向之一。高效光解水催化材料能直接将太阳能转化为能量密度高、存储输运方便及无污染的氢能(图 4-1),能够有效缓解能源危机和环境污染。自从日本学者 Fujishima 等人[1]发现光照 n-型半导体 TiO_2 电极可分解水以来,各种光催化材料如 CuO、$g-C_3N_4$、MoS_2、CdS 及 WO_3 等被相继开发。虽然这些半导体材料具有光解水的性能,但其光催化效率不高,导致量子效率低,严重限制单一半导体材料在光催化领域的应用。

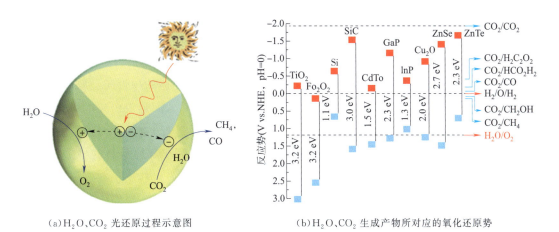

(a) H_2O、CO_2 光还原过程示意图　　　(b) H_2O、CO_2 生成产物所对应的氧化还原势

注:NHE 为一般氢电极。

图 4-1　H_2O、CO_2 光还原过程示意及生成产物所对应的氧化还原势

4.1.1 高效光催化的原理

高性能光催化材料的一般要求是:带隙和带边位置合适、光生载流子可以快速分离、表面活性位点多、热力学性能稳定及中间产物自由能变化小等。自从 Fujishima 和 Honda 发

现 TiO_2 的光解水以来[1]，TiO_2 作为光催化材料被广泛研究。TiO_2 具有低成本、无毒性和不同环境中的高稳定性，已应用于包括光解水制氢，有机化学品的分解和合成，去除污染物，减少 CO_2 化学排放，CO 氧化，染料敏化太阳能电池中的电子导体，充电电池，超级电容器，传感器和生物医学设备等众多领域。TiO_2 在这些应用中的性能优劣很大程度上取决于其结构、电子、光学和反应特性，以及尺寸、形态、结晶度和外露表面。

TiO_2 具有多种晶体形态，其中金红石和锐钛矿是最常见的晶体形态，金红石和锐钛矿均由扭曲的 TiO_6 八面体组成，其中 Ti 原子位于中心，O 原子位于顶点。在大的晶体样品中，金红石是最稳定的 TiO_2 相，而在相对较小的纳米颗粒中，锐钛矿是最稳定的 TiO_2。金红石型 TiO_2 具有 $P4_2/mnm$ 的空间群。与金红石类似，锐钛矿型 TiO_2 是 $I4_1/amd$ 空间群。锐钛矿的光学带隙为 3.20 eV，金红石的光学带隙为 3.035 eV，它们主要吸收太阳光谱中的紫外部分。因此，TiO_2 由于带隙较宽，仅能吸收紫外光，这限制了其在可见光催化领域的应用。

4.1.2　高效光催化剂的发展现状

近年来，为了能够提高光催化剂的效率，科研工作者提出了多种可能的途径：①提高半导体材料中光生电子-空穴对的分离效率，来抑制载流子的复合；②扩大半导体光催化剂材料对可见光的吸收范围；③改变半导体催化剂对目标降解物的选择性或者降解效率；④提高半导体光催化材料在环境中的稳定性。以上提到的几点，也是评价半导体光催化剂性能优劣的标准。目前，实验和理论上改良半导体光催化剂催化活性的主要办法有元素掺杂、贵金属沉积、形成半导体异质结和利用有机染料敏化等。

通过将半导体材料与贵金属沉积复合，电子将会持续从半导体的导带向金属表面转移，直至两者达到同一费米能级。在接触面上，将形成空间电荷层，从而形成内建电场。该电场将半导体导带的电子移到贵金属，从而留下空穴，促进反应的进行。类似于此，利用不同半导体材料形成异质结构也是提升光催化性能的有效策略。不同半导体材料的导带、价带位置及带隙宽度不同，可以通过带边匹配来扩宽光响应范围，并将光生载流子有效分离到各自的半导体中，从而提高光催化效率。在本章高效光催化设计工作方面，我们将选择光电催化材料中的明星材料 TiO_2 来进行阐明各种潜在的方法，以开发和设计高效光电催化材料。

北京大学 Huang 课题组[2]通过 Al 或 S 氧化法成功地制备了可见光响应非常好的黑色 TiO_2。同时，众多科研工作者也发现了其他方法制备 TiO_2，并且这些不同方法制备出颜色各异的 TiO_2 都表现出了非常良好的光解水催化性能。进一步研究发现，这种具有优异光解水催化性能的 TiO_2 通常氧含量不足化学计量比。这种缺氧结构往往与两个典型缺陷类型有关：氧空位（O_v）和间隙钛（Ti_{int}）。通常情况，TiO_2 中的 O_v 浓度在 10^{17} cm^{-3} 量级内，能够在导带以下产生缺陷态。即使在 10 000 ℃下的氧气环境中退火后，O_v 的浓度也能够达到 3×10^{20} cm^{-3}。在高温缺氧或真空条件下，电子轰击和紫外线照射下的热退火也会产生 O_v

缺陷。除了 O_v 之外，间隙钛也经常存在于还原态的 TiO_2 中。这些缺陷往往是在溅射和退火过程中形成。而且，有研究显示 Ti_{int} 是轻微还原态 TiO_{2-x} 的主要缺陷类型。

O_v 和 Ti_{int} 在 TiO_2 体相内或表面都会产生额外的电子。紫外光电子光谱（ultraviolet photoelectron spectroscopy，UPS）和电子能量损失光谱（electron energy loss spectroscopy，EELS）在金红石型 TiO_2(110) 表面观察到了低于费米能级约 0.8 eV 的局域电子态，并将其归因于来自 O_v 的多余电子。与此同时，理论方面也对 O_v 多余电子的空间分布进行了较多探讨。例如，有结果显示，多余电子主要集中在靠近氧空位的 Ti 原子上，并将其从 Ti^{4+} 还原到 Ti^{3+}。局域电子的存在导致晶格局域畸变，从而形成极化子效应。电子顺磁共振（electron paramagnetic resonance，EPR）和第一原理计算进一步表明，还原态 TiO_2 中 Ti_{int} 缺陷也会诱发 Ti^{3+} 态。

根据局域程度，多余电子将表现出不同的行为，进而强烈地影响 TiO_2 的电子转移和输运特性。由于锐钛矿和金红石型 TiO_2 中多余电子态的不同分布特性，这两种材料将显示出不同的电荷传输特性。例如，最近的理论和实验研究表明，多余电子的局域和传输特性深刻影响了 TiO_2 的光吸附和光催化活性。因此，为了调控和提升 TiO_2 的光催化活性，深入理解其体相和表面多余电子的性质至关重要。

然而，实验和理论研究的相关研究表明，如何有效描述多余电子特性是极具挑战性的。例如，理论研究发现，标准密度泛函理论由于存在自相互作用误差，无法准确描述局部缺陷态中的多余电子，因此需要使用更准确的方法，如 DFT+U 或计算成本更高的杂化泛函，以提高描述的准确性。随着实验技术和理论/计算方法的显著进步，近年来对锐钛矿和金红石型 TiO_2 的大量研究将有助于理解和阐明它们中的多余电子态性质。

4.2 高效催化剂中多余电子理论

4.2.1 局域跃迁理论

Macdonald 等人[3]通过电子顺磁共振研究了纳米晶体金红石中的光激发电子。在 4K 下用紫外可见光照射后，检测到微弱的电子顺磁共振信号，表明其存在被俘获电子。当关闭辐照后，来自 Ti^{3+} 离子的强烈的电子顺磁共振信号出现，并且该信号可以通过恢复辐照移除。为了解释这些观察结果，有人提出，在辐照下产生的导带电子、被俘获电子和电子从俘获态重新激发回导带之间建立了一个动态平衡的机制。Yang 等人[4]还利用电子顺磁共振研究了在极低温度下由 442 nm(2.8 eV)激光激发的电子，发现被困在 Ti^{3+} 中的电子在大约 15K 以上变得不稳定，并推算出其活化能大约为 24 meV。

一些理论研究已经确定了在体相金红石中多余电子的俘获能量 E_{trap}，其中 E_{trap} 被定义为（完全弛豫的）局域极化子与（未弛豫的）离域自由极化子之间的总能量差。从对总能量的贡献来看，俘获能量主要产生于晶格应变能量和电子能量之间的竞争，即 $E_{trap}=E_{el}-E_{st}$，其中 E_{st} 是扭曲晶格所需的应变能量，而 E_{el} 是将电子局域在扭曲晶格 Ti 位点中而获得的电子能量。电子能量 E_{el} 可以通过光电子能谱（photoelectron spectroscopy，PES）或扫描隧道光谱（scanning tunneling spectroscopy，STS）进行实验测量，其中晶格原子在实验测量的时间尺度内是被"冻结"的。

Janotti 等人[5]通过 DFT 杂化泛函计算，研究了体相金红石型 TiO_2 中极化子的形成，发现被俘获的电子主要局域在 Ti^{4+} 位点而形成 Ti^{3+} 离子，而离域电子则由所有 Ti^{4+} 位点共享。相比于离域电子，极化子在 TiO_2 的导带中更稳定，能量低约 0.15 eV。这意味着即使是在无晶格缺陷的情况下，体相金红石 TiO_2 中的多余电子也可以被 Ti^{4+} 俘获形成 Ti^{3+} 离子。值得注意的是，俘获能量的计算值往往与所使用的泛函以及其他计算细节（例如模型的尺寸大小）有关，这使得对该物理量精确计算相当困难。

Deak 等人[6]利用杂化 HSE06 泛函研究了 192 个原子的金红石超胞，以及其多余电子的电荷跃迁能级。计算表明，其 Ti^{4+}/Ti^{3+} 的垂直电电能约为 0.5 eV，比红外光谱测量给出的 4 nm 金红石颗粒中约 0.3 eV 的实验结果略大。计算还表明，绝热电离能量小于 0.1 eV，这或许可以解释为什么被俘获的电子通常在温度升高时容易释放。

多余的电子可以在导带中以非定域电子的形式传输，或者通过极化子跳跃传输，例如从局域的电子态 Ti^{3+} 位点跳跃至相邻的 Ti^{4+} 位点。极化子跳跃可以通过马库斯理论来描述，其过程示意如图 4-2 所示[7]。考虑两种跳跃机制：非绝热跃迁和绝热跃迁，初始态和最终态之间的弱电子耦合为非绝热跃迁，而强电子耦合则产生绝热跃迁。非绝热跃迁的特点是反应曲线与两个抛物线交点非常相似，而绝热态中的强耦合则能够降低过渡态的能量，使势能曲线平滑。在跃迁机制中，可以通过应用 EHAMT 和爱因斯坦关系，结合跃迁速率推算出电子迁移率。

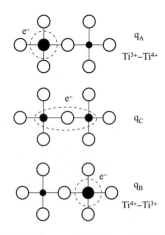

(a) 初态极化子 q_A 经过中间态 q_C 跃迁到末态 q_B

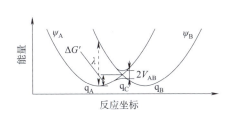 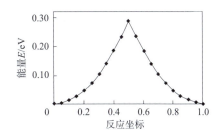

（b）极化子绝热传输和非绝热传输示意图　　（c）极化子在金红石[001]方向传输的能量变化

注：ψ_A 表示始态，ψ_B 表示末态，λ 表示活化能，V_{AB} 表示电子耦合量和 ΔG^* 跃迁势垒。

图 4-2　极化子跳跃模型及其势能面

基于对称极化子转移的 EHAMT，Deskins 等人[8]利用 DFT+U 方法计算了体相金红石在不同方向的电子扩散势垒，发现极化子沿[001]方向非绝热活化能大约为 0.3 eV。进一步发现，极化子沿[001]方向具有强的电子耦合矩阵元（V_{AB}），所对应的绝热能量势垒约为 0.20 eV。

除了 DFT+U 之外，研究者还利用其他方法，同样验证了极化子的传输。例如使用杂化 HSE06 泛函，Janotti 等人[5]发现极化子在金红石[001]方向的传输需要跃过 0.03 eV 的势垒。Yan 等人[9]通过价键理论方法也研究了自陷电子在体相金红石型 TiO_2 中的迁移。他们发现极化子迁移具有明显的各向异性，如沿[001]和[111]方向分别需要克服 0.026 eV 和 0.195 eV 的极化子活化能。活化能的差异使极化子沿[001]方向的迁移速度要比室温下沿[100]或[010]方向的速度快 100 倍以上。

4.2.2　能级跃迁理论

首先介绍两个物理量，它们通常用于描述 O_V 和 Ti_{int} 多余电子的行为，缺陷形成能和电荷跃迁能级。TiO_2 中 O_V 往往引入两个多余电子。在这两个多余电子的存在下，O_V 处于中性价态，通常表示为 O_V^0。在紫外可见光或热处理下，中性 O_V（O_V^0）可以产生电离，从而留下带正电荷的 O_V（O_V^+）或双正电荷 O_V（O_V^{2+}）。O_V 的不同价态显著改变了 TiO_2 材料的光电特性。因此，通过计算形成能量 $E_{form}(O_V^q)$ 来确定不同 O_V 价态的相对稳定性非常重要：

$$E_{form}(O_V^q) = E_t(O_V^q) - E_t(TiO_2) + \frac{1}{2}E_t(O_2) + \mu_0 + qE_F \tag{4-1}$$

式中　$E_t(O_V^q)$——包含电荷态 q^+ 的超胞总能量；

　　　$E_t(TiO_2)$——完美超胞结构的总能量；

　　　E_F——费米能级；

　　　μ_0——氧原子化学势；

　　　q——价态；

　　　$E_t(O_2)$——氧气分子 O_2 总能量。

电荷跃迁能级 $E(q/q-1)$ 被定义为缺陷的价态从 q 变更为 $q-1$ 的费米能级，即缺陷在价态 q 和 $q-1$ 中的形成能相等。可以确定两种类型的电荷跃迁能级，特别是垂直（光学）电荷跃迁能级和绝热（热）电荷跃迁能级。垂直光学电荷跃迁能 ΔE_v 见式（4-2）。

$$\Delta E_v = (E_q^0 - E_0^0)/q \tag{4-2}$$

式中 E_q^0——离子缺陷晶体总能量；

E_0^0——弛豫后中性缺陷的总能量。

因此，垂直电荷跃迁能级不包括电离后离子弛豫的能量。相反，绝热跃迁能级 E_a 是包括离子弛豫的，见式（4-3）。

$$\Delta E_a = (E_q^q - E_0^0)/q \tag{4-3}$$

式中 E_q^q——中性和电离子缺陷的总能量，两者都是在其平衡几何中计算的。

其中 E_a 可通过深能级瞬态光谱（deep level transient spectroscopy，DLTS）进行测量。

4.3　高效催化剂二氧化钛中多余电子行为

4.3.1　金红石二氧化钛体相多余电子行为

对于体相金红石中的多余电子，光学和电子自旋共振（electron spin resonance，ESR）技术表明强局域小极化子态，而电气测量则显示高迁移率。为了调和上述结果，考虑了 O_v 的形成能量和跃迁能级。Mattioli 等人[10]使用 GGA+U 方法研究了体相金红石的本征缺陷特性。结果表明，O_v 和 Ti_{int} 在接近导带和热力学跃迁能级以下约 1 eV 时产生垂直跃迁能级。Janotti 等人[11]使用杂化 HSE 泛函，在富氧和贫氧条件下确定了 O_v 形成能。结果表明，中性 O_v^0 是一个浅施主，O_v^{2+} 在带隙中费米能级的所有值中有最低的形成能。计算的跃迁能级 $E(2+/+)$ 和 $E(2+/0)$ 位于导带最小值（CBM）之上，从而确定出 O_v^0 和 O_v^+ 相对不稳定。

Malashevich 等人[12]使用 DFT+GW 方法研究了 O_v 的稳定性和电子跃迁能级，结果显示略有不同，发现 O_v 的 +2 电荷价态在费米能级为 2.8 eV 最稳定，而当费米能级高于 2.8 eV 时，中性态 O_v^0 更稳定。计算得到的 $E(2+/+)$ 和 $E(1+/0)$ 分别比导带最小值低 0.13 eV 和 0.62 eV。

在另一基于杂化密度泛函（screened-exchange heyd-scuseria-ernzerhof，Sx-HSE）的研究工作中，Lee 等人[13]报道显示，在贫氧条件下，中性 Ti_{int} 的亚表面能量比 O_v 低，而 O_v 在富氧的条件下更容易形成。他们还发现，O_v 在导带以下产生 0.7 eV 的间隙态，接近 ESR 和 EELS 实验的结果。总之，理论研究表明，当考虑结构弛豫影响时，O_v 将变成深层势阱，而在观察垂直跃迁时，则主要为浅施主。由此产生的理论图象可以将实验观察到的深能级

与在还原态 TiO_2 中观察到的 n 型电导率一致,该位置在费米能级以下约 0.8 eV 处。

缺陷多余电子的空间分布是影响传输和反应特性的重要特征。实验上,Yang 等人[4,14]从光激发局域电子中报告了具有 $S+1/2$ 和 $S+1$(S 为自旋量子数)的 EPR 光谱,并分别将它们指定为电离和中性 O_v。O_v 发现其未配对的自旋在沿 c 轴对齐的两个相邻钛离子上呈离子化。为了探测 Ti^{3+} 离子未配对电子波函数及其局部环境的空间范围影响,Livraghi 等人[15]使用超细亚级相关光谱(hyperfine sublevel correlation spectroscopy,HYSCORE)研究了不同场中 EPR 信号的主要 g 值(朗德因子)位置。其结果表明,有缺陷的金红石中的多余电子波函数在很大程度上被局域于单个 Ti 离子。

另外,许多理论研究也研究了缺陷多余电子在体相金红石中的位置和空间分布。Moller 等人[16]报道了 $DFT+U(U=2.5\ eV)$ 计算,发现两个 O_v 的多余电子局域在邻近 O_v 的 Ti 原子上,其中一个 Ti 位点稍远于 O_v。进一步,他们还研究了 Ti_{int} 缺陷的电荷分布情况,发现四个多余电子中有一个在 Ti_{int} 位点,而另外三个电子则位于远离间隙 Ti 位点上。Lee 等人[17]利用杂化 Sx-HSE 泛函计算预测了中性 O_v 的基态构型配置是一个三重态($S=1$),而多余电子处于 O_v 旁边的三个相邻 Ti 原子中的两个上。至于带正电 O_v,未配对的电子在导带以下 0.7 eV 处形成间隙态,主要在沿 c 轴的两个相邻的 Ti 原子上局域。中性和带正性 O_v 结果均与上述 EPR 数据一致。对于 Ti 间隙的多余电子,Lee 等人[17]报道显示,这些电子在间隙 Ti 和三个相邻的 Ti 原子上完全局域。

使用杂化 HSE 泛函,Janotti 等人[11]发现 O_v 的多余电子的位置和分布随 O_v 电荷价态而变化。O_v^0 和 O_v^+ 周围的 Ti 原子的键长比 O_v^{2+} 周围的键长变化小得多,O_v^0 和 O_v^+ 周围的晶格是不对称的。在(001)平面中通过间隙的 Ti 原子的位移明显大于两个等效的平面外 Ti 原子的位移。在 O_v^0 的情况下,平面外的 Ti 原子稍微向里弛豫,在 O_v^+ 的情况下,平面外的 Ti 原子稍微向外弛豫。O_v^0 和 O_v^+ 的电荷密度主要在空位附近的两个平面 Ti 原子上和两个 Ti 原子之间进行局域。

在随后由同一研究组进行的后续研究中,Janotti 等人确定了空位的构型,其中 O_v^{2+} 捕获一个或两个电子,形成总自旋 $S=1/2$ 和 $S=1$。这些结构与参考中描述的 O_v^+ 和 O_v^0 的结构非常不同。特别是,O_v^0 的自旋态为 $S=0$,两个电子在点缺陷本身上进行局域,而 O_v^{2+} 加上两个极化子为 $S=1$。由 O_v^{2+} 和两个极化子组成的复合体与其他组预测的相似,结果在 $S=0$ 中比 O_v^0 更有利,导致 O_v 缺陷的浅施主行为,形成捕获能量为 0.14 eV 的第一个极化子和 0.10 eV 的第二个极化子。这些捕获能量非常小,使得一部分复合物在室温下被热分离,从而在导带中产生自由极化子或非定域电子。

Lin 等人[18]利用自旋极化的 $DFT+U$ 模型,研究了 O_v 在金红石型 TiO_2 中所诱导引起的多余电子的位置和分布。他们认为有两类局域态:混合态和小极化子态。混合态主要来源于 O_v 旁边三个 Ti 原子上的 3d 轨道的重叠,而小极化子态是由局部晶格形变引起的,主要由单个 Ti 原子的一个特定的 t_{2g} 轨道组成。计算结果表明,极化子态在能量上是有利的。自旋平行和反平行的两个极化子态之间的能量差在 0.01 eV 范围内。

不同理论研究预测的缺陷多余电子的分布显然受泛函描述方法的影响。一般来说,相较于纯 LDA 和 GGA,DFT+U($U\approx 2$ eV),杂化泛函即加入小部分的 Hartree Fock 交换(HFX 约 15%)不显示出局域行为,而具有较大 U 值或杂化泛函且 HFX 为 20% 则可预测局域电子,也这通常被认为是金红石型 TiO_2 的正确图像。在这方面,基本上所有的理论研究都是一致的,即从 O_v 在体相金红石的两个多余电子是局域的。然而,不同研究预测的两个电子的详细分布存在一些差异,这似乎取决于用于计算的计算方法或 DFT 泛函。至于 Ti_{int} 缺陷,大多数研究都一致认为四个多余电子是局域,一个在 Ti_{int},其他三个在晶格 Ti 原子中。

4.3.2 金红石二氧化钛表面多余电子行为

综上所述,实验和理论结果表明,光诱导电子在体相金红石型 TiO_2 的晶格位点处可以自俘获。现在,我们考虑 TiO_2 表面发生的情况,这是光催化和其他应用的主要问题。Yang 等人[4]的 EPR 测量表明,光激发电子在金红石型 TiO_2 表面自俘获,形成 Ti^{3+} 离子。Deskins 等人[19]的 DFT+U 计算结果与这些结果一致表明,无缺陷金红石(110)表面的多余电子形成一个小极化子。最稳定的局域位置位于 Ti_{5c} 下的第一个亚表面层中。但是,多个 Ti 位点之间的捕获能差异在 0.2 eV 范围内,表明多余电子在室温下以小部分方式占据多个位点。

缺陷在金属氧化物表面的(光)反应中起着关键作用,因其为研究表面缺陷不同电荷价态的相对稳定性提供了重要动力。为了准确描述缺陷的价态,Berger 等人[20]利用固态嵌入式团簇理论相,进行了全势屏蔽杂化密度泛函,并比较了金红石型 TiO_2 表面桥位 O_v 的中性态和带电态的热力学稳定性,在金红石型 TiO_2(110)表面,如图 4-3 所示,他们发现,O_v^{2+} 缺陷在带隙内任何费米能级位置的形成能最低。即使在强 n 型掺杂的极限下,当费米能级接近导带底时,O_v^{2+} 和中性闭壳单重态 O_v^0(在缺陷处设置两个电子)之间的差异也相当大。然而,他们还发现,中性开壳层三重态(与开壳层单重态几乎简并)是一个正的电子配置相比于闭壳层单重态,这与其他理论研究一致。与本征中性缺陷相反,空壳结构是由两个小极化子捕获的带 O_v^{2+} 电荷的缺陷形成的。当费米能级位置正好在导带底处时,这种结构被发现与带双电荷的 O_v^{2+} 缺陷能量简并。

Li 等人[21]通过 Sx-HSE 计算了在金红石(110)桥位 O_v 的形成能量,结果有些不同。其结果表明,当费米能级接近导带底边缘时,中性 O_v^0 是稳定的,而当费米能级位于带隙的较低位时,O_v^{2+} 电荷态稳定。

在早期的 X 射线光电子光谱研究中观察到有缺陷的金红石型 TiO_2(110)表面存在 Ti^{3+}

离子,这表明多余电荷位于 Ti 位点。该结果出来后,许多实验和理论研究都随后考察了缺陷态的位置,但结果有时相互矛盾。Di Valentin 等人[22]利用杂化 B3LYP 计算,研究了在金红石(110)表面的 O_v 缺陷引起的多余电子的位置。如图 4-3(a)所示,O_v 的两个多余电子均局域于表面:一个电子局域于 O_v 位点的 Ti_{5c} 中,另一个电子局域于平面附近的 Ti_{5c}。该结果与 O_v 处水解离引起的表面桥接羟基(OHs)产生的结果非常相似。

Deskins 等人[23]使用 DFT+U 对表面和亚表面缺陷多余电子的可能构型进行了详细研究。他们的结果表明,O_v 的两个多余电子形成 Ti^{3+} 离子,倾向于相互分开,即更倾向局域在亚表面,而不是在表面。但是,有许多在能量上接近的结构,其中最稳定的结构要比其他结果低 0.4 eV,如图 4-3(b)所示。此外,扩散势垒相对较小(体相金红石为 0.3 eV),因此多余的电子在有限温度下很容易从某一位点跃迁到另一位点。Calzado 等人[24]的 DFT+U 计算证实,在低缺陷浓度下多余电子往往倾向于局域在亚表面。然而,当缺陷浓度升高时,多余电子将部分地占据表面位点。因此,缺陷电子的分布似乎受到温度和缺陷浓度的影响。

与上述结果不同,Shibuya 等人[25]的 HSE06 计算预测 O_v 与其两个多余的电子或极化子之间存在静电相互作用,从而使这些电子/极化子往往停留在 O_v 附近。虽然两极化子之间互相排斥,但 O_v 有效地束缚和吸引它们,从而形成双极化子。极化子-极化子相互作用能约为 0.1 eV。计算的多余电子扩散势垒在 0.2 eV 以内,表明在室温下多余电子的动态行为。

Minato 等人[24]通过扫描隧道显微镜(scanning tunneling microscope, STM)和 STS 观察了原子尺度空间下的缺陷态分布。发现与 O_v 关联的未占据态表现出局域化,但在 78 K 的被占据态图像中明显未局域化。在后一种情况下,图像对应于从表面(占据态)的隧道,并显示靠近空位阳离子场的电子密度。在 O_v 位点进行水分解吸附后,产生的 OH 基团没有显著改变电子局域的程度。然而,在 5K 的较低温度下,STM 结果表明 O_v 往往只被位于第二近的 Ti_{5c} 表面邻原子上的一两个邻近原子所包围。

Kruger 等人[26]利用谐振光电子衍射(resonant photoelectron diffraction, RPED)发现,缺陷态主要在晶格 Ti 离子上,特别是在 O_v 附近的 Ti_{6c} 原子和 O_v 下第二层和第三层中的 Ti 离子上。他们通过在 TiO_2(110)表面上吸附钠原子来引入多余电子,发现多余电子主要分布在亚表面的 Ti 位点上,其次是第三层中的 Ti 原子,如有缺陷的 TiO_2(110)表面发现的如图 4-3(d)所示。这些结果表明,多余电子的分布是 TiO_2(110)表面的一个本征特性,与多余电子的产生方式无关。

Kowalski 等人[27]研究了 TiO_2(110)表面多余电子的动态行为,他们基于 DFT+U 进行了有限温度从头计算分子动力学模拟。他们的结果表明,极化子在晶格 Ti 位点之间可以进行快速跳跃[图 4-3(c)]:在大约 75% 的时间内,它们主要停留在亚表面,而对于剩余的 25% 的时间,他们有可能移动到表面 Ti_{5c} 位点,类似于上述结果。他们还发现,多余的电子的分布很少受到温度的影响。

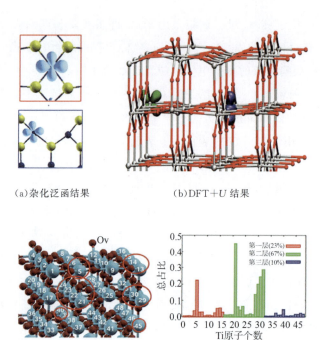

(a) 杂化泛函结果　　　　(b) DFT+U 结果

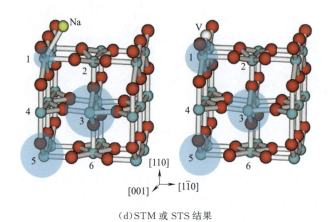

(c) 第一性分子动力学结果

(d) STM 或 STS 结果

图 4-3　多余电子在还原态金红石(110)表面的空间分布[1]

总之,人们普遍认为,金红石型 TiO_2(110) 的缺陷多余电子主要局域在表面或亚表面,甚至在第三层。在有限温度下,实验和从头算分子动力学模拟都表明多余电子具有很强的迁移特性,并且可以在不同的位点间轻松地跳跃。

经过多年研究,TiO_2(110) 表面的缺陷诱发电子带隙态已为人所知。特别是最近的多项研究试图确定和区分由氧空位、Ti 间隙和 OH 基团引起的间隙态的精确能级位置。Yim 等人[28]利用 STM 和 PES(光电子能谱)测量方法,研究了在金红石型 TiO_2(110) 上电子轰击产生的 O_v 态。UPS(紫外光电子能谱)光谱清楚地显示在低于费米能级 0.9 eV 的 Ti3d 缺陷态。Walle 等人[29]的 PES 测量还显示，在含有 O_v 的还原态 TiO_2(110)表面上，在费米能级下约 1 eV 处也存在缺陷态。Di Valentin 等人[22]使用杂化 B3LYP 计算研究了金红石(110)上一个 O_v 引起的电子态。他们的结果表明，缺陷态的能级低于费米能级约 1.1 eV 和 0.9 eV 处。对于具有两个桥接羟基的表面也得出了类似的结果。

表面桥接 OH 对可以通过 O_v 的自发水解离或氢吸附引入。根据 NRA 和 UPS，Fukada 等人[30]的结果表明，羟基化表面在费米能级以下 0.8 eV 处形成缺陷态，类似于在还原表面观察到的 Ti3d 态。利用 STM 和 EELS，Yin 等人[31]发现在 TiO_2(110)表面暴露于原子 H 时存在 OH 物种。Wang 等人[32]应用增强光化学方法制备完全羟基化的 TiO_2 表面。STM 和 UPS 测量与 DFT 计算相结合，表明达到的"超级 OH"表面具有弱的钛 3d 能级，在带隙区域的频谱中约 0.8 eV 处可见，这与缺陷位点相关的 Ti^{3+} 离子减少相关。利用 UPS 测量与 DFT 计算相结合，Mao 等人[33]观察到缺陷态信号与 TiO_2(110)上甲醇诱导的 OH 组密度之间的定量相关性，他们还发现 OH 基团在费米能级以下约 0.8 eV 处产生 Ti3d 缺陷态，这与 DFT+U 计算结果一致，DFT+U 显示在费米能级以下约 1.0 eV 处产生 Ti3d 间隙态。

几个研究组也探索了 Ti_{int} 缺陷的能级。使用高分辨率 STM 和 PES，Wendt 等人[34]观察到 Ti_{int} 诱导的缺陷态在费米能级以下约 0.85 eV 处，而 Papageorgiou 等人[35]揭示了类似态在费米能级以下约 1 eV。Santara 等人[36]利用原位 PL（光致发光光谱）研究了未掺杂 TiO_2 纳米带扩展可见光吸收以及可见光和近红外 PL 发射的来源。结果表明，TiO_2 中的 O_v、Ti^{3+} 和 F^+ 中心负责紫外和蓝绿色区域的吸收以及可见区域中的 PL 发射，而黄-红到近红外区域的吸收和中 PL 发射的近红外区域归因于 Ti_{int} 缺陷。

总之，本征缺陷能级主要源于 Ti3d 轨道。然而，对于这些能级在带隙间隙中的具体位置并没有达成共识，这似乎取决于用于研究的实验或理论技术。

4.3.3 锐钛矿二氧化钛体相多余电子行为

多余/光激发电子能否在规则锐钛矿体晶体位置中发生自俘获，在光催化、染料敏化太阳能电池和其他应用中非常重要，这是因为自俘获会显著影响材料结构性能。Di Valentin 等人[22]使用自旋极化 B3LYP 杂化泛函进行多余电子的自俘获理论研究。在他们的研究中，多余电子最初处于离域态，经过原子位置弛豫后，在 Ti 晶格位点处将自陷形成 Ti^{3+} 离子，其对应的能量束缚 E_{trap} 为 0.23 eV。计算表明，该俘获的电子将占据 d_{xy} 轨道，这与在锐钛矿导带底的轨道主要为 d_{xy} 特性的事实一致。

Deak 等人[37]随后的 HSE06 计算结果与 Di Valentin 等人[38]的略有不同，他们在未掺杂锐钛矿中并没有发现多余电子自俘获。为了解决现有的矛盾结果，Spreafico 等人[39]利用从纯 GGA 到不同比例 Hartree-Fock 交换的杂化泛函，对体相锐钛矿和金红石中多余电子的捕获进行了系统研究。甚至，随机相位近似（random phase approximation, RPA）计算显示,体相金红石 TiO_2 中的极化子的捕获能约为 0.7 eV,而在体相锐钛矿的捕获能要小得多,为 0.1~0.2 eV,这表明多余/光激发电子在金红石中形成小极化子,而在锐钛矿中则主要形成大极化子。

Setvin 等人[40]使用 DFT+U 计算比较了体相金红石和锐钛矿 TiO_2 中多余电子的相对稳定性。结果表明,多余电子的捕获能在金红石中比在锐钛矿中大 0.4 eV,其中需要较大的 U 值才能形成一个小的极化子,如图 4-4 所示。由于在这两种材料中均具有相似的晶格变形引起的能量损失 E_{st},因此 E_{trap} 的差异源于电子能量损失 E_{el},而电子能量损失 E_{el} 在锐钛矿中较小。极化子的形成涉及导带底的电子态,在锐钛矿和金红石中表现出不同的特征。如图 4.4(c)和图 4.4(d)所示,与金红石相比,锐钛矿的导带底能量更低,这表明改变这种有利构型更加困难。因此,在锐钛矿中需要一个相对较大的 U 才能形成一个极化子。总之,在金红石中多余电子可以很容易在任何 Ti 位点进行局域化,而它在锐钛矿中只能在大范围内进行局域。

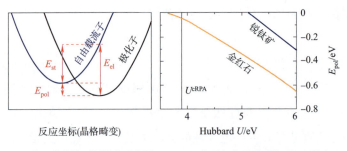

(a)极化子从离域到局域的示意图 (b)U 值对极化子形成能(E_{pol})影响

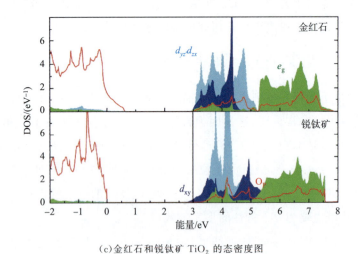

(c)金红石和锐钛矿 TiO_2 的态密度图

图 4-4 体相金红石和锐钛矿 TiO_2 中的极化子稳定性[7]

一些实验结果有效支撑了锐钛矿中存在弱定域极化子的观点。Jaćimović 等人[41]提出了利用一个大极化子模型来解释还原锐钛矿单晶的电阻率和热电功率。利用角分辨光发射（angle resolved photoemission spectroscopy, ARPES）对还原态锐钛矿单晶和含有不同数量O_{vs}进行高能（80~130 eV）光子的辐照，Moser等人[42]在导带底下方约40 meV处观察到一个浅色散准粒子带，他们认为这是半径为10~20 Å的大极化子造成的。对光谱的分析还表明，所观察到的电子态的性质很大程度上取决于在108 meV的纵向光学声子模的强电声耦合。Moser等人采用共振非弹性X射线光谱（RIXS）研究了锐钛矿TiO_2的极化基态。他们发现极化子云的形成除了光发射识别出的108 meV平面模外，还与c轴的一个95 meV声子相关。

与上述关于锐钛矿单晶的研究结果不同，大量电子捕获实验研究了锐钛矿粉和纳米颗粒。Livraghi等人[43]利用先进的脉冲EPR技术，在传统的连续波电子顺磁共振（CW-EPR）基础上，系统地研究了多晶锐钛矿的还原态，并确定了两种主要的顺磁性态，这两种都适合Ti^{3+}离子。主信号A（$g//=1.962$和$g=1.992$，g为朗德因子）显示规则（体相）晶格点的还原性Ti^{3+}中心。HYSCORE结果表明，电子并不局域于单个离子上，而是有可能分布在几个Ti晶格离子上。第二个信号B（$g=1.93$）显示位于表面或亚表面的一组略有不同的Ti^{3+}中心。

在最近的另一项研究中，在3.49 eV（355 nm）激发下，Santomauro等人[44]使用fs Ti K-edge XAS（同步辐射精细辐射谱）研究了约20 nm的水凝胶型锐钛矿TiO_2纳米颗粒对光生电子的捕获动力学。他们发现，在时间小于300 fs时，多余电子在原胞内形成Ti^{3+}中心。一般来说，多余电子在多晶锐钛矿和纳米粒子中似乎比在锐钛矿单晶中更有利，这突出了尺寸和结构效应对多余电子行为的影响。

电荷传输即可以通过极化子跃迁来实现，也可以通过离域的类带状机制来实现。Yan等人[45]用价键理论研究了在锐钛矿TiO_2中电子和极化子的迁移。他们发现极化子迁移具有很强的定向特性，尤其是空穴迁移。与空穴相比，电子迁移速度更快，这与锐钛矿TiO_2表现为n型半导体的事实相一致。在室温下，计算出的空穴和电子能动性分别为1.87×10^{-5} cm^2/(V·μs)和3.92×10^{-5} cm^2/(V·μs)。

Deskins等人[46]使用DFT+U和Hartree-Fock比较了多余电子在金红石和锐钛矿中的非绝热跃迁势垒。他们发现在金红石[001]/[111]界面处中的活化能是0.288/0.307 eV，与锐钛矿[100]/[201]中的0.304/0.297 eV结果非常相似。Spreafico等人[39]利用泛函PBE0和RPA，研究了金红石和锐钛矿的极化子跃迁和离域的途径。他们的结果表明，金红石和锐钛矿的传输机制是不同的。在金红石TiO_2上，电荷迁移主要通过跃迁进行，这是因为跃迁的活化能明显小于用于多余电子的离域的活化能。此外，沿[001]方向的迁移表现出最低的活化能。而对于锐钛矿，情况相当复杂，主要是由于其结果对所使用的方法非常敏感。然而，使用更先进的RPA方法计算表明，在锐钛矿中，电子的带状传输是可能的。

一些理论小组已经报道了体相锐钛矿中缺陷形成能和跃迁能级的计算。根据Morgan等人[47]的DFT+U计算结果表明，体相锐钛矿中的O_v和Ti_{int}缺陷是提供两个和四个电子供体,与 Osorio-Guillen 等人[48]报道结果类似。计算得到的缺陷跃迁能级与 Miyagi 等人[49]的深能级瞬态光谱数据一致,表明深能级在导带底以下 0.5 eV 和 0.9 eV 处。

Morgan 等人[50]还比较了金红石和锐钛矿在富氧和贫氧条件下的缺陷形成能。在所有条件下,O_v 在锐钛矿中比金红石中略有利形成,而 Ti_{int} 在金红石中比锐钛矿中更易形成。在富氧条件下,O_v 是理想的缺陷类型,但两种缺陷类型都具有较高的形成能。在贫氧的条件下,两种缺陷类型都趋于稳定,Ti_{int} 有望成为金红石中有利缺陷。

Yamamoto 等人[51]通过筛选杂化泛函确定了 O_v 在体相锐钛矿中的电荷价态,结果表明带电荷 O_v 的跃迁能级不在带隙中,而 O_v^{2+} 缺陷在费米能级的所有值上都是热力学稳定的。相反,Mattioli 等人[10]的 DFT+U 计算预测,O_v^{2+} 电荷价态只能在本征材料中存在。由于锐钛矿和金红石 TiO_2 样品都具有 n 型特征,所以通常需要观察 O_v^+ 电荷价态。同样,Ti_{int} 在中性态下也是不稳定的。

Deak 等人[37]使用 HSE06 比较了金红石和锐钛矿中 O_v 和 Ti_{int} 缺陷特性。在锐钛矿中,O_v 和 Ti_{int} 均在室温下发生电离,两种缺陷的垂直电离能相似。此外,本征和弱还原样品的主要缺陷是 O_v,而 Ti_{int} 仅在强还原锐钛矿中是主要缺陷。

与缺陷形成能的情况一样,不同的理论研究预测了与导带底相对应的间隙态能级存在较大差异。Mattioli 等人的 DFT+U 计算结果显示,在导带底以下的 0.90 eV 和 0.10 eV 处的 O_v 电子能级具有不同的性质。事实上,在导带底以下 0.9 eV 的态是位置在 O_v 附近的 Ti 上的,与深能级供体一样,而在导带底以下 0.1 eV 的更高的态是在远离 O_v 缺陷的 Ti 原子上广泛局域的,就像在浅施主供体一样。

如前一节所述,Morgan 等人[50]的 DFT+U 计算预测 O_v 和 Ti_{int} 缺陷是深能级供体。他们计算的单粒子能级与带隙中的中性和带电缺陷有关。中性 O_v 的能级在导带底以下分别为 1.48 eV 和 1.15 eV,这两个电子位置在靠近 O_v 位点形成 Ti^{3+} 离子的 Ti 原子上。至于中性 Ti_{int} 缺陷,最深的缺陷能级在导带底以下 1.74 eV,电子被截留在间隙 Ti 位置,而其他三个缺陷能级分别在导带底以下 1.30 eV、0.98 eV 和 0.74 eV,也对应于与间隙点相邻点阵 Ti 位置的态。

Finazzi 等人[52]利用不同泛函研究了 O_v 和本征 OH(即吸附在本体 O 原子上的间隙 H 杂质)诱导的电子态。DFT+U 的结果表明,多余电子态的局域化或去局域化取决于 U 值。杂化 B3LYP 泛函(20% HFX)给出了具有相似能量的部分局域解和完全局域解,而 H&HLYP 泛函(50% HFX)只给出了局域间隙态。此外,他们也通过杂化 B3LYP 泛函研究了 Ti_{int} 在体锐钛矿中的作用。他们发现,当一个中性 Ti_{int} 被放置在 TiO_2 的体相时,它会自发地转变成一个 Ti^{3+} 离子,其中几乎有一个电子位于 Ti3d 外壳上,而其余的三个电子被三个不同的晶格 Ti 离子俘获。

在一项相关研究中,Di Valentin 等人[22]使用 GGA、DFT+U 和 B3LYP 杂化泛函计算

比较了 O_v、Ti_{int} 和 OH 的能级。DFT+U 和 B3LYP 预测发现 OH、O_v 的能级在导带以下 0.8 eV，Ti_{int} 缺陷能级的 4 个电子分别在导带底以下 0.4 eV、0.6 eV 和 1.0 eV，0.8 eV 处。至于 O_v 多余电子的空间分布，计算表明其中一个电子位置在 O_v 附近的 Ti 位置，而另一个可以是在 O_v 附近的 Ti 位置，也可以在几个 Ti 原子上离域。对于 Ti_{int}，一个电子紧密位置在 Ti_{int} 位置，而另一个电子则在晶格 Ti 原子上。

综上所述，体相锐钛矿本征缺陷能级的理论预测值很大程度上取决于所采用的方法以及缺陷浓度（如计算所用的超胞大小）。DFT+U 可以根据 U 值给出浅能级或深能级，杂化泛函也可以根据 Hartree Fock 交换的比例和筛选参数给出或多或少的深能级。这种依赖关系也反映在缺陷态的局域化和分布上，从完全本地化到完全去局部化，取决于 DFT+U 计算中的 U 值，或者杂化计算中 Hartree Fock 交换比例的百分数。

4.3.4 锐钛矿二氧化钛表面多余电子行为

多余电子在规则（即非缺陷）锐钛矿（101）表面位置的自俘获问题一直备受争议。Di Valentin 等人[22]的 B3LYP 计算结果预测，自俘获确实发生，且俘获能量相当大约为 E_{trap} = 0.62 eV（即远小于光激发空穴 1.45 eV 的俘获能量）。Ma 等利用 DFT+U 计算了不同锐钛矿表面的多余空穴和多余电子的俘获能，在（101）、（100）和（001）表面上分别获得了 1.33/1.04 eV、0.52/0.98 eV 和 0.38/0.48 eV 的电子/空穴捕获能，符合实际情况的[101]>[100]>[001]。另一方面，Setvin 等人[40]的 DFT+U 计算表明，在没有台阶或 O_v 缺陷等情况下，锐钛矿（101）不会发生自俘获。同样，Selcuk 等人[52]报道的 DFT+U 计算表明，在 U=3.9 eV 时，电子极化子态仅略微稳定，当 U 值越小，电子极化子态越不稳定。

针对锐钛矿（101）表面的研究始于 2000 年初，比金红石 TiO_2（110）的表面研究要晚一些。在一些最初的 STM 和 XPS（X 射线光电子能谱）研究中已经发现，真空制备的锐钛矿（101）表面的 O_v 缺陷比金红石（110）表面的 O_v 缺陷要少得多。然而，共振光发射和 X 射线光谱的研究发现，在类似的制备条件下，锐钛矿（101）在表面区域可能比金红石（110）表明可容纳更多的缺陷。

为了解释上述不同的发现，He 等人[53]利用原位 Ar^+ 离子溅射和 600 ℃退火循环清洗锐钛矿（101）表面，并对其进行了 STM 测量。DFT 计算结果表明 O_v 缺陷倾向于驻留在锐钛矿（101）的亚表面，如图 4-5 所示。研究还发现，即使在低浓度下，这些缺陷倾向形成缺陷链。这些结果表明亚表面 O_v 可能会触发 Frenkel 对的形成。在随后的研究中，Scheiber 等[54]研究了温度升高到 105 K 时，电子轰击产生的表面 O_v 的影响。对不同的温度下退火 10 min 后拍摄的 STM 图像进行分析，发现在温度为 200 K 时退火后，表面 O_v 的数量逐渐减少。为了解释这些结果，有人提出在较高的温度下，表面 O_{vs} 趋向于向亚表面迁移，并且在 O_v 密度初始下降之后，在 O_{vs} 向亚表面移动并再次返回到初始位置，建立了一个与温度相关的动态平衡。亚表面迁移的活化能的计算估计值在 0.6~1.2 eV 之间，与 PBE 计算得到的 0.75 eV 值吻合较好。在另一项 STM 研究中，Setvin 等人[53]首先通过高能电子束轰击获得表面 O_v，然后对样品进行轻度退火，使表面 O_v 迁移到亚表面区域。在这种处理之后，他们观察到了亚表面空位对的形成。有趣的是，在高 STM 偏置（约＋4.3 eV）下，O_v 簇可重复地转化回表面。

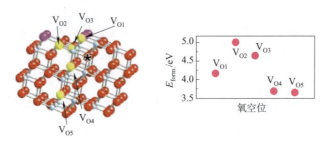

(a) 锐钛矿(101)表面 O_v 可能位置

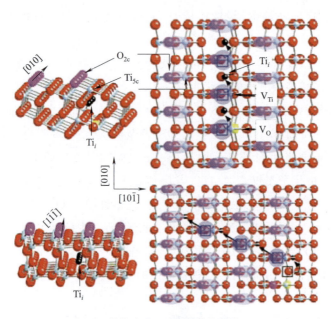

(b) 锐钛矿(101)表面结构示意图

图 4-5　表面缺陷位置及其稳定性[22]

一些理论研究证实了 O_v 缺陷存在于锐钛矿(101)的亚表面。Cheng 等人[53]利用纯 GGA 计算确定了体锐钛矿(101)表面 O_v 和 Ti_{int} 缺陷的形成能和扩散路径。研究表明，与表面相比，亚表面和体部的 O_{vs} 在比表面缺陷低 0.5 eV，表面与亚表面迁移的能量势垒约为 0.74 eV。值得注意的是，虽然 GGA 由于自相互作用误差而无法精准描述还原态 TiO_2 的电子结构，但它再现了实验中观察到的表面与亚表面 O_{vs} 的相对稳定性。另一方面，DFT＋U 较好地描述了该电子结构，但只有当 U 值不超过 3.2 eV 时，才能再现表面相对于亚表面空位的相对稳定性。

杂化泛函也被用来研究这个问题。Deak 等人[37]使用 HSE06 计算了 O_v 在不同表面和亚表面位置的形成能,发现后者的形成能比前者小 0.22 eV。另一方面,Li 等人[21]使用筛选交换杂化泛函,发现亚表面 O_v 的形成能比表面 O_v 的形成能低 0.30 eV。计算得到的表面和亚表面 O_{vs} 的稳定性对所使用的泛函非常敏感,同时尺寸效应在计算中也起着重要作用。

4.4 高效催化剂中多余电子对化学反应的影响

4.4.1 多余电子或极化子与水分子之间的作用研究

1. 表面吸附水分子对极化子行为的影响

除了在前面讨论过的极化子的分布、极化子对体系结构的影响、极化子和 OH 之间的相互作用外,研究极化子与表面吸附物的相互作用也是在光催化领域中的一个重要内容。由于 TiO_2 是分解水以及降解废水的重要催化材料之一,因此研究表面水分子和 TiO_2 体系中的极化子之间的相互作用是很有必要的。这里,我们以锐钛矿型 TiO_2 的(101)表面为例子来进行说明。

正如他人研究工作中介绍的,TiO_2 基底中吸附的 H 倾向于从表面向亚表面扩散。与此同时,在实际催化过程中,体系中会形成一个很薄的几纳米厚度的氢化层,而这个非晶层已经被证实其在产 H 过程中非常重要。许多研究揭示了吸附物可以通过与极化子的相互作用来改变极化子的分布与性质。在这一部分,我们将讨论水分子是如何与 H 引入的极化子相互作用的,我们使用的模型是四层锐钛矿型 $TiO_2(101)$ 表面,并通过在亚表面引入 H 原子,进而引入极化子。

我们在介绍极化子的分布时,已经介绍过,当 H 吸附在亚表面时,体系中引入的极化子倾向于局域在亚表面。当极化子在亚表面时,体系的能量要比极化子在表面时低约 0.16 eV。但是,当水分子吸附在表面的五配位 Ti 原子上时,计算结果表明极化子最稳定的位点从原来的亚表面 Ti 转变成表面五配位 Ti,见表 4-1,且表面五配位 Ti 上极化子能量要比亚表面 Ti 极化子能量低 0.02 eV。与无水表面相比,亚表面 H 引入的极化子局域在表面五配位 Ti 能量比极化子局域在亚表面上高约 0.15 eV。因此,表面水分子可以有效改变极化子的分布,甚至将极化子从亚表面萃取到表面。

表 4-1 亚表面 H 吸附时,当水吸附在表面时极化子局域在不同位点体系结构的能量

位点	sub-1	sub-2	sur-5c	sur-6c
相对能量 $E_{relative}$(eV)	0.07	0.02	0.00	0.25
吸附能 $E_{adsorption}$(eV)	0.15	0.10	0.08	0.33

为了了解表面吸附的水影响体系中极化子分布的机理，我们着重检查了水分子吸附前后的结构，如图 4-6 所示。当水分子没有吸附在表面且体系中没有极化子时，五配位 Ti 位点上的 O-Ti-O 的化学键键角是 164.96°左右。当极化子局域在 Ti_{5c} 位点时，由于对应的 Ti 原子与亚表面相连的 O 原子的化学键键长增加了 0.2 Å 左右，导致 O-Ti-O 的键角增加到 168.72°。另一方面，水分子的吸附会使化学键增长约 0.1 Å，键角增加到 174.61°。因此，极化子的局域和表面水分子的吸附都能帮助体系释放表面应力，并使得 Ti_{5c} 位点的 Ti 原子恢复到接近完美的八面体晶体场。

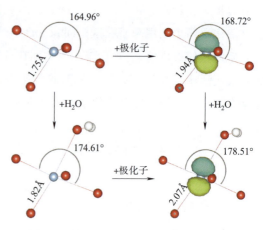

图 4-6　水分子吸附在表面 Ti_{5c} 位点前后结构变化的局部示意图

当极化子与水吸附同时存在时，O-Ti-O 键角从原本的 164.96°变为 178.51°，因此水的吸附与极化子的局域可以同时促使 TiO_6 单体恢复成近完美的八面体晶体场，从而释放表面应力。

为了进一步地了解水分子对极化子位点偏好的影响，分析了极化子在四个常见位点，即表面 Ti_{6c}、Ti_{5c} 以及亚表面两个 Ti_{6c} 四个位点之间的迁移过程。在这四个位点中，有十条可能的迁移路径，如图 4-7 所示，分析了没有水吸附时以及水吸附后极化子沿这十条路径迁移的过程，并分析了极化子从亚表面到表面迁移的最佳路径。

因为当表面没有水分子吸附时，极化子局域在亚表面比局域在表面时体系能量更低，因此极化子会倾向于从表面向亚表面迁移以降低结构的能量。极化子迁移过程的势垒如图 4-7(d) 所示，根据计算结果，极化子从 sur-6c 位点跃迁到 sub-1 位点的势垒是 0.33 eV 左右，同时逆路径的势垒约为 0.46 eV。极化子从 sur-6c 位点跳跃到 sub-2 位点的势垒是 0.38 eV，同时从 sub-2 位点跳跃到 sur-6c 位点的势垒是 0.54 eV。极化子从 sur-5c 位点跳跃到 sub-2 位点的能量势垒是 0.27 eV，从 sub-2 到 sur-5c 位点的势垒是 0.42 eV。这些结果清晰地表明，当表面没有水分子吸附时，极化子倾向于从表面跃迁到亚表面，同时根据计算得到的势垒，也证明极化子从表面到亚表面跳跃需要越过的势垒更小，跃迁速度更快。但是，由于极化子在同一层上的两个不同位点时，结构的能量基本上是简并的，即极化子局域在表面 sur-5c 位点和 sur-6c 位点以及亚表面 sub-1 位点和 sub-2 位点时，体系的能量是近乎一致的。同时极化子在同一层的两个位点之间需要经过的能量势垒也是几乎一样的。因此，极化子可能在同一层之间进行迁移。

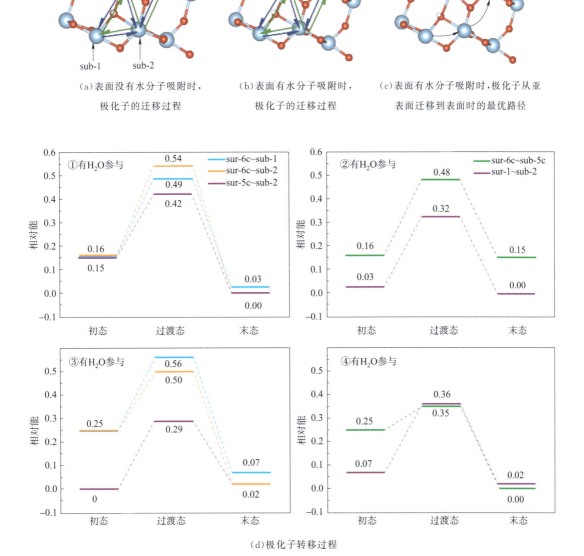

图 4-7 表面有水和没水对极化子跃迁过程的影响

注：(d) 中左边的图表示层间迁移的过程，右边表示在同一层中的迁移过程，上面的图表示表面没有水吸附时的过程，下面的图表示表面有水吸附时的过程。蓝色箭头表示从上到下或者从左到右的迁移过程，绿色箭头表示沿相反方向的迁移过程。

接下来，阐述表面水分子是如何影响极化子迁移的过程。正如前文讨论过的，表面上吸附的水分子会改变极化子局域的位点偏好，即当水分子吸附在表面时，极化子倾向于占据在 sur-5c 位点。如图 4-7(d) 中所示，由于水分子的吸附导致的体系结构相对能量的改变，即当极化子局域在 sur-5c 位点时比局域在 sur-6c 时体系能量要低 0.25 eV,因此,极化子倾向于从 sur-6c 迁移到 sur-5c。同时极化子从 sur-6c 位点迁移到 sur-5c 位点时所需要越过的势垒变为 0.10 eV,比没有水吸附时减小了约 0.22 eV,因此水分子的吸附会促进极化子从 sur-6c 迁移到 sur-5c 的过程。另外,由于水吸附导致当极化子局域在 sur-5c 位点时体系的能量比极化子局域在 sub-2 位点时体系的能量低 0.02 eV。因此,极化子倾向于从 sub-2 位点迁移到 sur-5c 位点,即从亚表面迁移到表面上,同时这一过程需要越过的势垒约 0.27 eV。从 sur-5c 位点跳跃到 sub-2 位点需要克服 0.29 eV 的势垒。除了从这两个位点跃迁到 sur-5c 位点发生较大变化外,其他跃迁过程中的能量没有发生明显的变化。这也证明了表面水分子的吸附可以有效地促进极化子从其他位点迁移到 sur-5c,即水分子可以有效改变极化子的空间分布。在图 4-7(c)也标出了极化子从亚表面跃迁到表面的最优路径,亚表面的极化子可以在 sub-1 位点和 sub-2 位点之间跳跃,随后 sub-2 位点处的极化子可以跳跃到表面上的 sur-5c 位点。

对于锐钛矿型 $TiO_2(101)$ 表面,当亚表面有 H 原子吸附时,表面上吸附的水分子可以改变极化子的分布,使得亚表面局域的极化子迁移到表面上。因此,继续分析迁移到表面的极化子和亚表面吸附的 H 原子之间的相互作用。计算了当极化子分别局域在亚表面和表面上时,亚表面的 H 原子在相邻位点之间的迁移过程。同时,我们也分析了表面吸附的水分子对这些迁移过程的影响,计算结果如图 4-8 所示。

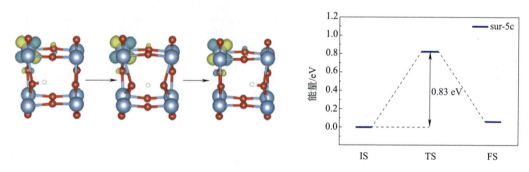

(a)当极化子局域在表面 sur-5c 位点时,亚表面质子在相邻位点之间的迁移路径及势垒

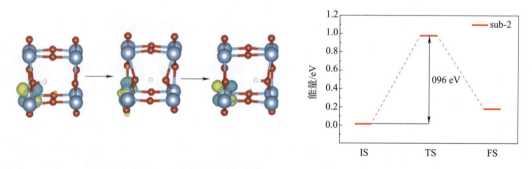

(b)当极化子局域在亚表面 sub-2 位点时,亚表面质子在相邻位点之间的迁移路径及势垒

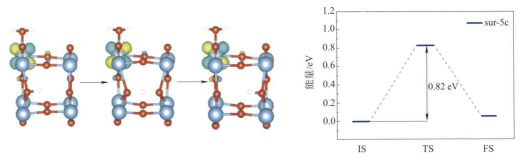

(c)当表面上有水吸附以及极化子局域在表面 sur-5c 位点时,亚表面质子在相邻位点之间的迁移路径及势垒

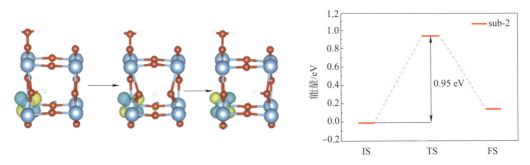

(d)当表面上有水吸附以及极化子局域在亚表面 sub-2 位点时,亚表面质子在相邻位点之间的迁移路径及势垒

图 4-8　不同极化子局域位点对亚表面氢质子扩散影响

首先,当表面没有水分子吸附时,亚表面吸附的 H 原子引入的极化子倾向于局域在 sub-2 位点处,而 H 原子在相邻位点迁移需要克服 0.96 eV 势垒。当表面有水分子吸附时,水分子并没有显著改变这一迁移过程所需要克服的势垒,H 原子的迁移仍需要克服 0.95 eV 的势垒。但是当极化子局域在表面 sur-5c 位点时,即使表面没有水分子吸附,亚表面的质子迁移到相邻位点所需要克服的势垒也明显降低,从 0.96 eV 降低到 0.83 eV 左右。表面有水吸附,当极化子局域在表面 sur-5c 位点时,亚表面质子迁移所需的势垒也有明显的变化,从 0.95 eV 减小到 0.82 eV。这些结果清楚地表明 H 原子在亚表面的扩散明显地受 H 原子与极化子之间距离的影响,即受到极化子库仑作用的影响。水的吸附能有效地促进亚表面的极化子向表面迁移,因此可以有效地减小极化子和 H 原子之间的相互作用。这就导致剩下的 H 原子在亚表面区域之间的扩散具有了更大的自由度。这些结果可能有助于理解实际催化过程中在 TiO_2 亚表面非晶层形成的机理。首先,水的吸附可以促进 H 原子从表面扩散到亚表面,然后表面吸附的水可以促使极化子局域到表面,从而使质子和极化子之间的相互作用减弱。由于水的吸附,H 引入的极化子会主要局域在表面,而 H 原子则留在亚表面,并且可以在亚表面层扩散,甚至可以向更深层扩散。

为了探究计算参数对结果的影响,我们使用优化的三ζ自旋极化基组(m-TZVP)来描述价电子,并计算了当表面没有水分子吸附以及有水分子吸附时极化子分别在 sub-2 位点和 sub-5 位点上结构能量。随后测试了平面波截断能对计算结果的影响,将截断能从 280 Ry 逐渐增大至 320 Ry,以及测试了水分子浓度对极化子的影响。测试了 Hartree-Fock 交换能比例的影响,并测试了交换能比例为 25% 时对体系结构能量的影响。在考虑水分子吸附时没有进行范德华修正,因此,我们用 DFT-D3 方法测试了范德华力修正对结构能量的影响。当表面没有水分子吸附时,计算参数对 sub-2 和 sub-5 结构能量的影响见表 4-2,表面水分子吸附后不同计算参数计算得到的 sub-2 和 sub-5 结构的能量见表 4-3。

表 4-2 没有水分子吸附时 sub-2 和 sub-5 结构的能量对比结果　　　　单位:eV

位点	DZVP,280 Ry, HFX-30%	TZVP,280 Ry, HFX-30%	DZVP,320 Ry, HFX-30%	DZVP,280 Ry, HFX-25%	DZVP,280 Ry, HFX-30%,DFT-D3
sub-2	0	0	0	0	0
sur-5c	0.15	0.13	0.14	0.17	0.16

注:sub-2 结构的能量被设置为 0。

表 4-3 水分子吸附后 sub-2 和 sub-5 结构的能量对比结果　　　　单位:eV

位点	0 ML, DZVP, 280 Ry, HFX-30%	1/8 ML, DZVP, 280 Ry, HFX-30%	1 ML, DZVP, 280 Ry, HFX-30%	1/8 ML, TZVP, 280 Ry, HFX-30%	1/8 ML, DZVP, 320Ry, HFX-30%	1/8 ML, DZVP, 280Ry, HFX-25%	1/8 ML,DZVP, 280 Ry, HFX-30%, DFT-D3
sub-2	−0.15	0.02	−0.05	0.03	0.02	−0.03	0.04
sur-5c	0	0	0	0	0	0	0

注:其中当表面覆盖了一层水时,水分子的分子偶极沿[101]方向呈现锯齿形状。sur-5c 结构的能量被设置为 0 eV。

根据表 4-2 可以看出,在使用原本的计算参数计算时,即采用 DZVP 基组、280 Ry 的平面波截断能以及 30% 的 Hartree-Fock 交换能比例时,极化子局域在 sur-5c 时结构能量要比极化子局域在 sub-2 时高 0.15 eV。当表面有一个水分子吸附时对应占比为 1/8,sur-5c 结构则要比 sub-2 结构低 0.2 eV,见表 4-3。当将基组由 DZVP 改成 TZVP 或将平面波截断能由 280 Ry 增大为 320 Ry 时,无论表面有没有水分子吸附,sub-2 和 sur-5c 结构的能量关系均不会受到影响,仍是表面水分子的吸附会导致极化子局域在表面时更稳定。通过改变基组或者改变平面波截断能得到的计算结果与原先计算得到的相对能量差之间的变化小于 0.2 eV。

当把 Hartree-Fock 交换能比例由 30% 减小为 25% 时,在没有水分子吸附表面情况,极化子局域在 sub-2 的结构比极化子局域在 sur-5c 的结构要稳定,能量大约低 0.17 eV。但是当表面上有一个水分子吸附时,sub-2 结构仍比 sur-5c 结构稳定,能量大约低 0.03 eV。但是这两个结构之间的能量差相较于没有水吸附时减小了 80% 左右,这说明改变交换能比例时,表面水分子的吸附仍然会影响在锐钛矿型 TiO_2(101)表面上由 H 引入的极化子的分布。

当使用 DFT-D3 方法来矫正范德华力时,根据计算结果,发现当表面没有水时,sub-2 和

sur-5c 结构之间的能量差与未考虑范德华力修正时的能量差相差 0.1 eV。当表面有水分子吸附时，由于范德华力修正导致 sub-2 和 sur-5c 两个结构之间的能量差由 0.2 eV 变大为 0.4 eV。从能量变化趋势来看，无论计算中是否考虑了范德华力修正，水分子的吸附仍会促使极化子在表面上局域。

最后，测试了表面水覆盖度对计算结果的影响。通过构造表面吸附一层水即 8 个水分子的结构，将结构中水分子的偶极方向沿 [$\overline{1}01$] 排列成锯齿形状，如图 4-9 所示，并进一步理解水吸附对锐钛矿型 TiO_2 表面极化子局域位点的影响。当锐钛矿型 TiO_2 表面上覆盖一层水分子时，sub-2 和 sub-5 的结构能量的计算结果见表 4-3。当表面有一层水分子吸附时，sub-2 结构仍比 sur-5c 结构要稳定，能量大约低 0.05 eV。虽然这个计算结果与一个水分子覆盖时的结果相反，但是 0.05 eV 的能量差仍比没有水分子吸附时的能量差要小 2/3，这也说明水分子的吸附可以改变锐钛矿型 TiO_2(101) 表面由 H 引入的极化子在结构中的分布。

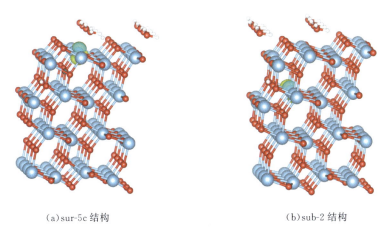

(a) sur-5c 结构　　　　　　　　(b) sub-2 结构

注：蓝色、红色和白色的球分别代表了 Ti、O 和 H 原子，蓝黄色多边形表示局域的极化子。

图 4-9　表面有一层水吸附时的结构示意

2. 表面极化子对水吸附的影响

为了研究极化子对表面水吸附的影响，建立了四层锐钛矿型 TiO_2(101) 表面的 (1×4) 的超胞模型，并通过 DFT+U 的方法进行研究。为了避免表面上吸附的 H 原子与吸附的水分子产生相互作用，我们没有选择通过在表面上吸附 H 原子来引入多余电子，而是通过构建亚表面的氧空位。这是因为在锐钛矿型 TiO_2(101) 表面结构中，当氧空位在亚表面上产生时，氧空位引入的两个多余电子会分别局域在表面上的五配位的 Ti 原子上以及比氧空位更深一层的 Ti 原子上，如图 4-10 所示。通过研究表面局域的极化子对水吸附的影响，认为更深层局域的极化子对表面的影响可以忽略。

为了研究极化子对水吸附的影响，我们首先计算了水分子在结构表面的吸附能，并将计算结果与水分子吸附在完美表面时的吸附能相对比。为了简便，我们将表面上水的吸附位点按照与极化子的相对位置标号，如图 4-11 所示。

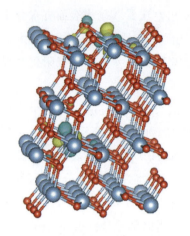 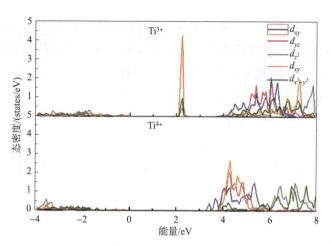

(a) 亚表面存在氧空位的锐钛矿型 TiO$_2$(101)表面结构

(b) 表面 Ti^{3+} 离子以及没有氧空位存在的同一位点的 Ti^{4+} 离子的投影态密度图

注：图中的黄色和蓝色多边形表示极化子在实空间的分布。

图 4-10　亚表面的锐钛矿型 TiO$_2$(101)表面结构及电子态密度

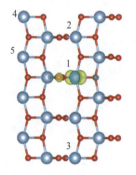 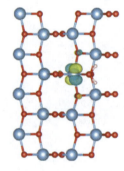

(a) 锐钛矿型 TiO$_2$(101)表面的水分子相对于极化子位置的吸附位点

(b) 水分子在位点 1 处以双氢键形式吸附的结构图

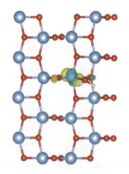 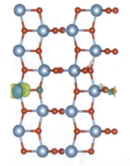

(c) 水分子在位点 2 处以单氢键形式吸附的结构图

(d) 分解态的水在位点 1 处吸附的结构图

注：为了易于观察，图中只显示了表面一层 O-Ti-O 原子层的俯视图。图中蓝色、红色和粉白色的球分别表示 Ti、O 和 H 原子，黄色的多边形表示局域在表面的极化子。

图 4-11　锐钛矿型 TiO$_2$(101)表面的水分子相对于极化子位置的吸附情况

同时,为了研究水分子与表面上的 O 原子成单氢键(1Hbond)或双氢键(2Hbond)的形式吸附的区别,我们也分别计算了水分子在不同位点上以单氢键或双氢键形式吸附的吸附能,并且与水分子在完美表面上的吸附能做对比。另外,由于相对于极化子的位置,水分子可以与两个不同位点的 O 原子成氢键,因此我们对于水分子在同一个位置处形成的两种单氢键结构的吸附能求平均值。根据计算结果,发现当体系里没有 O_v 时,水分子倾向于与表面 O 原子形成双氢键而不是单氢键,形成双氢键时水分子的吸附能要比形成单氢键时的吸附能约大 0.2 eV。当表面存在极化子的同时水分子以双氢键的形式吸附时,水分子更倾向于吸附在 Ti^{3+} 处,即有极化子局域的位点 1 处。但是当水分子与 Ti^{3+} 相连的 O 成氢键即吸附在位点 5 时,水分子的吸附能最小。同时,当表面存在极化子并且水分子以单氢键的形式吸附时,水分子倾向于吸附在位点 1 处,并且当水分子吸附在位点 5 时,吸附能最小,见表 4-4。

表 4-4 水分子以与表面形成单氢键或双氢键的形式在有极化子局域的锐钛矿型 TiO_2(101)表面上的吸附能

吸附能 E_{ad}/eV	O_v 位点					完美表面
	1	2	3	4	5	
2Hbonds	−1.22	−0.92	−0.91	−0.89	−0.77	−0.89
1Hbond	−0.94	−0.67	−0.66	−0.71	−0.63	−0.69

注:水分子的吸附位点标号与图 4-11 一致。

通过比较水分子在极化子表面以双氢键或单氢键形式吸附的吸附能,发现水分子以双氢键形式吸附要比以单氢键形式吸附更稳定。将计算结果与水分子在完美表面上的吸附能做对比,发现无论水分子是以单氢键还是双氢键的状态吸附时,当水分子吸附在有极化子局域的位点 1 时都会比没有极化子时吸附更强,但是当水吸附在位点 5 时水分子的吸附能都会比完美表面更弱。但是在其他位点处,水分子的吸附能则与完美表面上的吸附能几乎没有差别。这些结果也说明了极化子会促进某些位点的水分子的吸附,但是也会抑制某些位点水分子的吸附。也就是说,表面存在的极化子会促进水分子在有极化子局域处的 Ti 原子上吸附,但是会抑制水分子在与 Ti^{3+} 相连的 O 原子成氢键的位点处的吸附,另外极化子对于吸附在其他位点上的水分子基本没有影响。

为了探究上述现象,首先分析表面上的水分子以单氢键或双氢键形式吸附的区别。根据上述计算结果,无论表面上有没有极化子,水分子以双氢键的形式吸附都比以单氢键的形式吸附更稳定。我们计算了水分子以双氢键或单氢键的形式分别吸附在完美表面上和有极化子局域的表面上的位点 1 时,水分子和表面上与水成氢键的 O 原子的态密度,如图 4-12 所示。发现体系中无论有没有极化子,当水分子以双氢键形式吸附时,水分子的轨道能级都要变得更高,同时水分子的轨道与表面 O 原子轨道的相互作用都要更强。另外,我们也计算了水分子吸附后,吸附位点的 Ti 原子以及参与形成氢键的 O 原子的 Hirshfeld 电荷。当水分子以单氢键形式吸附在完美表面上时,表面上相应的两个 O 原子中只有参与成氢键的 O 原子(O_a)上的正电荷,比未参与成键的 O 原子(O_b)要少 0.05 e。但是当水分子以双氢键的形式吸附时,O_a 和 O_b 上的正电荷量则均比单氢键时 O_b 上的电荷量要少。同样地,当水分子以单氢键形式吸附在极化子局域的位点 1 时,只有参与成氢键的 O_b 上的正电荷有所减少,但是双氢键时两个氧原子上的正电荷均有减少。这说明水分子与表面成氢键时,H 原子诱导表面上的电荷重新分布,并且成双氢键时,而 O_a 和 O_b 上均得到了更多的负电荷,这也证明了成双氢键时水分子与表面的相互作用更强。在图 4-13 中也展示了水分子分别以双氢键或单氢键的形式吸附在完美表面和极化子局域的位点 1 时的差分电荷密度。

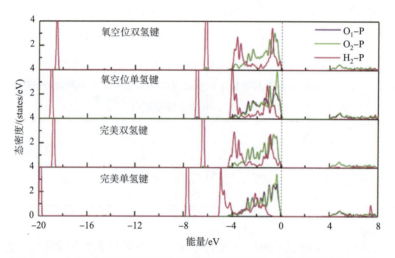

图 4-12　水分子以双氢键或单氢键形式分别吸附在有极化子局域表面的位点 1 以及完美表面上时,水分子以及表面上与水分子成氢键的 O 原子的态密度图

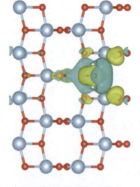

(a)水以双氢键的形式吸附在
完美表面时的差分电荷密度

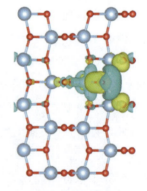

(b)水以双氢键的形式吸附在
位点 1 时的差分电荷密度

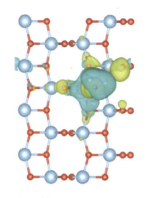 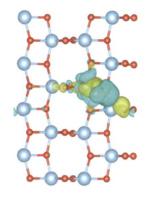

(c) 水以单氢键的形式吸附在完美表面时的差分电荷密度　　(d) 水以单氢键的形式吸附在位点 1 时的差分电荷密度

图 4-13　水分子以不同氢键形式吸附在表面的差分电荷密度

表 4-5 水分子以单氢键(1Hbond)或双氢键(2Hbond)的形式分别吸附在完美表面或者吸附在缺陷表面时,水分子的 H 原子以及表面上参与成氢键的 O 原子的 Hirshfeld 电荷量。其中 O_a 表示参与形成单氢键的 O 原子,而 O_b 表示成单氢键时未参与成键的 O 原子,H_a 和 H_b 则分别表示与 O_a 及 O_b 成氢键的 H 原子。

表 4-5　不同情况下水分子的 H 原子以及表面上参与成氢键的 O 原子的 Hirshfeld 电荷量

原子类型		完美表面 H_2O	site1-H_2O	site2-H_2O	site3-H_2O	site4-H_2O	site5-H_2O
1Hbond	O_a	0.21	0.17	0.19	0.21	0.21	0.20
	H_a	0.59	0.60	0.59	0.59	0.59	0.59
	O_b	0.26	0.27	0.26	0.26	0.26	0.25
	H_b	0.58	0.58	0.59	0.58	0.58	0.58
2Hbond	O_a	0.19	0.17	0.17	0.19	0.19	0.17
	H_a	0.59	0.59	0.59	0.59	0.59	0.60
	O_b	0.19	0.17	0.2	0.19	0.19	0.20
	H_b	0.59	0.59	0.59	0.59	0.59	0.59

我们在前文讨论过,水分子倾向于以双氢键的形式吸附在表面上,同时表面上的极化子可以促进水分子在位点 1 的吸附,并且抑制其在位点 5 的吸附,如图 4-14 所示。因此,接下来分析极化子对水分子吸附能的影响的成因。通过 Hirshfeld 电荷分析并结合氢键键长分析,我们发现当水分子吸附在完美表面上时 O_a 和 O_b 上的正电荷量要比吸附在有极化子局域时的位点 1 上时要多,这说明水吸附在有极化子的表面上时,水分子与表面的 O 原子成的氢键要更强,水分子与表面的相互作用更强;同时这两个氢键的键长明显比完美表面上形成的要短。但是当水分子吸附在位点 5 时,O_a 上的正电荷要比完美表面的要少,但是 O_b 上的

正电荷比完美表面的要多,说明水分子吸附在位点 5 时其中一个氢键增强但是另一个氢键减弱。通过氢键键长分析,这两个键长相比于完美表面时一个变长而另一个变短。当水分子吸附在位点 2 时,虽然电荷分析的结果与吸附在位点 5 时一致,但是相应的两个氢键相比于吸附在位点 5 时分别要短,因此导致的吸附能要比位点 5 时更大。但是当水分子吸附在其他位点上时,电荷分析结果则与完美表面上时一致,同时氢键键长也相差很小,这也证明了水在这些位点的吸附能基本不受极化子的影响。综上,表面上的极化子会影响水分子的吸附。

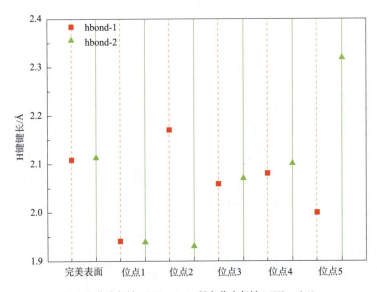

注:红色代表氢键 1(Hbond-1),绿色代表氢键 2(Hbond-2)。

图 4-14　水分子以双氢键形式吸附在完美表面或有极化子表面的不同位点时,两个氢键的键长

最后,我们计算了水以解离态的形式吸附在表面时的吸附能,并与分子态时的吸附能相对比,以探究极化子对于表面水分解的影响,见表 4-6。发现当水吸附在完美表面时,水倾向于以分子态形式吸附,同时以分子态形式的吸附能要比解离态形式的吸附能大 0.26 eV。当水吸附在极化子局域的位点 1 时,水同样倾向于以分子态的形式吸附,但是分子态水的吸附能仅比解离态的吸附能大 0.07 eV。这也说明吸附在极化子位点处的水的分解加快,这可能是由于极化子增强了水分子与表面形成的氢键。但是在其他位点时,则没有明显的变化。因此,极化子可能对吸附在极化子处的水分子的分解有促进作用。

表 4-6　水以分子态和解离态分别吸附在完美表面和极化子表面时的吸附能

状态	完美表面	site1	site2	site3	site4	site5
分子态	−0.89	−1.22	−0.92	−0.91	−0.89	−0.77
解离态	−0.63	−1.15	−0.63	−0.69	−0.69	−0.47

前面通过杂化泛函分析了锐钛矿型 $TiO_2(101)$ 表面上水分子吸附对极化子的影响,发现表面吸附的水可以促使由亚表面吸附的 H 引入的极化子从亚表面迁移到表面,而迁移到表面的极化子与留在亚表面的 H 原子之间距离的增大则会降低质子在亚表面扩散的势垒。

通过 PBE+U 分析了由亚表面氧空位引入的表面的极化子对表面水吸附的影响,发现表面局域的极化子会促进水分子在极化子局域的位点处吸附,但是会抑制水分子吸附在能与 Ti^{3+} 相连的 O 原子成氢键的位点处,而且极化子的存在会稍微促进水分子的分解。

综上所述,表面上吸附的水会促使锐钛矿型 $TiO_2(101)$ 表面上由亚表面 H 引入的极化子从亚表面迁移到表面,而极化子与质子之间距离的增大则会减小极化子与质子之间的相互作用,进而会降低质子在亚表面扩散的势垒,甚至可以让极化子向更深层扩散;同时局域在表面的极化子也会增强水的吸附,甚至会稍微促进水分子的解离过程。

4.4.2 真实水溶液环境对二氧化碳分子转化影响

1. 多余电子对光还原二氧化碳分子影响

研究多余电子对二氧化碳在完美和有缺陷金红石 $TiO_2(110)$ 表面吸附和活化的影响,首先集中研究多余电子对二氧化碳吸附在完美的金红石 $TiO_2(110)$ 表面吸附结构的影响。紧接着,探索本征缺陷氧空位对二氧化碳吸附及转化的影响。最后,探索在表面氧空位金红石 $TiO_2(110)$ 表面上二氧化碳解离成一氧化碳的反应途径,光催化还原二氧化碳成甲酸的反应机制。

首先,探究二氧化碳吸附在具有多余电子的完美金红石 $TiO_2(110)$ 表面的吸附结构。二氧化碳分子是线性分子,非常稳定,因而首先考虑其物理吸附在金红石 $TiO_2(110)$ 表面。根据之前得到的结果[5],最稳定的二氧化碳分子吸附是线性倾斜吸附在五配位 Ti_{5c}。基于此稳定吸附结构,激活后的二氧化碳分子将发生弯曲,从而形成弯曲的 CO_2 化学吸附结构。考虑可能的二氧化碳吸附构型,发现在金红石 $TiO_2(110)$ 表面存在五种典型的吸附,并标记为 M_1、C_1、C_2、I_1 和 I_2,如图 4-15 所示。M_1 是物理吸附,二氧化碳分子线性吸附在五配位 Ti_{5c} 并呈现倾斜的吸附态。除了 M_1,其他四个吸附结构 C_1、C_2 和 I_1、I_2 结构是化学吸附,在 C_1 吸附结构中,二氧化碳分子中的一个氧原子的二氧化碳吸附在五配位 Ti_{5c},和二氧化碳分子中的碳原子吸附在桥位氧,并形成弯曲的二氧化碳结构;至于 C_2 吸附结构,二氧化碳分子的两个氧原子分别吸附在相邻两个 Ti_{5c} 位置,而其碳原子则直接吸附在 TiO_2 的 O_{3c} 原子;非常相似于 C_2,I_1 吸附结构中的碳原子不与 TiO_2 表面氧原子吸附;至于 I_2,二氧化碳吸附于顶部的桥位氧上,形成一个新的 $C-O_{2c}$ 键。

在图 4-15 中,横轴方向正的数字代表多余的电子数目,而负数字则表示空穴的数量,在纵坐标上负值表示相对较大的吸附能。当系统不包含任何多余的电子或空穴时,经过结构优化,三个不同的在完美 $TiO_2(110)$ 表面吸附的二氧化碳分子吸附结构将出现,即 M_1、C_1 和 C_2。其他的结构如 I_1 和 I_2,将是亚稳定。相应的吸附能表明,当在没有多余电子的情况下,

M_1 具有最大的吸附能为 -0.23 eV，该值将比早期报道的纯 PBE 的吸附能 -0.35 eV 高。这是因为 PBE+U 泛函在处理 TiO_2 的 Ti 原子 d 轨道时更加局域化。

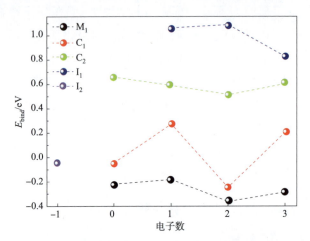

图 4-15 在完美金红石 TiO_2(110)表面，二氧化碳分子吸附结构的吸附能关于多余电子的数目的变化

当将一个多余电子引入到 TiO_2 体系中时，I_1 吸附结构将具有 1.02 eV 的吸附能。因此，二氧化碳分子吸附在 I_1 结构中是亚稳态。应该注意的是，同样的二氧化碳分子吸附构型也在锐钛矿 TiO_2(101)表面进行了研究，其相应吸附能是 0.78 eV，这和我们的结果非常接近。当更多的电子被引入到 TiO_2 体系里面时，并没有新的吸附构型出现，同时也可以发现相应的吸附能对多余电子的数量也不敏感。当 TiO_2 表面引入空穴时，一种新的结构 I_2 将出现，其对应的吸附能为 -0.05 eV。

详细的二氧化碳吸附构型的几何结构参数、净电荷和自旋极化的计算结果见表 4-7。在这五种吸附构型中，这三种吸附在完美 TiO_2(110)表面结构 M_1、C_1 和 C_2 将被选中，这是因为他们在有多余的电子或空穴条件中非常不敏感或影响非常小。但是对于 I_1 和 I_2 吸附构型，我们选取了在包含一个电子或空穴情况下吸附的构型。与单个二氧化碳分子吸附情况相比，M_1 吸附结构中的二氧化碳分子的碳氧键长非常接近，只是 O—C—O 键角略有减小，大概减小 2.38°。吸附二氧化碳分子的净电荷和自旋极化动量与单个二氧化碳分子吸附情况一致。仔细观察 C_1 和 C_2 吸附结构，C_1 和 C_2 的碳氧键长增加了 0.08/0.14 Å，而 O—C—O 键角减少了 53.76°/47.45°。在 C_1 和 C_2 吸附情况下，由于二氧化碳和金红石 TiO_2(110)表面之间强的相互作用，电荷将从 TiO_2 表面转移到二氧化碳分子上，大约转移 0.29e^-。对于这两种吸附结构，自旋极化动量是 0，表明没有未配对电子出现在 C_1 和 C_2。

表 4-7 二氧化碳分子吸附在拥有多余电子的完美 TiO_2(110)(M_1、C_1、C_2、I_1 和 I_2) 和有缺陷 TiO_2(110)表面吸附结构(O_{v-2}、O_{v-3}、O_{v-1} 和 O_{v-4})

参数	M_1	C_1	C_2	I_1	I_2
Ti—O/Å	2.60	1.94	2.16	2.13	
C—O/Å	1.16	1.32	1.26	1.25	1.26
O—C—O/(°)	177.6	127.2	132.5	135.0	120.2
CO_2 自身净电荷/e	0.05	−0.29	−0.29	−0.29	−0.05
CO_2 分子自旋角动量/μB	0	0	0	0.74	0.90
参数	CO_2	O_{v-1}	O_{v-2}	O_{v-3}	O_{v-4}
Ti—O/Å		2.67	2.23	2.15	2.70
C—O/Å	1.18	1.19	1.28	1.29	1.34
O—C—O/(°)	180.0	179.8	132.9	129.3	129.3
CO_2 自身净电荷/e	0	0.06	−0.41	−0.43	−0.35
CO_2 分子自旋角动量/μB	0	0	0.82	0	0
吸附能 E_{bind}/eV		−1.08	−0.16	−0.83	−1.11

对于 I_1,经过优化之后 I_1 的几何结构参数(Ti—O、C—O 和 O—C—O)和净电荷相当接近 C_2,但是自旋极化角动量却是 0.74 μB,表明二氧化碳分子中存在一个未配对的电子,从而形成一个激发态 I_1。相应的电子自旋密度如图 4-16 所示。从图中可以看出,多余电子主要是局域在二氧化碳分子的碳原子上,这表明多余电子将从 TiO_2 表面转移到二氧化碳,从而形成二氧化碳阴离子。这里应该注意的是,尽管这个结构是相当不利的,但是多余电子对该结构的稳定作用至关重要。对于结构 I_2,在该结构中碳氧键长将变小到 1.27 Å,O—C—O 角将极大地降低到 120.27°。自旋极化角动量大约为 0.90 μB,表明二氧化碳里面存在一个未配对电子。进一步的自旋电子密度计算表明,电子在 I_2 将局域在二氧化碳的两个氧原子上而不是在二氧化碳的碳原子上,形成活化二氧化碳阳离子,如图 4-16 所示。这明显不同于之前报道的只形成二氧化碳阴离子结果。从上面的结果可以清楚地观察到,由于存在多余电子或空穴,二氧化碳分子吸附出现在完美的金红石 TiO_2(110)表面。

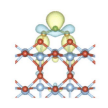
(a)在多余电子完美 TiO_2(110)表面,I_1 吸附结构自旋电荷密度

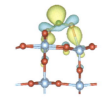
(b)在有空穴的完美金红石 TiO_2(110)表面,I_2 吸附结构的自旋电荷密度

(c)在有氧空位金红石(110)表面,O_{v-2} 吸附结构的自旋电荷密度

图 4-16 不同的二氧化碳吸附在多余电子完美和氧缺陷 TiO_2(110)表面的自旋电荷密度

除了多余电子在完美金红石 TiO_2 表面的情况,本征缺陷氧空位缺陷同时可以给金红石 TiO_2(110)表面提供两个多余的电子。在这里,我们考虑一个氧空位缺陷在金红石 TiO_2(110)表面来模拟多余电子对二氧化碳分子吸附影响。相对于上面完美的 TiO_2 表面,氧空位缺陷不仅提供了多余的电子,同时也提供吸附位点。

在这里,研究四种不同的二氧化碳吸附结构并用 $O_{v-1} \sim O_{v-4}$ 来表示,如图 4-17 所示。O_{v-1} 线性地吸附在氧空位的中间并呈现出一个倾斜的形态。在 O_{v-2} 吸附情况下,二氧化碳分子中的一个氧原子吸附在氧空位,而另一个二氧化碳分子的氧原子与在平面五配位的钛原子 Ti_{5f} 上。O_{v-3} 的吸附结构与 O_{v-2} 非常接近,除了二氧化碳的碳原子吸附在平面处的三配位氧 O_{3f};在 O_{v-4} 中的二氧化碳吸附在氧空位处,同时二氧化碳中的氧原子单配位地吸附在氧空位处的 Ti_{5f},而其碳原子则与桥位氧吸附。

吸附在含有缺陷的 TiO_2(110)表面的二氧化碳所相应的吸附能、几何结构参数、净电荷、自旋极化角动量总结在表 4-7 中。以前的理论结果表明,二氧化碳以 O_{v-4} 结构吸附在锐钛矿(101)表面是最稳定的吸附结构,具有吸附能为 -1.09 eV。类似的,O_{v-4} 中的二氧化碳分子吸附在 TiO_2 表面具有最高的吸附能大约为 -1.11 eV,表面 O_{v-4} 确实是更有利的吸附结构。O_{v-1} 中的二氧化碳具有的吸附能为 -1.08 eV,与 O_{v-4} 非常接近,表明 O_{v-1} 也是相对稳定的吸附结构。另外,其他两个二氧化碳吸附结构 O_{v-2} 和 O_{v-3} 具有比 O_{v-1} 和 O_{v-4} 更低的吸附能,表明它们是亚稳态。

通过观察 $O_{v-1} \sim O_{v-4}$ 几何参数,二氧化碳在 O_{v-1} 吸附结构中的键长与键角和单个二氧化碳分子吸附情况非常接近。不同于 O_{v-1},相对于单个二氧化碳吸附结构情况,C—O 键长在 $O_{v-2} \sim O_{v-4}$ 将增长 $0.1 \sim 0.16$ Å,O—C—O 键角显著减少 $47.05° \sim 50.68°$。C_1 和 C_2 吸附在完美的 TiO_2(110)表面,$O_{v-2} \sim O_{v-4}$ 净电荷是 $-0.41e$,这表明二氧化碳分子和 TiO_2 表面之间的电荷将再分配。自旋极化角动量研究表明,O_{v-1}、O_{v-3} 和 O_{v-4} 的自旋极化角动量等于 0,而 O_{v-2} 则具有 0.82 μB 的自旋极化角动量,表明二氧化碳分子中将存在一个电子。进一步的电子自旋密度计算表明,电子将局域在二氧化碳分子的碳原子上,如图 4-17 所示。因此,二氧化碳在 O_{v-2} 确实转化为活化的二氧化碳阴离子。相比于其他吸附结构,O_{v-2} 有一个相对较低的吸附能,表明正是碳原子的多余电子对吸附结构稳定性起着至关重要的作用。

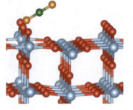

(a) O_{v-1}　　　　(b) O_{v-2}

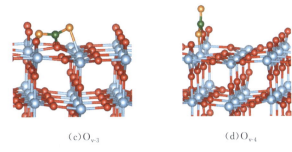

(c) O_{v-3}　　　　　　(d) O_{v-4}

图 4-17　不同二氧化碳吸附在有氧空位条件下的金红石 $TiO_2(110)$ 表面上的吸附构型

众所周知,孤立二氧化碳分子的最低未占据轨道有非常高的能量,因此电子很难从 TiO_2 导带转移到二氧化碳分子最低未占据轨道上。在有多余电子及空穴情况下,为了探究二氧化碳分子吸附结构是否会影响二氧化碳分子的最低未占据轨道,计算了不同二氧化碳吸附结构的态密度,计算结果如图 4-18 所示。对于 M_1 吸附结构,该吸附结构的最低未占据态将位于 TiO_2 导带底之上,能量为 3.4 eV。这个值与 Indrakanti 等人[55]所计算的 3.5 eV 非常接近,但是比 Tan 等人所得的结果[56] 2.3 eV 大一些。因此,在 TiO_2 导带里的电子将非常难被转移到二氧化碳分子态。当二氧化碳分子转化为弯曲的吸附构型(C_1 和 C_2),二氧化碳分子局域的最低未占据态将变为非局域的状态,同时最低未占据态将变化为 2.3 eV。

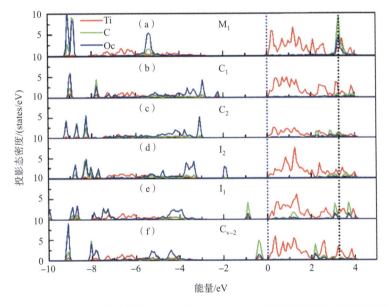

注:(a)以分子态吸附的二氧化碳的态密度,对应于 M_1;(b)~(c)化学吸附状态二氧化碳的态密度,对应于 C_1 和 C_2;(d)有多余空穴情况下吸附的二氧化碳的态密度,对应于 I_2;(e)有多余电子情况下吸附的二氧化碳的态密度,对应于 I_1;(f)吸附在有氧空位条件下的二氧化碳构型的态密度,对应于 O_{v-2}。图中,红色表示吸附着二氧化碳分子的单个钛原子的态密度。绿色和蓝色则是表示二氧化碳分子中碳原子和氧原子的态密度。

图 4-18　在多余电子金红石 $TiO_2(110)$ 表面不同的二氧化碳吸附结构的态密度

因此，二氧化碳分子的最低未占据态能级可以通过改变吸附结构得到改变。然而这个值仍然大于从 TiO_2 导带向二氧化碳分子转移电子的能量。当二氧化碳以 I_1、I_2 和 O_{v-2} 吸附在有多余电子或空穴的 TiO_2(110)表面时，电子态密度显示二氧化碳分子的最低未占据态将进一步下降，该值甚至可以低于 TiO_2 导带底的能量。因此，电子或空穴可以很容易地从 TiO_2 的导带底转移到以 I_1、I_2 和 O_{v-2} 为吸附构型的二氧化碳分子上。

正如上面所讨论的一样，在有氧空位缺陷金红石 TiO_2(110)表面上二氧化碳分子将很容易被激活，所相应的最低未占据态低于 TiO_2 的导带底。因此，研究二氧化碳在有氧空位缺陷金红石 TiO_2(110)表面的吸附及转化成其他化合物将是非常有意义的。活化的过程可以表示为

$$CO_2 + e^- \longrightarrow CO_2^- \tag{4-4}$$

从式(4-4)中，可以清楚地观察到在系统中，二氧化碳的活化过程需要一个多余的电子。扫描隧道显微镜实验表明，在有氧空位缺陷金红石 TiO_2(110)表面，二氧化碳转换成一氧化碳过程将与直线形的二氧化碳电子吸附态息息相关[32]。然而，在分子水平上理解二氧化碳分子解离过程的研究非常稀少。这里，在有多余电子 TiO_2 情况下的二氧化碳吸附 O_{v-1} 结构中，我们研究了二氧化碳分子转化成一氧化碳的过程，通过 O_{v-2} 二氧化碳吸附结构，将二氧化碳转化成一氧化碳反应路径如图 4-19 所示。把二氧化碳分子吸附在有氧空位缺陷金红石 TiO_2 的总能量定义为零能量参考点。

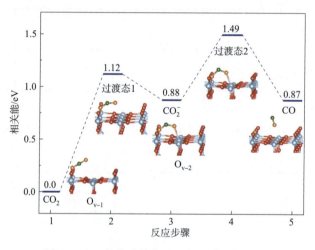

图 4-19　二氧化碳转化成一氧化碳反应路径

如图 4-19 所示，二氧化碳分子首先吸附在氧空位缺陷处，形成一个线性的吸附结构 O_{v-1}。在这个反应步骤中，没有电子从有缺陷的 TiO_2 表面转移到二氧化碳分子上，这不同于以前所显示的结果，体系中存在一个线性的电子吸附态的二氧化碳分子。具体来说，首先直线形吸附的二氧化碳分子弯曲，然后约克服 1.12 eV 的势垒，形成 O_{v-2} 吸附结构。随后，TiO_2 表面上的多余电子将转移到二氧化碳分子上，形成二氧化碳阴离子，如图 4-16 所示。

该二氧化碳阴离子中的碳氧键将被打破从而形成一氧化碳,同时留下一个 O 原子在氧空位处,这个过程的能量势垒约 0.61 eV。在整个反应过程中,一氧化碳的形成将经历一个激活态 O_{v-2} 而不是直接打破直线性的二氧化碳分子而得到。

除了在氧空位 TiO_2 下转化成一氧化碳情况外,在 TiO_2 相关材料下光催化还原二氧化碳同样可以转化成其他合成燃料,比如甲醛、甲酸、甲醇及甲烷。然而,通过激活后的二氧化碳转化成有用的燃料仍然是罕见的,同时大多数的理论研究主要集中在锐钛矿 TiO_2 表面。在这里,基于二氧化碳分子吸附结构 I_1,我们研究了还原二氧化成甲酸,它可以表示为

$$CO_2 + e^- \longrightarrow CO_2^- \tag{4-5}$$

$$CO_2^- + H^+ + e^- \longrightarrow HCO_2^- \tag{4-6}$$

$$HCO_2^- + H^+ \longrightarrow HCOOH \tag{4-7}$$

从式(4-5)~式(4-7),我们可以清楚地知道,在该反应过程中需要两个电子和两个质子参与。完整的还原过程可分为如下步骤:分子态二氧化碳首先吸附在金红石 TiO_2(110)表面为 C_1;随后,多余电子将转移到二氧化碳上,同时相应的二氧化碳分子将转化成二氧化碳阴离子 I_1;然后,一个质子和电子转移到二氧化碳阴离子上,形成碳酸氢离子;最后,另一个质子转移到碳酸氢离子形成碳酸结构。

上面的反应过程中,二氧化碳转化成甲酸过程的过渡态及相应的能量势垒如图 4-20 所示。二氧化碳分子和两个质子的总能量定义为零能量参考点。符号"+"表示没有相互作用的物种(例如二氧化碳+羟基)。基于二氧化碳吸附结构 C_1,二氧化碳的两个氧原子通过过渡态 TS1 开始向邻近平面五配位的 Ti_{5f} 弯曲,最后二氧化碳的两个氧原子吸附在相邻的 Ti_{5f} 处,如图 4-20 所示。接下来,电子自发的从 TiO_2 表面转移到二氧化碳分子上形成二氧化碳阴离子,这个过程需要克服 1.28 eV 的能量势垒,该势垒将远远高于在锐钛矿 TiO_2(101)表面的情况(0.87 eV)。随后的质子和电子将转移到二氧化碳阴离子的碳原子上形成碳酸氢离子。这些发现非常不同于在锐钛矿 TiO_2(101)表面的情况。在锐钛矿的情况下,质子转移将不需要克服能量势垒,这不同于在金红石 TiO_2(110)表面质子转移需要克服一个大概为 0.93 eV 的能量势垒。该能量势垒相对比较高,这是因为质子转移在吸附的质子与二氧化碳阴离子之间需要跨越约 3.10 Å 的距离,这比在锐钛矿 TiO_2(101)表面的距离 2.60 Å 要大。此外,另一个质子转移到碳酸氢离子的氧原子上,从而形成甲酸。这个过程需要一个较低的能量势垒,大约为 0.75 eV。从整个二氧化碳还原过程来看,二氧化碳阴离子的形成是速率决速步,同时质子转移过程也比早期报道的锐钛矿 TiO_2(101)表面更困难些。

在二氧化碳吸附结构 I_2 基础上,通过空穴的作用来活化二氧化碳,它可以表示为

$$CO_2 + h^+ \longrightarrow CO_2^+ \tag{4-8}$$

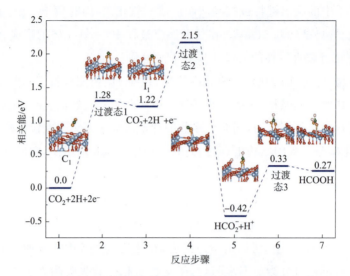

图 4-20 通过 I_1 吸附结构将二氧化碳转化成甲酸反应路径

二氧化碳活化过程见式(4-8),一个空穴将转移到吸附结构 I_2 上二氧化碳的氧原子上。计算激活空穴到 I_2 的二氧化碳分子的具体反应过程,二氧化碳和 TiO_2 的总能作为能量零参考点,如图 4-21 所示。分子态的二氧化碳吸附在 TiO_2 的桥位氧上,同时碳氧键长为 2.71 Å。然后,二氧化碳分子中的碳原子将向 TiO_2 的桥位氧靠近。在过渡态几何结构中,二氧化碳与桥位氧之间的距离将从 2.71 Å 降低到 1.74 Å。最后,二氧化碳分子中的碳原子吸附在桥位氧形成一个弯曲的二氧化碳,二氧化碳的碳原子与桥位氧之间距离减少为 1.34 Å。同时,空穴将转移到二氧化碳的两个氧原子上形成一个二氧化碳阳离子。阳离子的形成需要克服一个比阴离子相对较低的能量势垒(约 0.75 eV)。

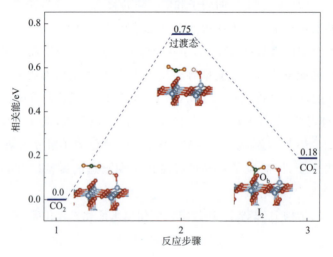

图 4-21 二氧化碳阳离子在 TiO_2 表面反应过程

总之，基于第一性原理计算方法，吸附在 TiO_2 的二氧化碳分子结构和反应行为将极大地受到多余电子的影响。计算结果表明，在有多余电子情况下，将出现各种不同的二氧化碳吸附结构，同时激活态的二氧化碳吸附结构不仅可以存在于多余电子体系中，如 I_1 和 O_{v-2}，而且也可以存在于有多余空穴的体系中，如 I_2。进一步的电子态密度计算表明，二氧化碳的最低未占据态可以通过不同的二氧化碳吸附结构而改变，它可以降低，甚至低于 TiO_2 导带底。同时也研究了二氧化碳活化和还原过程的具体过程，重新修正二氧化碳在氧空位金红石 $TiO_2(110)$ 表面还原一氧化碳的反应机理，还原过程会形成一个弯曲的二氧化碳阴离子，并克服 1.12 eV 的能量势垒。结果还表明，二氧化碳还原成甲酸过程需要经历一个速率决速步，并需要约 1.28 eV 的势垒。此外，研究了二氧化碳形成二氧化碳阳离子过程，它只需要一个更低的能量势垒(0.75 eV)。

2. 水环境对光催化二氧化碳影响

在前面提到，利用太阳光在 TiO_2 表面还原二氧化碳引起了人们广泛关注。然而，在水溶液环境下，理解二氧化碳分子反应机理却相当少。这里，我们研究了二氧化碳或二氧化碳与水分子络合物在金红石 TiO_2 表面(110)的吸附/共吸附结构及其转化活性，既包括真空条件下的情况，也包括水溶液下的情况。

首先探索在金红石 $TiO_2(110)$ 中二氧化碳可能的吸附结构。根据二氧化碳分子在金红石 $TiO_2(110)$ 表面不同的吸附位点，可以得到四种典型的吸附结构。基于不同的吸附位点，这四种吸附结构可以用 C-1～C-4 来表示，如图 4-22 所示。C-1 是二氧化碳单配位的吸附在 Ti_{5c} 位置上，在这里 CO_2 是成倾斜状态；C-2 是二氧化碳双配位的吸附在平面 Ti_{5c} 上，呈现出一个平躺的状态；C-3 是二氧化碳吸附在相邻桥位氧之间；非常类似于 C-3，C-4 刚好是吸附在桥位氧的上方，而不是之间。

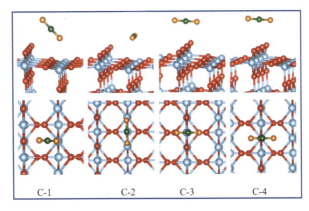

注：最上一行和底部(最下一行)为二氧化碳分子在金红石 $TiO_2(110)$ 表面的吸附结构。在 TiO_2 表面中，红色和灰蓝色分别代表氧原子和钛原子；而在二氧化碳中，橙色和绿色分别代表氧原子和碳原子。

图 4-22 二氧化碳的吸附结构

二氧化碳吸附能的计算结果和典型的结构参数总结在表4-8。在气相条件下,据报道二氧化碳分子比较容易单配位吸附在Ti_{5c}成倾斜的状态。在计算中,C-2结构具有最低的吸附能大约为−0.342 eV,这表明C-2是最稳定的吸附结构。在该结构中,二氧化碳分子刚好位于两个相邻Ti_{5c}位置上。与C-2相比较,C-1具有−0.334 eV的吸附能,与C-2相当接近。对于这种结构,二氧化碳分子将保留线性的结构。二氧化碳分子倾斜于TiO_2表面,同时二氧化碳的一个氧原子指向Ti_{5c}旁边的桥位氧。相比较以前的理论结果,比如C-1(−0.45 eV)和C-2(−0.43 eV),计算的吸附能相对较小,这可以从O-Ti和C-O_b之间的距离的增大来解释。

表4-8 二氧化碳分子在金红石(110)表面的吸附能、典型的几何结构参数

CO_2	PCSM	吸附能 E_b/eV	O—Ti/Å	C—O_b/Å	O—C—O分子键角/(°)
C-1	−	−0.334	2.689	3.047	178.156
	+	−0.688 *	2.690	3.053	178.516
C-2	−	−0.342 *	3.143	3.913	179.199
	+	−0.673	3.145	3.915	178.936
C-3	−	−0.222	3.930	3.074	179.124
	+	−0.571	3.995	3.104	179.092
C-4	−	−0.188	4.438	2.965	178.857
	+	−0.543	4.442	2.967	178.919

注:PCSM表示周期性连续溶剂化模型;符号"−"和"+"分别表示没考虑和考虑溶剂化效应。* 对应于最稳定的二氧化碳吸附结构。

接下来,研究溶剂化效应对二氧化碳吸附的影响。在考虑溶剂化效应的情况下,每个二氧化碳结构的吸附能增加0.33~0.35 eV,见表4-8。特别是最稳定的吸附结构从C-2变为C-1,非常接近低温扫描隧道显微镜的实验。为了确保TiO_2上下表面都加上溶剂化效应,计算并对比了二氧化碳分子分别吸附在单表面和双表面的吸附能。结果显示,二氧化碳分子在双侧吸附的吸附能约为−0.690 eV,非常接近于单侧二氧化碳分子吸附能,吸附能大小约为−0.688 eV。因此,溶剂化效应是发生在整个体系中的。通过计算,我们可以得出溶剂化效应极大地影响二氧化碳在金红石(110)表面的吸附构型及吸附能,而典型的结构参数几乎不变。为了了解基组交叠误差对吸附能的影响,选择C-1作为典型结构来检测基组交叠误差。在不考虑和考虑溶剂化效应的情况下,计算的基组交叠错误分别为0.043 eV和0.051 eV。

为了确定水环境对二氧化碳吸附的影响,我们进一步研究了二氧化碳和水分子在金红石(110)表面的共吸附。从相对稳定的二氧化碳吸附结构出发,可能的二氧化碳和水分子共吸附结构如图4-23所示,由C_w-i,$i=1\sim6$来表示。对于每一个吸附结构,水分子将吸附于Ti_{5c}的位置上,而二氧化碳分子则毗邻地吸附于水分子旁边或者在Ti_{5c}位点或桥位氧的位

置上。类似于 C-1,C_w-1 结构也是处于倾斜状态,二氧化碳的碳原子指向 Ti_{5c} 位置,而二氧化碳在 C_w-2 则是指向与水相反的方向。基于 C-2(C-4),C_w-3(C_w-4)结构有一个水分子吸附在二氧化碳附近。为了检查水分子数量对二氧化碳吸附稳定性的影响,我们考虑了两个水分子吸附在 C-3 和 C-2 结构旁边,分别表示为 C_w-5 和 C_w-6。

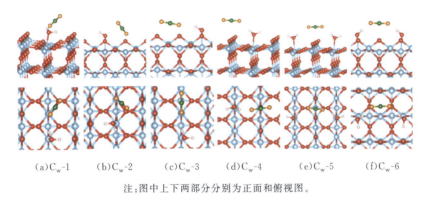

(a)C_w-1　　(b)C_w-2　　(c)C_w-3　　(d)C_w-4　　(e)C_w-5　　(f)C_w-6

注:图中上下两部分分别为正面和俯视图。

图 4-23　二氧化碳和水分子吸附在金红石(110)表面结构示意

计算二氧化碳吸附结构的吸附能结果见表 4-9。共吸附效应将极大地影响二氧化碳在金红石(110)表面的吸附。相比只有二氧化碳吸附在金红石(110)表面的吸附能,在有水分子情况下,二氧化碳在金红石(110)表面的吸附能将极大地增强。不管是在真空条件下还是在水环境条件下,增加的吸附能为 $-0.12 \sim -0.063$ eV。例如,在真空(水溶液)情况下,二氧化碳在 C-1 结构中的吸附能为 $-0.334(-0.688)$ eV,而有一个水分子的情况下,二氧化碳分子吸附能将变成 $-0.399(-0.751)$ eV。当两个水分子吸附在金红石表面上时,在真空(水溶液)条件下二氧化碳分子的吸附能将受到更大的影响从 $-0.296(-0.647)$ eV 增加到 $-0.459(-0.829)$ eV。虽然很难计算在显性水条件下的二氧化碳的吸附能,但正如上面所讨论的,二氧化碳和水分子共吸附将增加二氧化碳的吸附能,该结果与溶剂化模型得到的结果相一致。二氧化碳与水共吸附增加二氧化碳吸附能与二氧化碳和水之间的氢键结合息息相关,这和先前的报道能增加 $-0.18 \sim -0.07$ eV 的吸附能相一致。

表 4-9　二氧化碳和水分子在金红石(110)表面共吸附的吸附能及典型的结构优化参数

CO_2-H_2O	PCSM	吸附能 E_{bind}/eV	O—Ti/Å	C—O_b/Å	O—C—O/(°)
C_w-1	−	−0.399	2.941	3.224	178.758
	+	−0.751	2.857	3.216	179.071
C_w-2	−	−0.417	2.590	3.113	178.152
	+	−0.808 *	2.513	3.104	178.238
C_w-3	−	−0.426 *	3.026	3.883	179.73
	+	−0.753	2.94	3.890	179.17

续上表

CO_2-H_2O	PCSM	吸附能 E_{bind}/eV	O—Ti/Å	C—O_b/Å	O—C—O/(°)
C_w-4	−	−0.296*	4.728	2.821	177.377
	+	−0.647*	4.707	2.827	178.144
C_w-5	−	−0.459*	4.675	2.84	177.599
	+	−0.829*	4.701	2.846	178.035
C_w-6	−	−0.385	4.377	3.045	178.15
	+	−0.75	4.485	2.906	178.85

注：*代表相对稳定的吸附结构，对应于图4-2中的结构。

在不考虑溶剂化效应情况下，在只有共吸附一个水分子情况下C_w-3具有最大的吸附能约为−0.426 eV。该结果与Sorescu等人[17]的结果非常接近，他们所计算的吸附能为−0.47 eV。在考虑溶剂化效应的情况时，二氧化碳吸附能和优化后的几何结构参数都明显有变化。每个二氧化碳吸附构型所改变的吸附能大约为0.3 eV。让人意想不到的是，在考虑溶剂化效应情况下最稳定的二氧化碳吸附构型从气相的C-2变成C_w-2。众所周知，标准GGA泛函具有自相关误差的局限性，为了检测标准GGA泛函的准确性，我们采用了GGA+U泛函的方法，这里的U值选取$U=4.2$ eV。选取了C_w-1~C_w-4这几个典型的二氧化碳吸附结构来检测。在真空条件下，采用GGA+U所得的二氧化碳吸附能要比纯GGA结果约小0.03~0.15 eV。而在水溶液条件下，GGA+U所得的结果要比纯GGA约大0.05~0.18 eV。从上面可以看出，虽然不同泛函计算的吸附能有所不同，然而两种泛函能给出相同的二氧化碳吸附趋势。因此，可以得出GGA可以准确地描述二氧化碳在金红石(110)表面的吸附。

表4-9是在包含和不包含溶剂化效应下的二氧化碳与水分子共吸附的详细的几何结构参数。在真空情况下，与只单独吸附二氧化碳的结构相比，在有水分子参与条件下的结构C_w-1~C_w-3的几何参数将有不同，如O—Ti距离有显著下降，大约为0.11 Å。在考虑溶剂化效应的情况下，相比较于真空情况，O—Ti键长在C_w-1~C_w-3等结构中也将下降约0.1 Å。至于在水溶液下的C_w-4吸附结构，相比于单一二氧化碳吸附结构C-3，C—O_b键长将有较大的减少约为0.277 Å。O—Ti或C—O_b键长的减少提高了二氧化碳和金红石(110)表面之间的相互作用。在考虑溶剂化效应情况下，除了O—Ti和C—O_b键长等几何参数有变化，O—C—O键角也将发生显著变化。水分子共吸附也同样影响O—C—O键角。在真空情况下，共吸附水分子将有效地扩大O—C—O键角约为0.5°。与真空中的结果相比，在溶剂化条件下O—C—O键角改变了0.1°~0.7°。应该注意的是，随着二氧化碳和水分子共吸附在金红石(110)表面，二氧化碳和水分子之间将会形成以氢键连接的络合物，这种氢键作用同样也能增加二氧化碳的吸附能[48]。总的来说，共吸附和溶剂化效应可以有效地改变二氧化碳与水分子在金红石(110)表面的吸附能和典型的几何参数。

如上所述,我们研究了在真空和水溶液条件下二氧化碳和水分子共吸附在金红石(110)表面的行为。然而,在光催化反应过程中,水还原成氢气的标准还原电位相比较于二氧化碳转换成二氧化碳阴离子(CO_2 单原子还原势 $E_{red}^\circ = 1.9$ eV)低很多,大约为($E_{red}^\circ = 0$ eV)[4]。从热力学的角度来看,把水还原成氢气将比直接把二氧化碳还原成二氧化碳阴离子更加容易。此外,水分子在金红石(110)表面将有比二氧化碳更大的吸附能,大约为 0.7 eV;同时,水分子在金红石(110)表面的解离势垒相对比较低,大约为 0.4 eV[9]。因此,在水溶液下的二氧化碳光催化还原,水分子应该首先分离成羟基,然后再参与二氧化碳光催化还原反应。在反应过程中,一个水分子的氢原子转移到 TiO_2 表面桥位氧,形成一个 O_bH 羟基。未转移的部分将吸附在 TiO_2 表面 Ti_{5c} 位置上,形成羟基(OH)。因此,考虑二氧化碳与吸附在表面的羟基的相互作用将是理解二氧化碳转换成其他物质的关键。

从相对稳定的二氧化碳吸附构型出发,首先研究金红石(110)表面 TiO_2 分子与吸附在表面 Ti_{5c} 位点的相互作用。图 4-24 显示的是二氧化碳与单个羟基吸附在 TiO_2 表面结构。所有可能的吸附结构将用 $C_T\text{-}i$ 来表示,i 为 1~4。表 4-10 是计算的二氧化碳吸附能和典型几何结构参数的结果。这些结果包含了在真空和水溶液条件下的情况。类似于二氧化碳和水分子共吸附的情况,不管在真空还是水溶液条件下二氧化碳和羟基共吸附也提高了二氧化碳分子的吸附能。与其他吸附结构相比较,二氧化碳在 $C_T\text{-}2$ 结构中具有较大的结合能为 -0.519 eV,表明 $C_T\text{-}2$ 是一个相对稳定的吸附构型。这个结果与之前的结果 -0.486 eV 也相一致[27]。

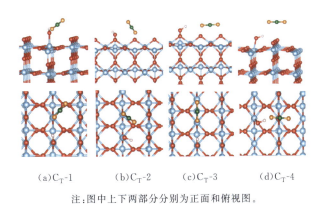

(a) $C_T\text{-}1$ (b) $C_T\text{-}2$ (c) $C_T\text{-}3$ (d) $C_T\text{-}4$

注:图中上下两部分分别为正面和俯视图。

图 4-24　二氧化碳和羟基吸附在金红石(110)表面上的 Ti_{5c} 上的结构示意

考虑溶剂化效应,每个二氧化碳吸附结构的结合能将增加 $-0.36\sim-0.32$ eV;同时,$C_T\text{-}2$ 仍有最大的吸附能大约为 -0.872 eV,表明 $C_T\text{-}2$ 在水环境中是最稳定的吸附结构。在水溶液条件下除了吸附能的变化,二氧化碳的几何结构参数,如 O—Ti、C—O_b 等的键长及 O—C—O 键角也将发生变化。例如,O—Ti 键长将变长 $0.07\sim0.16$ Å,C—O_b 键长也将增加 0.07 Å。总的来说,二氧化碳分子在金红石(110)表面将受共吸附的羟基及溶剂化的影响。

表 4-10　二氧化碳分子及羟基在金红石(110)表面的吸附能和几何结构参数计算结果

CO_2-H_2O	PCSM	吸附能 E_{bind}/eV	O—Ti/Å	C—O_b/Å	O—C—O/(°)
C_T-1	−	−0.334	2.753	3.083	178.777
	+	−0.694	2.915	3.172	179.077
C_T-2	−	−0.519*	2.617	3.144	178.145
	+	−0.872*	2.617	3.145	178.065
C_T-3	−	−0.363	3.141	3.905	179.583
	+	−0.702	3.214	3.942	179.209
C_T-4	−	−0.325	4.835	2.849	178.991
	+	−0.661	4.838	2.853	179.175

注：* 表示最稳定的结构对应为最大的吸附能。

正如上面所讨论的，TiO_2(110)表面有两种类型的羟基。除了吸附在 Ti_{5c} 位置，我们还研究了二氧化碳分子与 O_bH 吸附 TiO_2 表面桥位氧处。在这里，只研究 O_bH 在二氧化碳分子附近的情况。图 4-25 是几种主要的二氧化碳吸附构型表示为 C_H-i, i 为 1~4。在 C_H-1 吸附结构中，其中一个二氧化碳分子的 O 原子是单配位的吸附在 Ti_{5c} 位点，而另一个 O 原子则指向 Ti_{5c} 旁边的 O_bH。C_H-2 吸附结构非常类似于 C_H-1，除了 O_bH 的吸附方向在相反的方向。在 C_H-3，二氧化碳以倾斜的状态吸附在 Ti_{5c} 位子上并指向旁边的 O_bH。与上面的吸附结构不同，在 C_H-4 吸附结构中，二氧化碳分子的 C 原子直接与桥位 O 吸附在一起，而氢原子也直接与二氧化碳的 O 原子吸附在一起。

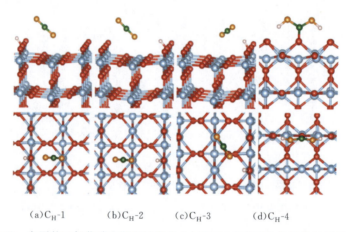

(a)C_H-1　　(b)C_H-2　　(c)C_H-3　　(d)C_H-4

图 4-25　主要的二氧化碳和羟基吸附在金红石(110)表面上的桥位氧原子示意

表 4-11 是优化后的二氧化碳与 O_bH 共吸附的吸附能及几何结构参数。在不考虑溶剂化效应的情况下，类似于 Sorescu 所报告的结果，共吸附具有 −0.47 eV 的吸附能[27]，计算结果显示 C_H-3 具有相对较大的吸附能为 −0.391 eV，表明这种吸附结构更为稳定。次稳定的吸附结构为 C_H-2，具有 −0.370 eV 的吸附能，与 C_H-3 结构的吸附能非常接近。在考虑溶

剂化效应的情况下,二氧化碳吸附能增加了 $-0.41 \sim -0.38$ eV。此外,在考虑溶剂效应条件下,最稳定的二氧化碳吸附结构将从真空条件下最稳定的吸附结构 C_H-3 改变成了 C_H-2。与单个二氧化碳吸附相比,二氧化碳吸附能也略有增加,该效应类似于二氧化碳和水分子共吸附情况。

表 4-11　二氧化碳分子与吸附在桥位氧的羟基共吸附在 TiO_2(110)表面的吸附能及典型的几何结构参数

CO_2-O_bH	PCSM	吸附能 E_{bind}/eV	O—Ti/Å	C—O_b/Å	O—C—O/(°)
C_H-1	−	−0.340	2.696	3.016	178.276
	+	−0.736	2.692	3.024	178.589
C_H-2	−	−0.370	2.707	3.053	178.042
	+	−0.783 *	2.696	3.058	178.582
C_H-3	−	−0.391 *	2.793	3.091	178.722
	+	−0.769	2.787	3.097	179.066
C_H-4	−	−0.518 *			116.629
	+	−0.88 *			116.440

注:* 代表更加稳定地吸附。

如上所说,溶剂化效应将极大地影响单个二氧化碳或者二氧化碳与水分子或羟基共吸附的吸附行为及吸附结构。特别是,在水溶液条件下,将会出现一些新的吸附结构。那么,有必要知道溶剂化效应是否会进一步影响二氧化碳和水分子在 TiO_2(110)表面的光催化还原。

在水溶液中,除了形成碳酸盐,有研究称二氧化碳分子在二氧化碳相应材料上的光催化还原可以形成甲醛(HCHO)、甲酸(HCHOOH)、甲醇(CH_3OH)和甲烷(CH_4)等产物[5]。然而,形成这些有用燃料的反应机制仍然不清楚,而且大部分的理论研究主要集中在锐钛矿 TiO_2[32]。在水溶液环境下,二氧化碳在金红石 TiO_2 中转换成有用化学原料的反应途径仍是未知的。

接下来,着重讨论碳酸氢盐离子的形成机理。首先选取最稳定的二氧化碳分子与吸附在 Ti_{5c} 位点的羟基共吸附结构(C_T-2)作为反应起始反应物。图 4-26 是计算后的反应途径。该反应需要吸附在 Ti_{5c} 上的羟基亲核攻击旁边的吸附在 Ti_{5c} 位点上的二氧化碳分子,该过程见式(4-9)。

$$CO_2 + OH^- \longrightarrow HCO_3^- \tag{4-9}$$

在反应过程中,二氧化碳首先吸附在 Ti_{5c} 位点上;接着直线形的二氧化碳形成一个双配位弯曲二氧化碳阴离子。在过渡态中,旁边的羟基攻击该弯曲的二氧化碳阴离子,从而形成碳酸根阴离子。在真空条件下,该转化过程需要克服 0.5 eV 的能量势垒,比以前的理论结果 0.4 eV 要小[27]。与此同时,整个过程是一个放热反应,需要放出 0.27 eV 的能量。然而,在考虑溶剂化效应情况下,能量势垒将从真空中的 0.5 eV 降低到 0.44 eV。相对较低的能量势垒表明该反应在水溶液条件下更容易发生。在实验方面,Henderson 进行了程序升温脱附实验[48],他首先提出水分子可能排斥二氧化碳分子,当水分子先于二氧化碳分子注入到 TiO_2 表面时,并没有碳酸氢盐生成;另一方面,如果二氧化碳和水分子同时注入到 TiO_2 表面时,二氧化碳与水分子形成络合物,这种络合物将有助于碳酸氢盐的形成[48]。因此,包含溶剂化效应的计算模拟与实验结果相当吻合。在这个反应过程中,O—C 和 O—C—C 几何结构参数将相应的增加 0.02 Å 和 1°。此外,在水溶液条件下,该转化过程变成一个吸热过程;相对于真空条件下的产物,水溶液下将更加稳定,能量低 0.1 eV。

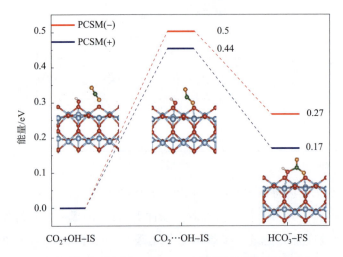

注:二氧化碳分子及羟基在 TiO_2(110)表面吸附的总能量为零参考点。
符号"+"表示两吸附物质之间没有相互作用(例如二氧化碳+羟基),而"…"表示两种物质比较接近。

图 4-26 通过二氧化碳 C_T-2 的吸附构型转换成碳酸氢离子的反应路径

接下来,研究二氧化碳在金红石 TiO_2(110)表面还原成甲烷的初步反应。根据 Dimitrijevic 提出的反应机理[49,50]。二氧化碳还原成甲烷的初步反应需要两个电子和一个质子的转移,反应过程见式(4-10)。

$$CO_2 + 2e^- + H^+ \longrightarrow HCO_3^- \tag{4-10}$$

为了评估二氧化碳在金红石 TiO_2 表面转化成甲烷中两电子过程的能量,基于最稳定的二氧化碳吸附结构 C_H-2,两个反应物氢原子首先吸附在 TiO_2 表面桥位氧上。根据前面工作所报道的那样,羟基上的这两个氢原子相当于两个质子,同时这两个质子将提供两个额外电子在 TiO_2 里[24]。

图 4-27 显示了在真空和水溶液条件下二氧化碳分子转化成甲烷初步反应的转化过程。在真空条件下,该反应的过渡态(TS)结构是二氧化碳阴离子;该吸附态将紧紧地吸附在下 Ti_{5c} 位点上;得到的 O—Ti 键长为 1.988 Å,O—C—O 键角为 132°。二氧化碳阴离子中的

氧原子将指向吸附在桥位氧的羟基,从而形成 1.5 Å 的 O-H 氢键。计算结果显示通过两电子一个质子形成甲酸根离子的过程需要克服 1.47 eV 的势垒,而该过程在锐钛矿 TiO_2 (101)表面只需要 0.82 eV 的能量势垒。但是该过程远低于单电子转移到二氧化碳所需要的势垒约 2.25 eV[24,32]。

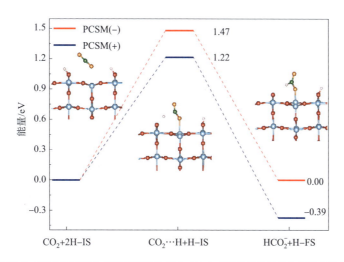

注:初态的二氧化碳和两个氢原子吸附在 TiO_2(110)表面的总能标定为零能量参考点。

符号"+"表示两物质之间没有相互作用(例如二氧化碳+羟基),而"…"表示两个物种相邻比较近。

图 4-27 通过 C_H-2 结构反应形成碳酸氢盐离子的反应路径

在考虑溶剂化效应时,O—Ti 键长将增大为 2.078 Å,同时 O—C—O 键角也将增大,增大幅度为 25°。特别地,还原二氧化碳的能量势垒将有效地从 1.47 eV 降低到 1.22 eV。应该注意的是,终态的碳酸氢盐离子具有负的相对总能量,表明在水溶液条件下该反应是放热的过程,所放的热量为 0.39 eV。

上述结果表明,在水溶液条件下二氧化碳分子与羟基转化为甲烷的初步反应需要克服一个相对较高的能量势垒,大约为 1.22 eV;该过程中需要两电子和一个质子的参与。前期的工作表明,二氧化碳比较容易就吸附在表面桥位氧上,只需要克服 0.5 eV 的能量势垒[27]。我们采用这种吸附结构来模拟二氧化碳还原成碳酸氢盐离子的过程;在该结构中两个羟基代表两个质子并优先地吸附在表面上。连续质子转移,从而形成碳酸氢盐离子的过程可以写成式(4-11)和式(4-12)。

$$CO_2 + e^- \longrightarrow CO_2^- \tag{4-11}$$

$$CO_2^{1-} + H^+ + e^- \longrightarrow HCO_2^- \tag{4-12}$$

从两个质子的最稳定结构 C-1 出发,一个电子首先从 TiO_2 转移到二氧化碳分子上,形成弯曲的二氧化碳阴离子。如图 4-28 所显示的过渡态,二氧化碳的一个氧原子与 Ti_{5c} 形成 2.15 Å 的键长;二氧化碳的碳原子则向表面的桥位氧靠近形成一个 1.707 Å 的 C—O_b 键;直线形的二氧化碳将变成 140.46° 的弯曲二氧化碳。这个过程的有效能量势垒约 0.65 eV,

该值远远小于上述在真空中得到的 1.47 eV 的结果。接下来的步骤是一个电子和一个质子转移到二氧化碳氧原子,从而形成碳酸氢离子;在该过程中只需要极小的能量势垒约为 0.06 eV。在总的反应过程中,处于过渡态的二氧化碳阴离子是一种亚稳态结构;在存在一个电子和两个质子的情况下,该亚稳态很容易地变成碳酸氢离子。

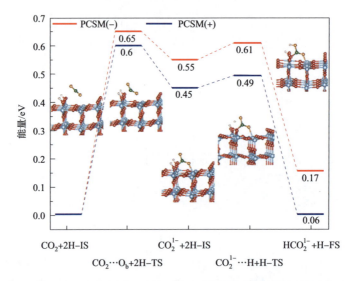

注:符号"+"表示两物质之间没有相互作用,而"…"表示两个物种相邻比较近。

图 4-28　通过 C-1 吸附结构将二氧化碳转化成碳酸氢盐离子的反应路径

在水溶液条件下,能量势垒和几何结构参数都将受到极大的影响。二氧化碳弯成了二氧化碳阴离子需要克服 0.6 eV 的能量势垒。此外,正反应从二氧化碳阴离子到二氧化碳阴离子趋近氢的反应势垒为 0.04 eV,而逆反应过程中二氧化碳阴离子到二氧化碳分子将增大为 0.15 eV。结果发现,转换二氧化碳阴离子成碳酸氢离子将得到极大地增强,而逆反应生成二氧化碳分子将得到进一步的禁止。总之,溶剂化效应可以有效地影响二氧化碳还原反应和几何结构参数。

总之,基于第一性原理计算及结合周期性连续溶剂化模型方法,我们研究了二氧化碳和水分子在金红石 TiO_2(110)表面的结构及反应行为。研究结果表明,溶剂化效应不仅可以显著改变二氧化碳分子吸附能,甚至能影响二氧化碳吸附结构的稳定性。相对于真空条件,在水溶液条件下,二氧化碳分子的吸附能可以增加约 0.3 eV。我们对二氧化碳分子还原过程也进行了详细的研究。结果表明,在水溶液条件下二氧化碳分子转化成碳酸氢盐及甲烷的能量势垒将有效地减少 0.05~0.25 eV。特别地,在二氧化碳转化成甲烷的过程中,正向反应生成二氧化碳阴离子及二氧化碳阴离子与氢原子络合物等中间产物将极大地被促进。

4.5 结果与展望

在过去的十年中,大量的实验和理论研究工作使得人们在 TiO_2 中多余电子行为研究取得了极大的进展。特别是,现在普遍认为在中等浓度下,金红石体中的多余/光激发电子会形成小的极化子,这些极化子主要局域于单个 Ti 晶格点,而锐钛矿中的电子则更倾向于形成大的极化子。因此,在金红石中,电子传递主要通过跳跃发生,而在锐钛矿中,在相对较低的温度下,可以获得带状机制。本征缺陷及其多余电子的行为也显示出两种 TiO_2 晶型多态性的显著差异。在金红石中,O_v 更倾向于在不协调的表面氧位点形成,但它们所伴随的多余电子主要位于远离亚表面空位的位置,在那里它们形成小的极化子,而且可以在不同的位置之间快速跳跃。另一方面,在锐钛矿中,O_v 缺陷几乎只存在于亚表面,理论研究预测,这两个多余电子中至少有一个紧密的位置在相邻的 Ti 位置,形成了一个基本不动的小极化子。这些差异不仅影响光催化性能,而且对光催化活性和表面反应活性也有重要影响。

尽管有这些进展,TiO_2 中多余电子行为的许多方面仍然存在争议,正如我们在前几节中反复指出的那样,或者说还没有探索到结果。例如,虽然许多研究已经发现 Ti^{3+} 离子引起光催化活性增强的证据,但这种增强的具体机制仍不清楚,尤其是 Ti^{3+} 激发态对光催化活性的贡献。一个相对较新的研究领域涉及 TiO_2 与气态或液态环境(如水)或与另一种固体界面的多余电子行为,在这种界面上可以形成影响迁移率和反应活性的新态。最后,对锐钛矿表面二维电子气体行为的研究是一个新方向,也有可能在电子器件中得到新的应用。

参考文献

[1] FUJISHIMA A,HONDA K. Electrochemical photolysis of water at a semiconductor electrode[J]. Nature,1972,238(5358):37-38.

[2] CUI H,ZHAO W,YANG C,et al. Black TiO_2 nanotube arrays for high-efficiency photoelectrochemical water-splitting[J]. Journal of Materials Chemistry A,2014,2(23):8612-8616.

[3] MACDONALD I R,HOWE R F,ZHANG X,et al. In situ EPR studies of electron trapping in a nanocrystalline rutile[J]. Journal of Photochemistry and Photobiology A:Chemistry,2010,216(2):238-243.

[4] YANG S,BRANT A T,GILES N C,et al. Intrinsic small polarons in rutile TiO_2[J]. Physical Review B,2013,87(12):125201.

[5] JANOTTI A,FRANCHINI C,VARLEY J B,et al. Dual behavior of excess electrons in rutile TiO_2[J]. Physica Status Solidi(RRL)-Rapid Research Letters,2013,7(3):199-203.

[6] DEÁK P, ARADI B, FRAUENHEIM T. Quantitative theory of the oxygen vacancy and carrier self-trapping in bulk TiO_2[J]. Physical Review B,2012,86(19):195206.

[7] MARCUS R A. Electron transfer reactions in chemistry. Theory and experiment[J]. Reviews of Modern Physics,1993,65(3):599-610.

[8] DESKINS N A, DUPUIS M. Electron transport via polaron hopping in bulk TiO_2: A density functional theory characterization[J]. Physical Review B,2007,75(19):195212.

[9] YAN L, ELENEWSKI J E, JIANG W, et al. Computational modeling of self-trapped electrons in rutile TiO_2[J]. Physical Chemistry Chemical Physics,2015,17(44):29949-29957.

[10] MATTIOLI G, FILIPPONE F, ALIPPI P, et al. Ab initio study of the electronic states induced by oxygen vacancies in rutile and anatase TiO_2[J]. Physical Review B,2008,78(24):241201.

[11] JANOTTI A, VARLEY J B, RINKE P, et al. Hybrid functional studies of the oxygen vacancy in TiO_2[J]. Physical Review B,2010,81(8):85212.

[12] MALASHEVICH A, JAIN M, LOUIE S G. First-principles DFT + GW study of oxygen vacancies in rutile TiO_2[J]. Physical Review B,2014,89(7):75205.

[13] LEE H Y, CLARK S J, ROBERTSON J. Calculation of point defects in rutile TiO_2 by the screened-exchange hybrid functional[J]. Physical Review B,2012,86(7):75209.

[14] YANG S, HALLIBURTON L E, MANIVANNAN A, et al. Photoinduced electron paramagnetic resonance study of electron traps in TiO_2 crystals: Oxygen vacancies and Ti^{3+} ions[J]. Applied Physics Letters,2009,94(16):162114.

[15] LIVRAGHI S, ROLANDO M, MAURELLI S, et al. Nature of reduced states in titanium dioxide as monitored by electron paramagnetic resonance. ii: rutile and brookite cases[J]. The Journal of Physical Chemistry C,2014,118(38):22141-22148.

[16] STAUSHOLM-MØLLER J, KRISTOFFERSEN H H, HINNEMANN B, et al. DFT+U study of defects in bulk rutile TiO_2[J]. The Journal of Chemical Physics,2010,133(14):144708.

[17] LEE J, SORESCU D C, DENG X. Electron-induced dissociation of CO_2 on TiO_2(110)[J]. Journal of the American Chemical Society,2011,133(26):10066-10069.

[18] LIN C, SHIN D, DEMKOV A A. Localized states induced by an oxygen vacancy in rutile TiO_2[J]. Journal of Applied Physics,2015,117(22):225703.

[19] DESKINS N A, ROUSSEAU R, DUPUIS M. Localized electronic states from surface hydroxyls and polarons in TiO_2(110)[J]. The Journal of Physical Chemistry C,2009,113(33):14583-14586.

[20] BERGER D, OBERHOFER H, REUTER K. First-principles embedded-cluster calculations of the neutral and charged oxygen vacancy at the rutile TiO_2(110) surface[J]. Physical Review B,2015,92(7):075308.

[21] LI H, GUO Y, ROBERTSON J. Calculation of TiO_2 surface and subsurface oxygen vacancy by the screened exchange functional[J]. The Journal of Physical Chemistry C,2015,119(32):18160-18166.

[22] DI VALENTIN C, PACCHIONI G, SELLONI A. Electronic structure of defect states in hydroxylated and reduced rutile TiO_2(110) surfaces[J]. Physical Review Letters,2006,97(16):166803.

[23] DESKINS N A, ROUSSEAU R, DUPUIS M. Distribution of Ti^{3+} surface sites in reduced TiO_2[J]. The Journal of Physical Chemistry C,2011,115(15):7562-7572.

[24] CALZADO C J, HERNANDEZ N C, SANZ J F. Effect of on-site Coulomb repulsion term U on the

band-gap states of the reduced rutile(110)TiO$_2$ surface[J]. Physical Review B,2008,77(4):45118.

[25] SHIBUYA T,YASUOKA K,MIRBT S,et al. Bipolaron formation induced by oxygen vacancy at rutile TiO$_2$(110)surfaces[J]. The Journal of Physical Chemistry C,2014,118(18):9429-9435.

[26] KRÜGER P,JUPILLE J,BOURGEOIS S,et al. Intrinsic nature of the excess electron distribution at the TiO$_2$(110)surface[J]. Physical Review Letters,2012,108(12):126803.

[27] KOWALSKI P M,CAMELLONE M F,NAIR N N,et al. Charge localization dynamics induced by oxygen vacancies on the TiO$_2$(110)surface[J]. Physical Review Letters,2010,105(14):146405.

[28] YIM C M,PANG C L,THORNTON G. Oxygen vacancy origin of the surface band-gap state of TiO$_2$(110)[J]. Physical Review Letters,2010,104(3):36806.

[29] WALLE L E,BORG A,UVDAL P,et al. Probing the influence from residual Ti interstitials on water adsorption on TiOTiO$_2$(110)[J]. Physical Review B,2012,86(20):205415.

[30] FUKADA K,MATSUMOTO M,TAKEYASU K,et al. Effects of hydrogen on the electronic state and electric conductivity of the rutile TiO$_2$(110)surface[J]. Journal of the Physical Society of Japan, 2015,84(6):64716.

[31] YIN W J,WEN B,ZHOU C,et al. Excess electrons in reduced rutile and anatase TiO$_2$[J]. Surface Science Reports,2018,73(2):58-82.

[32] WANG Z T,GARCIA J C,DESKINS N A,et al. Ability of TiO$_2$(110)surface to be fully hydroxylated and fully reduced[J]. Physical Review B,2015,92(8):81402.

[33] MAO X,LANG X,WANG Z,et al. Band-gap states of TiO$_2$(110):major contribution from surface defects[J]. The Journal of Physical Chemistry Letters,2013,4:3839-3844.

[34] WENDT S,SPRUNGER P T,LIRA E,et al. The role of interstitial sites in the Ti3d defect state in the band gap of titania[J]. Science,2008,320(5884):1755-1759.

[35] PAPAGEORGIOU A C,BEGLITIS N S,PANG C L,et al. Electron traps and their effect on the surface chemistry of TiO$_2$(110)[J]. Proceedings of the National Academy of Sciences of the United States of America,2010,107(6):2391-2396.

[36] SANTARA B,GIRI P K,IMAKITA K,et al. Evidence for ti interstitial induced extended visible absorption and near infrared photoluminescence from undoped TiO$_2$ nanoribbons:an in situ photoluminescence study[J]. Journal of Physical Chemistry C,2013,117(44):23402-23411.

[37] DEÁK P,ARADI B,FRAUENHEIM T. Oxygen deficiency in TiO$_2$:Similarities and differences between the Ti self-interstitial and the O vacancy in bulk rutile and anatase[J]. Physical Review B, 2015,92(4):45204.

[38] DI VALENTIN C,SELLONI A. Bulk and surface polarons in photoexcited anatase TiO$_2$[J]. The Journal of Physical Chemistry Letters,2011,2(17):2223-2228.

[39] SPREAFICO C,VANDEVONDELE J. The nature of excess electrons in anatase and rutile from hybrid DFT and RPA[J]. Physical Chemistry Chemical Physics,2014,16(47):26144-26152.

[40] SETVIN M,FRANCHINI C,HAO X,et al. Direct view at excess electrons in TiO$_2$ rutile and anatase [J]. Physical Review Letters,2014,113(8):86402.

[41] MOSER S,MORESCHINI L,JAĆJMOVIĆ J. Tunable polaronic comduction in antatase TiO$_2$ [J]. Physical Review Letters,2013,110(19):196403.

[42] MOSER S,FATALE S,KRÜGER P,et al. Electron-phonon coupling in the bulk of anatase TiO$_2$

measured by resonant inelastic X-Ray spectroscopy[J]. Physical Review Letters, 2015, 115 (9):96404.

[43] LIVRAGHI S, CHIESA M, PAGANINI M C, et al. On the nature of reduced states in titanium dioxide as monitored by electron paramagnetic resonance. I: the anatase case[J]. The Journal of Physical Chemistry C, 2011, 115(51):25413-25421.

[44] SANTOMAURO F G, LUEBCKE A, RITTMANN J, et al. Femtosecond X-ray absorption study of electron localization in photoexcited anatase TiO_2[J]. Scientific Reports, 2015, 5:14834.

[45] YAN L, CHEN H. Migration of holstein polarons in anatase TiO_2[J]. Journal of Chemical Theory and Computation, 2014, 10(11):4995-5001.

[46] DESKINS N A, ROUSSEAU R, DUPUIS M. Defining the role of excess electrons in the surface chemistry of TiO_2[J]. The Journal of Physical Chemistry C, 2010, 114(13):5891-5897.

[47] MORGAN B J, WATSON G W. Intrinsic n-type defect formation in TiO_2: a comparison of rutile and anatase from $GGA+U$ calculations[J]. The Journal of Physical Chemistry C, 2010, 114(5): 2321-2328.

[48] PADILHA A C M, OSORIO-GUILLÉN J M, ROCHA A R, et al. Ti_nO_{2n-1} Magneli phases studied using density functional theory[J]. Physical Review B, 2014, 90(3):35213.

[49] MIYAGI T, KAMEI M, MITSUHASHI T, et al. Discovery of the deep level related to hydrogen in anatase TiO_2[J]. Applied Physics Letters, 2006, 88(13):132101.

[50] MORGAN B J, WATSON G W. Polaronic trapping of electrons and holes by native defects in anatase TiO_2[J]. Physical Review B, 2009, 80(23):233102.

[51] YAMAMOTO T, OHNO T. A hybrid density functional study on the electron and hole trap states in anatase titanium dioxide[J]. Physical Chemistry Chemical Physics, 2011, 14(2):589-598.

[52] FINAZZI E, DI VALENTIN C, PACCHIONI G, et al. Excess electron states in reduced bulk anatase TiO2: Comparison of standard GGA, $GGA+U$, and hybrid DFT calculations[J]. The Journal of Chemical Physics, 2008, 129(15):154113.

[53] CHENG H, SELLONI A. Energetics and diffusion of intrinsic surface and subsurface defects on anatase TiO_2(101)[J]. The Journal of Chemical Physics, 2009, 131(5):54703.

[54] SETVÍN M, ASCHAUE R U, SCHEIBER P, et al. Reaction of O_2 with Subsur face Oxygen Vacancies on TiO_2 Anatase(101)[J]. Science, 2013, 341(6149):988-991.

[55] INDRAKANTI V P, SCHOBERT H H, KUBICKI J D. Quantum Mechanical Modeling of CO_2 Interactions with Irradiated Stoichiometric and Oxygen-Deficient Anatase TiO_2 Surfaces: Implications for the Photocatalytic Reduction of CO_2[J]. Energy & Fuels, 2009, 23(10):5247-5256.

[56] TAN S JING, WANG B. Active Sites for Adsorption and Reaction of Molecules on Rutile TiO_2 (110) and Anatase TiO_2(001) Surfaces[J]. Chinese Journal of Chemical Physics, 2015, 28(4): 383-395.

第 5 章 光解水制氢

5.1 光解水催化材料发展概述

氢能,是一种完全无污绿色能源,因为氢气燃烧的唯一产物是水,不会对环境有任何污染。而太阳能是一种取之不尽、用之不竭的自然资源,因此太阳能光解水制氢是解决当前能源危机的有效办法之一。光解水制氢技术始自 1972 年,由日本东京大学 Fujishima A 和 Honda K[1]两位教授首次报告发现 TiO_2 单晶电极光催化分解水从而产生氢气这一现象,从而揭示了利用太阳能直接分解水制氢的可能性,开辟了利用太阳能光解水制氢的研究道路。随着电极电解水向半导体光催化分解水制氢的多相光催化的演变和 TiO_2 以外的光催化剂的相继发现,兴起了以光催化方法分解水制氢(简称光解水)的研究,并在光催化剂的合成、改性等方面取得较大进展。常见光解水制氢材料有如下几种:

1. 钽酸盐

钽酸盐 $ATaO_3(A=Li,Na,K)$,$A_2SrTa_2O_7 \cdot nH_2O(A=H,K,Rb)$ 等虽然化学成分不同,但是它们的晶体结构类似,共同点是都具有八面体结构的 TaO_6。碱金属、碱土金属钽酸盐作为一种在紫外光线下分解水的催化材料,在没有负载物的条件下表现出很高的活性,在该类催化剂中掺杂 La 后,$NiO/NaTaO_3$ 表现出更高的活性。

2. 铌酸盐

$Ba_5LaTi_2Nb_3O_{18}$ 晶体为三方晶系,$[(Nb,Ti)O_6]$ 八面体共用角顶联结,在 C 轴方向上由 5 个八面体高构成平行于(001)面的类钙钛矿层,2 个类钙钛矿层之间通过 Ba 原子联结形成三维结构。$K_4Nb_6O_{17}$ 由 NbO_6 八面体单元通过氧原子形成二维层状结构的能隙由 O 的 2p 轨道决定的价带能级和 Nb 的 3d 轨道决定的导带能级所决定,在光催化过程中催化剂受到能量大于其能隙的光子辐射后,价带电子发生跃迁,在半导体粒子中产生电子-空穴对,从而发生氧化还原反应。

3. 钛酸盐

在钛酸盐这类化合物中,TiO_8 八面体共角或共边形成带负电的层状结构,带正电的金属离子填充在层与层之间,而扭曲的 TiO_8 八面体被认为在光催化活性的产生中起着重要作用。如果催化剂的层间有 Pt 柱时,其光催化活性可以大大增强,甚至可以将纯水分解成化学计量比的 H_2 和 O_2。

4. 多元硫化物

ZnSeS 类化合物能够形成固溶体,且能隙较窄,研究发现:在 ZnSeS 中掺杂 Cu、In 的摩尔分数为 2% 时其光吸收性能最好,最大吸收边红移至 700 nm;紫外光照射下该催化剂光分解水产氢的量子效率达到 4.83%;催化剂具有良好的热稳定性和光学稳定性,反应 100 h 其产氢性能没有衰减。具有立方晶型的 $ZnIn_2S_4$,其带宽为 2.3 eV,具有可见光响应特征,且稳定性良,可用作光催化材料。

5.2 光解水基本原理

光催化反应可以分为两类"降低能垒"和"升高能垒"反应。光催化氧化降解有机物属于降低能垒反应,此类反应的 $\Delta G<0$,反应过程不可逆,这类反应中在光催化剂的作用下引发生成 O_2^-、HO_2、OH^- 和 H^+ 等活性基团。水分解生成 H_2 和 O_2 则是高能垒反应,该类反应的 $\Delta G>0$($\Delta G=237$ kJ/mol),此类反应将光能转化为化学能。

要使水分解释放出氢气,热力学要求作为光催化材料的半导体材料的导带电位比氢电极电位 E_{H^+}/H_2 稍负,而价带电位则应比氧电极电位 $E_{O^{2-}}/H_2O$ 稍正。光解水的原理为光辐射在半导体上,当辐射的能量大于或相当于半导体的禁带宽度时,半导体内电子受激发从价带跃迁到导带,而空穴则留在价带,使电子和空穴发生分离,然后分别在半导体的不同位置将水还原成氢气或者将水氧化成氧气。Khan 等提出了作为光催化分解水制氢材料需要满足:高稳定性,不产生光腐蚀;价格便宜;能够满足分解水的热力学要求;能够吸收太阳光。

光催化反应,就是利用光催化材料与到达地球表面的太阳光光子发生反应,从而将这部分光子能量转换成其他能量。一般作为催化剂的都是半导体材料,这是因为它们有区别于金属或绝缘体的能带结构即在价带和导带之间存在一个合适的禁带宽度(带隙)。根据费米黄金规则,半导体催化剂的光吸收强度是和它的带隙息息相关的。当半导体吸收和其带隙值相对应波长的光子时,处于价带的电子就会受到激发穿越禁带到达导带,从而形成电子-空穴对,所产生的电子-空穴对会各自转移到半导体催化剂表面的吸附物上。具体的催化反应过程可以参考图 5-1,当一束光打在催化剂表面时,那些等于或大于半导体带隙的光子将被吸收,位于价带(VB)的电子就会被激发到导带(CB)。这些受激电子或空穴的去向主要就遵循图 5-1 中所展示的 A、B、C 和 D。一般在半导体表面上,半导体可以提供电子从而使电子受体还原,即如路径 C 所示。同样道理,转移到表面的空穴可以和半导体表面电子供体结合,发生氧化反应,如路径 D 所示。还有一种可能就是受激的电子-空穴对会在半导体的表面或者内部发生重组,如 A、B 所示,从而不能有效地迁移,影响光电催化材料的效率。因此如何有效地抑制电子-空穴对的重组已经成为一个重要的研究课题。

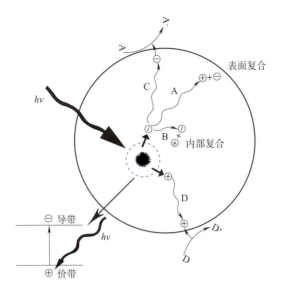

图 5-1 半导体催化材料光致激发后电子空穴去向

光催化材料的另一个重要用途是光催化水解制氢[1]。1972 年东京大学的 Fujishima 和 Honda 两位教授首次发现了 TiO_2 单晶电极能够光催化分解水制成氢气[2],此后,利用太阳能直接分解水制氢开始蓬勃发展。轻便、干净以及利用率高的氢能源无疑是人类优选目标,光解水也是自然界光合作用的枢纽,因此研究高效使用太阳光光谱分解水的光催化剂以及相关技术迫在眉睫。光解水的主要原理包括两个半反应[3],如图 5-2 所示。在催化剂的导带附近,氢离子与光致激发的电子反应被还原成氢气析出 $2H^+ + 2e^- \longrightarrow H_2$;而在催化剂的价带附近,则是氧离子吸收空穴被氧化成氧气析出 $2H_2O + 4h^+ \longrightarrow O_2 + 4H^+$。当然并不是所有的半导体材料都能用来光催化水解,要想实现水解制氢,理论上半导体材料要至少满足如下两个基本条件:(1)半导体材料的带隙值必须得大于水的理论分解电压值 1.23 eV;(2)光生载流子(激发的电子和空穴)的电位必须满足将水还原成氢气和氧化成氧气的要求,即光催化剂的价带顶(VBM)的位置要比 O_2/H_2O 的电位更低(EVBM <-5.67 eV),导带底(CBM)的位置要比 H_2/H_2O 的更高(ECBM>-4.44 eV)。

综上可知,无论是太阳能电池还是光催化水解,都可以有效地将太阳能转换成其他能源,而实现这一能量转换的关键因素就是得找到合适的光催化材料。目前,探寻新型光催化材料正在全世界范围内如火如荼地展开,而在理论上探究预测这些光催化材料的光电性能亦变得至关重要起来。因为一旦能在计算模拟中了解材料性能的变化以及化学反应的微观机理,将十分有利于实验及生产上快速制备出高效稳定、无污染且成本较低的光催化剂。最终这不仅仅能够解决人类对能源的需求,还能改善人类自身的生态环境,给人类带来更加便捷的生活。

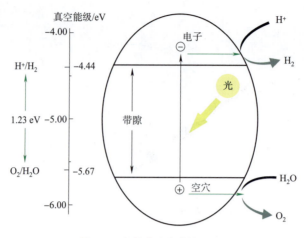

图 5-2　光催化水解制氢原理

5.3　二维材料在光解水制氢中的应用

5.3.1　二维闪锌矿材料的单原子层结构

闪锌矿材料的结构示意如图 5-3 所示，其中 M 代表的是 Ⅱ(Be)，Ⅲ(B,Al,Ga 和 In)，以及ⅡB(Zn 和 Cd)族元素；X 则是代表Ⅴ(N,P,As 和 Sb)和Ⅵ(O,S,Se 和 Te)族非金属元素。一共考虑了 27 类 MX 化合物。为了得到这些二维材料的初始结构，首先将闪锌矿半导体化合物结构的非极性(110)面切出来，然后取其中的两个原子层厚度，如图 5-3(b)中黑色虚线所示。最后这些切出来的二维结构，无论是原子结构还是晶格常数都得到了严格的优化。

在完成构型优化之后，一共出现了三类不同的结构：(1)常见的蜂窝六角 H 形结构[图 5-3(c)]，它的空间群是 P-6 m^2。在这类结构里，sp^2 杂化会非常强，这是由于在经历激烈的表面扭曲之后，最终转变成了平面 H 结构。一共有八种 MX 构型(MX=BN,BP,BAs,BSb,GaN,InN,ZnO 和 BeO)在结构优化过程中自动转变成了类石墨烯结构。(2)四角 T 形结构(图 5-3)，空间群是 P4/NMM。这类 T 结构也是一种层状结构，有点像二硫化钼，其中 M 原子层被两层 X 原子层夹在中间形成三明治结构。每一个 M/X 原子周围都被 4 个 X/M 原子包住，$M—X$ 的标准键长大概在 2～2.5 Å。其中有五个构型(MX=AlN,AlAs,AlSb,BeSe 和 BeTe)在结构优化过程中直接转变成了这类 T 结构。(3)V 形结构(图 5-3)，其空间群号为 PMN21。从俯视角度看它是一个不等边的六元环，但同时在竖直方向上有一个大小在 1～4 Å 的褶皱。每一个 $M(X)$ 原子与最近的三个 $X(M)$ 原子形成的键长是不一样的，此外 V 结构里的轨道杂化类型既不是 sp^2 也不是 sp^3。大部分 MX 化合物(MX=AlP,GaP,GaAs,GaSb,InP,InAs,InSb,ZnS,ZnSe,ZnTe,CdS,CdSe,CdTe 和 BeS)

都是在结构优化完成之后转变成了这类 V 结构。

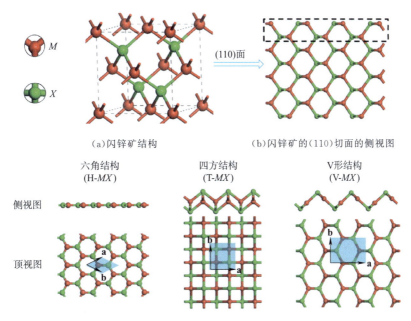

(c)二维 H 形,T 形和 V 形晶格构型的侧视图和俯视图

注:其中 a 和 b 表示布拉维格矢,并且对于 H 和 T 结构 $|a|=|b|$。
(c)中的蓝色区域代表各自的原胞构型。

图 5-3 初始的闪锌矿 MX 化合物以及其衍生物结构图

5.3.2 二维闪锌矿结构的热力学稳定性

为了了解所有可能的稳定或者亚稳定二维结构,对每一个 MX 化合物可以考虑上述三种构型(H,T 和 V)来构建初始结构,这 27 类化合物共有潜在的 81 种结构。在做完构型优化之后,其中有 64 种二维结构依然能够保持它的初始构型,而另 17 种结构直接转变成了其他结构。举个例子,V 形 BN 在优化之后直接转变成了 H 形 BN,这也就表明 BN 是不存在稳定的二维 V 结构。

为了确定这些二维 MX 化合物的热力学稳定性,计算了 64 个二维结构在布里渊区所有 k 点下振动模式的频率。一个结构能否热力学稳定存在完全取决于在布里渊区计算的所有声子频率都为正值。一旦布里渊区某个 k 点下的声子模式不稳定,那么由动力学矩阵得到的频率的平方将为负值即得到了虚频。如图 5-4 所示,在这 64 个结构中有 26 个由于声子谱中出现了很大的虚频,因此理论上不能稳定存在。而在这不稳定的 26 个结构中,17 个(AlP,AlAs,AlSb,GaP,GaAs,GaSb,InP,InSb,ZnS,ZnSe,ZnTe,CdS,CdSe,CdTe,BeS,BeSe,BeTe)是 H 结构不稳定;8 个((BP,GaN,GaP,GaSb,InN,InP,InAs,InSb)是 T 结构不稳定;1 个(InSb)是 V 结构不稳定。剩下的 38 个结构由于声子谱中并没有出现明显的虚频,故而是能够稳定存在的。需要指出的是在这 38 个热力学上稳定的 MX 结构中,有 12 个是以两相共存的。举例来说,BN 是同时含有 H 相和 T 相,而 AlP 则是同时含有 T 相和 V 相。但是不存在 H 相和 V 相共存。有趣的是,由于 In 原子和 Sb 原子之间的相互作用太弱,InSb 结构没有任何一类稳定的单层二维结构存在。对于两相共存的结构,相与相之间的能量差会在接下来仔细探讨。

5.3.3 二维结构和稳定性之间的关系

基于大量结构优化和声子频率的第一性原理计算,可以清楚地知道:在总共 81 个不同的 MX 化合物结构中有 38 个单层 H、T 或 V 结构能够稳定存在,这些都总结在了图 5-4 中。同时也可以发现图 5-4 里最左部分(硼族)和最上部分(氮族和氧族)倾向于形成稳定的 H 结构。只有含有第二主族类 C 元素如 B、N 或 O 元素的化合物,最后才有可能形成平面的蜂窝状结构,二维 H 型 BN 也已在实验上制备成功[4]。因为这些元素不仅有形成 sp^2 杂化的趋势,而且它们的原子半径很短。所以由此类 X 和 M 元素形成的键的间距很短,以至于它们 p_z 轨道重叠大到能形成一个很强的 π 键。石墨烯之所以是一个很完美的平面蜂窝状结构并

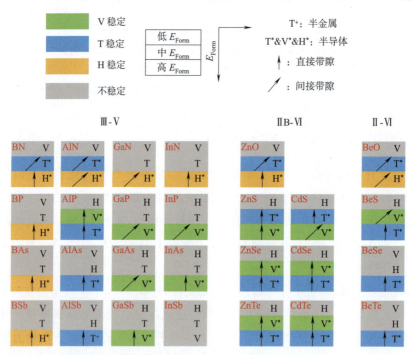

注:27 类不同的 MX 化合物可形成稳定的二维单层 H,T 或 V 结构。过渡金属 M 原子被分到 ⅡB-Ⅵ组。MX 化合物中灰色区域表示该种构型不能稳定存在。在每个矩形方框里,最下面的表示形成能最高即最稳定的构型,上面的则是形成能低的构型。所有的稳定结构可以是半金属(+)或半导体(*),而直接带隙和间接带隙分别用直箭头和斜箭头表示。

图 5-4 结构稳定性及电子性质概括图

且在 z 方向无任何褶皱,是因为每个 C 原子与三个相同的 C 原子形成了十分强的 π-π 键[5-7]。在 H 形结构里,当 B、N 和 O 原子与其他大一点的原子成键时,随着 p_z 轨道重叠的降低,相应的它们 π-π 键也会变弱[8]。对这些元素来说,π-π 键变弱的结果就意味着不再能够保持完美的平面 H 形结构,反之在垂直方向会产生一个很小的褶皱。

如图 5-5 所示,褶皱高度 Δ 在很多化合物的 H 形结构里都存在,比如 H-ZnO。图 5-5 的内嵌图表明在所有的 H 形结构里,InN 的 Δ 值最大(约 0.15 Å),这是由于 In 原子的原子半径很大。V 形结构的 Δ 值基本都达到了 1~4 Å,这远远大于 H 形结构的 Δ 值。如图 5-5 所示,所有的 V 结构都是由原子序数相对大一点(大于 11)的元素构成。通常更大的原子半径会引起相邻两个原子间的键长更长,从而导致 p_z 轨道的重叠急剧降低,进而降低了 π 键的强度。最终为了提高结构稳定性,一个相当大的褶皱高度 Δ 就诞生了;并且还可以发现对于某一个同一主族元素构成的结构而言,Δ 值会随着原子半径之和增大而增大。对于含有一个小一点原子如 B、N、O 的化合物来说,它们会显示出很小褶皱的 H 形结构,而其他化合物就会显示褶皱很大的 V 形结构。这也是图 5-5 里 H 相和 V 相不能共存的原因所在。对于 T 形结构来说,因为它是一个类三明治的层状结构,所以自然的在垂直方向有一个 1~4 Å 的褶皱高度。由于 In 原子和 Sb 原子都有着很大的原子序数,再加上 In 和 Sb 的电负性差很小,最后导致 InSb 的 Bader 电荷很小。这应该就是 InSb 不存在稳定二维结构的原因。所有稳定二维单层 H、T 和 V 形 MX 结构的性质汇总见表 5-1。

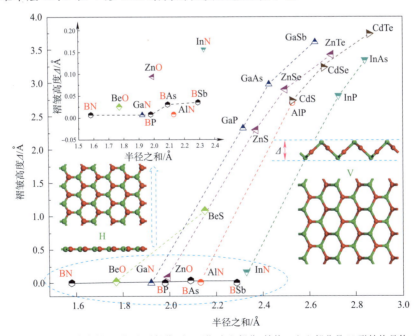

注:该图包含了所有稳定的 H 形(左下部分)和 V 形(右上部分)结构。左上部分是 H 形结构具体 Δ 值。红色字母代表第二周期类 C 元素。

图 5-5　竖直方向褶皱高度 Δ 值与构成元素 X 及 M 半径之和关系

表 5-1 所有稳定二维单层 H、T 和 V 形 MX 结构的性质汇总

材料	H			T			V		
	$a/\text{Å}$	$E_{\text{Form}}/\text{eV}$	E_g/eV	$a/\text{Å}$	$E_{\text{Form}}/\text{eV}$	E_g/eV	$a,b/\text{Å}$	$E_{\text{Form}}/\text{eV}$	E_g/eV
BN	2.51	35.36	4.68/K*K*	2.75	31.09	5.32/M*Γ	—	—	—
BP	3.21	24.53	0.90/MM	—	—	—	—	—	—
BAs	3.39	21.58	0.75/MM	—	—	—	—	—	—
BSb	3.74	18.73	0.32/MM	—	—	—	—	—	—
AlN	3.13	27.97	2.91/MΓ	3.61	27.69	3.63/K*Γ	—	—	—
AlP	—	—	—	3.92	19.81	1.32/ΓΓ	$a=4.82, b=3.81$	19.18	1.78/ΓΓ
AlAs	—	—	—	3.98	18.33	0.91/ΓΓ	—	—	—
AlSb	—	—	—	4.15	16.39	Metal	—	—	—
GaN	3.21	23.32	2.17/MΓ	—	—	—	—	—	—
GaP	—	—	—	—	—	—	$a=5.62, b=3.77$	17.20	1.74/ΓK*
GaAs	—	—	—	—	—	—	$a=5.00, b=3.91$	15.83	1.05/ΓK*
GaSb	—	—	—	—	—	—	$a=4.57, b=4.21$	14.29	0.43/ΓΓ
InN	3.57	20.41	0.91/ΓΓ	—	—	—	—	—	—
InP	—	—	—	—	—	—	$a=5.69, b=4.05$	16.03	1.38/ΓK*
InAs	—	—	—	—	—	—	$a=5.09, b=4.19$	15.01	1.04/ΓΓ
InSb	—	—	—	—	—	—	—	—	—
ZnO	3.28	17.29	1.67/ΓΓ	3.91	16.67	1.87/M*Γ	—	—	—
ZnS	—	—	—	3.98	13.10	2.86/ΓΓ	$a=5.38, b=3.75$	13.25	2.74/ΓΓ
ZnSe	—	—	—	4.07	11.88	2.22/ΓΓ	$a=5.61, b=3.96$	11.85	2.33/ΓΓ
ZnTe	—	—	—	4.25	10.51	0.88/ΓΓ	$a=4.56, b=4.21$	10.41	1.86/ΓΓ
CdS	—	—	—	4.53	11.78	2.28/ΓΓ	$a=5.53, b=4.09$	11.90	2.04/ΓΓ
CdSe	—	—	—	4.58	10.88	2.14/ΓΓ	$a=5.05, b=4.28$	10.85	1.88/ΓΓ
CdTe	—	—	—	4.66	9.86	1.31/ΓΓ	$a=4.74, b=4.54$	9.76	2.02/ΓΓ
BeO	2.68	28.09	6.71/MΓ	3.05	27.09	6.37/M*Γ	—	—	—
BeS	—	—	—	3.46	19.61	3.69/ΓΓ	$a=5.67, b=3.42$	19.26	4.83/ΓK*
BeSe	—	—	—	3.62	17.62	3.03/ΓΓ	—	—	—
BeTe	—	—	—	3.89	15.31	2.43/ΓΓ	—	—	—

注:对于 H 和 T 结构,晶格常数 a 和 b 相等;而对于 V 结构,晶格常数 a 和 b 不相等。E_{Form} 表示每四个原子(两个 M 原子和两个 X 原子)的形成能;E_g 表示带隙大小,旁边的字母则表示价(导)带最高(低)点所在的高对称 k 点(上标 * 表示在该高对称点附近)。所有结果都是由 PBE 泛函计算得出。

5.3.4 不同相结构之间的相对稳定性

不同结构形成能之间的能量差可以用来比较这三类相结构之间的相对稳定性。每个原胞(H 形结构则是每两个原胞)的形成能可以用如下定义来计算表示:

$$E_{\text{Form}} = 2E[M] + 2E[X] - E[MX] \tag{5-1}$$

式中 $E[MX], E[M]$ 和 $E[X]$——表示 MX 化合物的总能量,单个 M 原子的能量和单个 X 原子的能量。

这里之所以在 $E[M]$ 和 $E[X]$ 前面乘以系数 2,是因为 T 和 V 结构的原胞里含有两个

M 和 X 原子,算出来的形成能范围在 10~30 eV 之间,这表明这些结构里原子之间相互作用非常强。此外,计算出来的能量表明这些 MX 化合物基态最稳定的构型依次是:$MX=$ BN,BP,BAs,BSb,AlN,GaN,InN,ZnO 和 BeO 时为类石墨烯的 H 形结构;$MX=$ AlP,AlAs,AlSb,ZnSe,ZnTe,CdSe,CdTe,BeS,BeSe 和 BeTe 时为 T 形结构;$MX=$ GaP,GaAs,GaSb,InP,InAs,ZnS 和 CdS 时为 V 形结构。

如图 5-6 和表 5-1 所示,在这三种构型里,H 结构无疑是最稳定的,这是因为它们在竖直方向几乎没有偶极矩,二维材料的 E_{Form} 越大就表明稳定性越高。相比之下,V 结构由于有很大的褶皱,因此在褶皱方向有很大的极化,故而在能量上它不如平面的 H 结构稳定。至于 T 结构,层状的三明治构型使得它的极化要比 V 结构小但比 H 结构大,所以最终所有的这些化合物大致遵循这样的规律:$E_{Form}[H\text{-}MX] > E_{Form}[T\text{-}MX] > E_{Form}[V\text{-}MX]$。只有 ZnS 和 CdS 除外,因为它们 V 形结构的形成能要比 T 形结构稍微高一点。此外,进一步研究,获得形成能 E_{Form} 与构成这些结构的原子键长关系图,如图 5-6 所示。可以看出 E_{Form} 和键长存在一个反比例关系,即随着同一主族的原子序数增加,键长也相应增加,而形成能 E_{Form} 则在降低。最后在这 38 个稳定的二维单层结构里,H-BN 由于有着最小的键长和最大的形成能,从而稳定性最高。

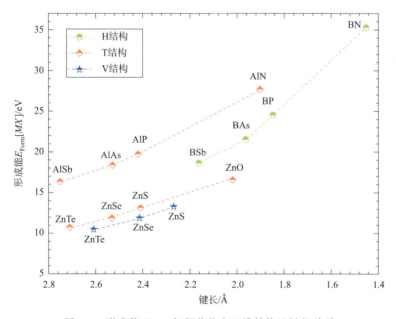

图 5-6　形成能 E_{Form} 与部分稳定二维结构里键长关系

5.3.5　电子结构

随着所有二维材料的稳定性被确定下来,接下来探讨相比它们的块体材料,这些新型的二维结构是否有更加不同寻常的电子性质。部分材料的电子结构绘制如图 5-7 所示。一般说来,维度的降低会严重影响材料的电子性质[9,10]。例如,V-AlP,T-AlP 和 T-AlAs 等二维结构都是有着直接带隙的半导体材料,而它们的块体结构则有着间接带隙。有趣的是,图 5-7 里二维 T-AlSb 能带图可以看到价带顶(VBM)和导带底(CBM)在不同 k 点处穿过了费米面,这是半金属的典型特性,而块体 AlSb 则是一个半导体。另外,对于同样一个化学表达式不同相的电子结构也不一样,比如 T 形 BeS 是一个直接带隙的半导体而 V 形 BeS 却是有着间接带隙的半导体。这些奇异的电子性质使得新型二维材料应用领域十分广泛。

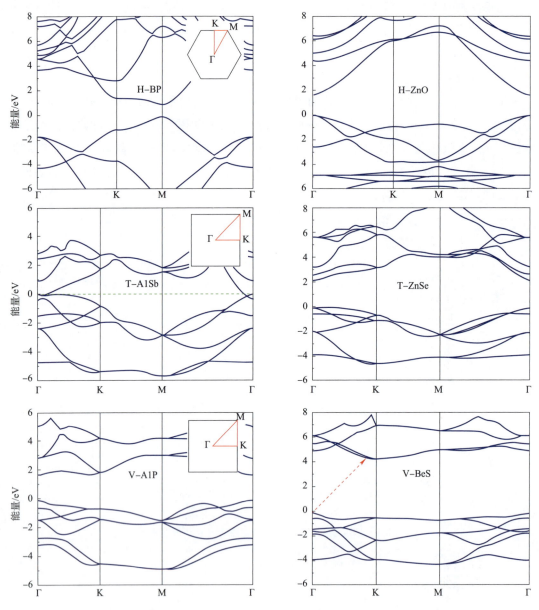

注:费米能级 E_F 已经归零。红色虚线表明是间接带隙,对应 VBM 和 CBM 在不同的高对称点。

图 5-7　部分稳定的二维 H,T 和 V 形结构能带图

计算结果证明了这些新型二维材料可以从传统的非层状闪锌矿结构中剥离出来,并且它们还拥有新颖的电子性质。这也提供了一个新的视角关于如何从传统材料中开发新型杰出的二维材料。考虑到它们丰富的电子性质,这些二维材料在材料领域有着很大的应用前景,诸如太阳能吸收转换以及光催化水解制氢。

5.3.6 光催化活性

近几十年来,光催化水解制氢一直是一个很吸引人的课题[11-16]。被用来实现光催化水解制氢的半导体要满足两个最基本原则,合适的带隙大小以及合适的带边位置[17-19]。二维材料在作为光催化剂时有着天然的优势,因为它们有着很大的表面积可用来发生水解反应,另外它们还缩短了电子和空穴的迁移距离,降低了电子空穴重组的几率,从而大大提高了其催化活性。

基于对光催化剂的这些基本要求,选取了10个二维半导体材料,它们的带隙控制在1.23~2.5 eV之间这样就能有效地吸收太阳光,这10种材料依次是V-AlP,T-BeTe,H-ZnO,V-CdS,T-CdSe,V-CdSe,V-CdTe,T-ZnSe,V-ZnSe 和 V-ZnTe。在选定的这些材料中,再考虑它们的 VBM 和 CBM 位置得跨过相应的氧化还原电极电位,因为只有这样它们在吸收了太阳光之后才利于氧化还原反应的发生。于是在参照了氢氧电极电位的 VBM 和 CBM 能级位置被计算出来,结果显示在图 5-8 中。有趣的是,有一些 MX 化合物诸如 V-AlP,V-CdS,T-CdSe,V-CdSe 和 V-ZnSe 都显示出了非常合适的带边位置,被用作光解水的催化剂。

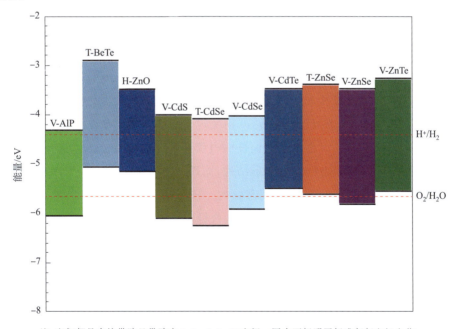

注:它们都是直接带隙且带隙在 1.5~2.5 eV 之间。图中还标明了标准氢氧电极电位。

图 5-8 十个稳定单层 MX 化合物的带边位置示意图

除了上面提到的对带隙大小和带边位置的要求之外,关于光催化剂的另一个要求就是能够非常有效地利用太阳光[20-23]。如图5-9所示的太阳光吸收光谱描述的是如前所述合适光催化材料的光吸收系数$A(\omega)$与光子能量ω的关系。可以看出尤其是对V-AlP和T-CdSe,它们在太阳光光谱范围内有着很强的光吸收,而其他材料的光吸收峰相应的有一些蓝移。强的光吸收表明这两个单层二维材料是非常合适用来作光催化水解的。

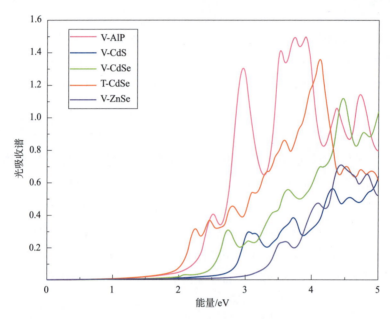

图5-9 二维MX材料的光吸收图

采用第一性原理计算系统研究来自27类闪锌矿结构(110)面的薄层二维材料,这些闪锌矿家族主要来自Ⅲ-Ⅴ族和Ⅱ-Ⅵ族。最后共有三种不同的单层结构被发现,分别是六角蜂窝状H结构、四角层状T结构和有褶皱的V结构。最后计算结果表明,在这81个不同的MX单层二维结构中有38个可以稳定存在,而决定它们能否稳定存在的关键因素在于所组成元素M和X的原子半径大小以及它们俩的电负性差。在所有二维MX化合物中,只要含有元素B,N和O的都倾向于形成H形结构,而那些不含第二周期类C元素的化合物则倾向于形成竖直方向有褶皱的V形或T形结构。H形结构也是三者当中能量最稳定的,因为它们在竖直方向基本没有偶极矩。随后对这些稳定二维单层结构的能带结构计算分析发现,维度的降低使得它们的带隙能在很大范围内调节。最后对带边位置和吸收光谱的计算发现,诸如V-AlP和T-CdSe等新型二维材料非常适合用来光催化水解制氢。

5.4　$NaTaO_3$ 光解水催化材料开发设计

5.4.1　$NaTaO_3$ 材料概述

钽酸钠 $NaTaO_3$(NTO)是在水分解反应中少数能产生氢氧混合气泡的材料之一[24]。NTO 在室温下表现出一种钙钛矿结构[25],这种材料的高光催化活性归因于由于 TaO_6 八面体的畸变而导致的合适的价位和导带位置与有效载流子的分离[26]。然而,NTO 具有大的带隙(~4.0 eV),仅在紫外光照射下有效的工作。掺杂被证明是半导体光催化剂中最成功的提高效率的途径。值得注意的是,在紫外光下,La 掺杂 NTO 的水裂解反应的量子产率大于 50%[27-30]。最近的研究进一步表明,用两种金属离子掺杂 NTO,例如 La 和 Co19 或 La 和 Cr[31-33],可以诱导可见光吸收和随后的光催化活性。然而,杂质金属离子常常引入缺陷态,增加电子-空穴复合。施主-受主共掺杂是克服半导体"掺杂瓶颈"的有效途径[34-37],一个阳离子和一个阴离子共掺杂,例如 La 和 N 或 Mo 和 N 对可见光催化确实非常有利。

最近,Onishi 等人将 Sr 离子掺入到 NTO 中得到的固溶体 $NaTaO_3$-$Sr(Sr_{1/3}Ta_{2/3})O_3$ 进行了广泛的实验研究[38,39]。他们的研究表明,Sr 掺杂 NTO(Sr-NTO)的催化效率与 Sr 掺杂位置密切相关。例如,在 $AgNO_3$ 水溶液中对 Sr-NTO 上金属银的光沉积的研究中[40],观察到当 Ta^{5+} 与 Sr^{2+} 交换时,相对于未掺杂的 NTO,光沉积速率提高了 5 倍。另一方面,当 Sr^{2+} 取代 Na^+ 时,光沉积速率仅略有提高。一般来说,用 Sr^{2+} 取代 Ta^{5+} 有望引入补偿氧空位。然而,NTO-Sr-$(Sr_{1/3}Ta_{2/3})O_3$ 固溶体能够容纳两种类型的 Sr-O 壳(Sr-O6 八面体和 Sr-O12 立方八面体),而不需要产生氧空位。32 Sr 在取代 $Ta(Sr_{Ta})$ 时确实充当受主,但在取代 $Na(Sr_{Na})$ 时是施主掺杂。因此,$Sr(Sr_{1/3}Ta_{2/3})O_3$ 结构是施主-受主与 Sr 共掺的结果。

虽然用 Sr 取代 Ta 对于提高 NTO-$Sr(Sr_{1/3}Ta_{2/3})O_3$ 固溶体相对于原始 NTO 的催化效率是至关重要的,但这种提高活性的物理和化学机制还没有很好的证实。本节通过第一原理密度泛函理论(DFT)计算,系统地研究了 Sr 掺杂对 NTO(001)的几何构型、电子结构和水氧化活性的影响,这是 NTO 最频繁的表面。结果表明,Sr_{Na} 是一种浅施主,施主-受主(Sr_{Na}-Sr_{Ta})共掺杂显著降低了 Sr 掺杂材料的形成能。虽然所有被研究的(原始和 Sr 掺杂)NTO(001)表面都具有合适的价带(VB)和导带(CB)边缘位置,但与原始 NTO(001)相比,施主-受主共掺杂的表面显示出显著的活性改善。特别地,通过研究发现在共掺杂表面上的 OER 过电位显著降低,这与实验观察到的阳离子掺杂提高 NTO 的效率是一致的。

5.4.2　$NaTaO_3$ 表面的几何结构和形成能

对于原始的 NTO(001),目前还没有对原子表面结构的直接实验测定。基于紧密相关的 $KTaO_3$(001)表面的实验结果,最近的一项计算研究表明,(2×1)羟基化的表面由一个

TaO$_2$(001)平面组成,每个(2×1)单元细胞有一个 Na 和两个 OH 吸附物种[在下面表示为—(2×1),图 5-10]是在水化学势范围内最可能的 NTO(001)结构。

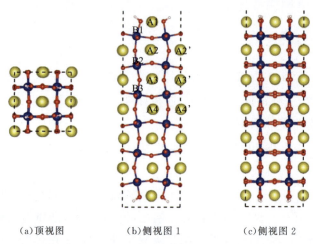

(a)顶视图　　　(b)侧视图 1　　　(c)侧视图 2

注:图中标出了 Sr 离子取代 Na(A)和 Ta(B)离子的可能位置。
　　蓝色、黄色、红色和粉色的球分别代表 Ta、Na、O 和 H 原子。

图 5-10　结构优化后的原始 NTO(001)模型

首先研究 Sr 掺杂效应的表面几何结构。采用七个非等效 A 和三个非等效 B 位的 Sr 原子取代单个 Na(A)或 Ta(B),确定了 NTO(001)表面及其附近的 Sr 掺杂择优位。相应的形成能 E_f 列于表 5-2 中。在 A 取代位中,A2 位点的能量最低。Ta(B)位点的代位 Sr 的 E_f 值远大于 A 位点。这表明在低浓度下 Sr 不太可能取代 NTO(001)表面的 Ta 离子,但应优先取代亚表面的 Na 离子。

表 5-2　锶在 NTO(001)表面不同位置替代 Na 或 Ta 离子的形成能 E_f

掺杂位点	形成能 E_f/eV	掺杂位点	形成能 E_f/eV	掺杂位点	形成能 E_f/eV
A1	1.86			B1	4.18
A2	1.72	A2′	1.75	B2	4.82
A3	1.75	A3′	1.76	B3	4.74
A4	1.74	A4′	1.75		

为了理解 SrSr$_{1/3}$Ta$_{2/3}$O$_3$ 固溶体的形成,进一步研究了在 NTO(001)表面附近多个 Sr 掺杂体的结构。根据表 5-2 中单个 Sr 掺杂剂的形成能,考虑了四种不同的构型,每种构型涉及每个超原胞中含有 4 个 Sr 阳离子。在前两种结构中,表示为 4Sr(4Na),所有 Sr 都位于 Na 位置,取代了亚表面的 2Na 和第三层的 2Na,或亚表面的 4Na,如图 5-11 所示。在另外两种结构中,表示为 4Sr(3Na-1Ta),四个 Sr 取代了 3Na 和 1Ta。总形成能和平均每个杂质的缺陷形成能[图 5-11(b)]清楚地表明,4Sr(3Na-1Ta)结构在能量上比 4Sr(4Na)结构更有

低,甚至比 A2 位点的单个 Sr 缺陷形成能更低。这个结果可以归因于一个简单的电荷补偿效应,即来自 Sr_{Na} 供体的三个多余电子补偿 Sr_{Ta} 受体的缺失电荷。然而,5Sr 掺杂 NTO 的计算表明,图 5-11(a)中的 5Sr(4Na-1Ta)的结构可以比 4Sr(3Na-1Ta)具有更低的基态能量。

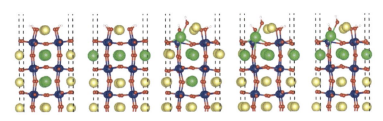

(a)每个超原胞有 4 和 5 个 Sr 掺杂的结构(仅显示了用于计算的部分表面模型)

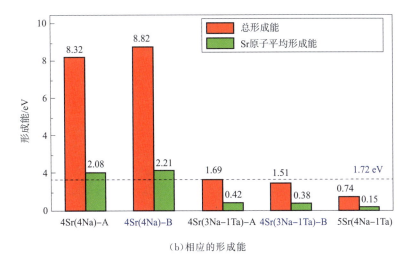

(b)相应的形成能

注:虚线表示单个 Sr 在最稳定的 A2 位点的形成能。

图 5-11　不同的 4 和 5 个 Sr 掺杂的 NTO(001)表面构型及其相应的形成能

5.4.3　$NaTaO_3$ 表面的电子结构

不同 Sr 掺杂浓度的原始和 Sr 掺杂 NTO(001)的电子态密度(DOS)及部分 DOS 如图 5-12 所示。在所有情况下,CB 和 VB 分别主要由 Ta-5d 和 O-2p 轨道贡献。与原始表面类似,补偿后的 4Sr(3Na-1Ta)在带隙中没有缺陷状态,其计算的带隙为 4.20 eV,仅略小于原始表面的 4.35 eV。相比之下,1Sr(1Na)和 5Sr(4Na-1Ta)掺杂表面的电子态密度都显示出低于导带最小值(CBM)的浅带隙态,表明是 n 型半导体。间隙态主要集中在 Ta 原子上。1Sr 和 5Sr 掺杂表面的禁带边缘的态密度分布相似,仅在 Sr 掺杂附近略有增强。

评价光催化剂是否适合水分解的最关键的电子结构要求就是它的 CBM 和 VBM 符合水还原和氧化电位的对齐。图 5-13 总结了未掺杂和掺不同浓度 Sr 的 NTO 表面的计算绝对带边位置,发现材料的 CBM 来源于 Ta 5d 轨道,其位置对 Sr 浓度和间隙态非常敏感。尽管如此,所有被研究的表面都满足水分裂的能带要求。

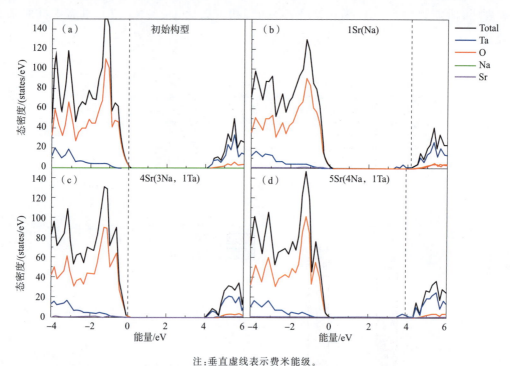

注:垂直虚线表示费米能级。

注:(a)初始的未掺杂 NTO(001)表面;(b)A2 位点的 1 个 Sr;(c)4Sr(3Na-1Ta)-B 结构;(d)5Sr(4Na-1Ta)结构。

图 5-12　NTO(001)的总电子态密度和电子的分波态密度,用不同浓度锶掺杂的 PBE0 函数计算

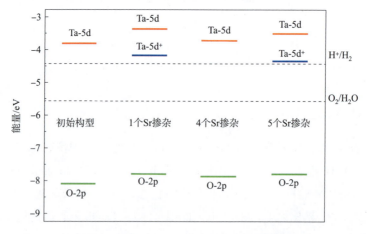

注:该图使用 PBE0 函数进行计算,能量零点设在真空。

图 5-13　计算了在 pH＝0(虚线)下相对于水还原和氧化电位的未掺杂和 Sr 掺杂的 NTO(001)表面的 CBM(红色)、VBM(绿色)和间隙状态(蓝色)能量

5.4.4 在未掺杂和 Sr 掺杂的 $NaTaO_3$(001)上的水氧化

利用 Nørskov 的理论计算方法[41,42]结合计算标准氢电极(SHE)模型,研究了 Sr 掺杂对 NTO(001)水氧化活性的影响。在最近的一项计算研究中,研究人员还研究了其他 OER 机制[43]。在这里采用的传统机制中,四个基本步骤对应于以下质子耦合电子转移反应:

$$H_2O(l) + * \longrightarrow HO^* + H^+ + e \tag{5-1}$$

$$HO^* \longrightarrow O^* + H^+ + e \tag{5-2}$$

$$O^* + H_2O(l) \longrightarrow HOO^* + H^+ + e \tag{5-3}$$

$$HOO^* \longrightarrow * + O_2(g) + H^+ + e \tag{5-4}$$

其中 H_2O(l)和 O_2(g)分别是液相中的水分子和气相中的氧分子,*表示空(活性)表面位置。然而,到目前为止所讨论的完全羟基化的原始和掺锶的 NTO 表面模型上没有活性反应位点,如图 5-10 和图 5-11 所示。作为第一步,通过从初始的和完全电荷补偿(掺杂 4Sr)的 NTO(001)表面去除一个表面 OH 和一个 H(即水分子),从掺杂 1Sr 和 5Sr 的表面去除一个表面 OH 和两个 H 原子来生成电中性的活性表面模型,计算结果表明,电中性的活性表面在能量上是更稳定的。如图 5-14 所示,这种活性表面的形成能随着 Sr 含量的增加而减小。特别是,5Sr-A 和 5Sr-B 活性表面的负生成能表明,这些结构应通过表面羟基的复合自发形成,生成水,然后从表面解吸附。

根据吸附中间产物,确定了图 5-14 中六个活性表面上反应 1~4 步的自由能变化[44]。零电位和 pH=0 时中间产物的自由能被确定为 $\Delta G = \Delta E + \Delta ZPE - T\Delta S$,式中,$\Delta E$ 是反应能,ΔZPE 是因反应而产生的零点能(ZPEs)之差,ΔS 是熵的变化。自由能是在 $T=0$ K 时计算的,它的温度依赖性被忽略,因为与气相比,它可以忽略不计。对于水,应当使用 3.5 kPa 的气相 H_2O 作为参考状态,因为在此压力下,气相 H_2O 的化学势与 298.15 K 的液态水的化学势平衡。在 $T=298.15$ K 时,对所有相关物种的 TS 和 ZPE 进行了评估。气相物种的 TS 值取自标准值表[45],对于吸附物,ZPE 值取自先前的 DFT 计算,而熵修正忽略。

图 5-15 绘制了原始和掺 Sr 的 NTO(001)表面上计算出的 OER 分布,外部电位 $U=0$ V,标准值 $U=1.23$ V,以及 OER 所需的最小电压(即所有自由能阶跃下降的电压)。最小电压和 1.23 V 之间的差异产生过电位。从图 5-15 中可以看到,最大自由能变化的步骤是 HO^* 到 O^* 的氧化,除了 5Sr-A 表面之外,其中最大的 G 是第一个质子释放。产生的过电位的大小取决于反应位置和 Sr 掺杂浓度,并且在 0.55~1.95 V 的范围内变化。重要的是,大多数高 Sr 浓度的表面(4Sr-B、5Sr-A 和 5Sr-B)显示出低于原始和低 Sr 浓度表面(0.99~1.05 V)的过电位(0.55~0.62 V)。

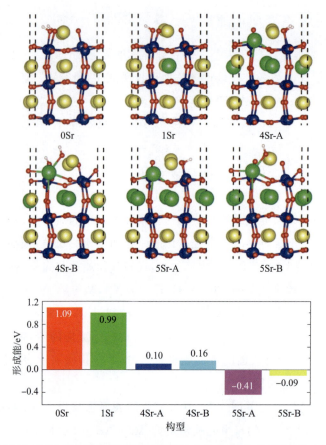

注：对于 4Sr 和 5Sr 掺杂表面，有两种类型的活性位点 Sr 或 Ta，分别表示为 A 和 B。
棕色、黄色、红色、绿色和粉色的球分别代表 Ta、Na、O、Sr 和 H 原子。

图 5-14　初始(0Sr)和掺 Sr 的 NTO(001)活性表面的结构和形成能

总之，在靠近杂质的(010)面上，所有 Ta 离子上的缺陷态都是非定域的。这表明替代 Sr_{Na} 在 NTO 中是一个浅施主杂质。主要研究的是初始的和 Sr 掺杂的 NTO 表面，显示出具有合适的 VBM 和 CBM 电位用于水氧化和还原反应。在低浓度下，Sr 优先取代 Na 离子，并充当施主掺杂剂，如大块 NTO 所观察到的。然而，在较高的浓度下，Sr 也可以取代 Ta 位作为受主掺杂剂，并且发现这种施主-受主共掺杂大大降低了每个 Sr 掺杂剂的平均形成能。重要的是，共掺杂表面变得部分脱氢和更活跃，导致相对较小的过电位(0.55～0.62 V)的析氧反应 OER。合适的能带边缘位置、较低的掺杂形成能和较小的理论过电位，表明高 Sr 掺杂的 $NaTaO_3$(001)是一种很有前途的水分解光催化剂。

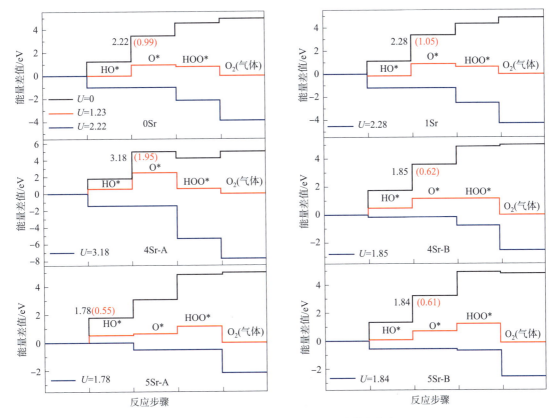

注：在每种情况下，最高自由能变化用黑色数字表示。
括号中的红色数字是过电势，由 OER 所需的最高自由能变化和最低 1.23 V 能量之差给出。

图 5-15　不同中性 $NaTaO_3$ 活性表面在零电位（$U=0$，黑线）、析氧平衡电位（$U=1.23$ V，红线）和最小过电位（蓝线）下四步 OER 在 pH=0 和 $T=298$ K 时的自由能图

5.5　光解水制氢发展趋势

1. 光催化剂纳米化

纳米微粒由于尺寸小，表面所占的体积百分数大，表面的键态和电子态与颗粒内部不同，表面原子配位不全等导致表面的活性位置增加，这就使它具备了作为催化剂的基本条件。纳米半导体比常规半导体光催化活性高得多，原因在于由于量子尺寸效应使其导带和价带能级变成分立能级，能隙变宽，导带电位变得更负，而价带电位变得更正，这意味着纳米半导体粒子具有更强的氧化或还原能力。纳米 TiO_2 粒子不仅具有很高的光催化活性，而且具有耐酸碱腐蚀和光化学腐蚀、成本低、无毒的优点，这就使它成为当前最有应用潜力的一种光催化剂。

2. 离子掺杂

离子的掺杂产生离子缺陷,可以成为载流子的捕获阱,延长其寿命。离子尺寸的不同将使晶体结构发生一定的畸变,晶体不对性增加,提高了光生电子-空穴分离效果。例如,铅掺杂 TiO_2 薄膜会使薄膜的吸收带边发生不同程度的红移。掺杂 0.5%mol La^{3+} 离子的 TiO_2 电极,其光电转换效率大大高于纯 TiO_2 电极的光电转换效率。此外,非金属离子 N、C 掺杂的光催化剂在光吸收性能方面也会出现明显改善。

3. 半导体复合

近几年来,对半导体复合进行了许多研究,复合半导体使吸收波长大大红移,催化活性提高,这可归因于不同能级半导体间光生载流子易于分离。此外,复合半导体的晶型结构也使光催化活性得到提高。如采用溶胶-凝胶法及浸渍提拉法在普通的载玻片上制得了 TiO_2/Fe_2O_3 复合薄膜的光催化活性优于纯 TiO_2 薄膜,其中 Fe_2O_3 的摩尔含量为 0.5%时光催化活性最好。采用浸渍法制备了 CdS/TiO_2 复合半导体光催化剂样品的吸收带边由 400 nm(3.1 eV)红移至 530 nm(2.3 eV)。用溶胶-凝胶和浸渍-还原相结合方法制得 $M/WO_3\text{-}TiO_2$(M=Pd,Cu,Ni,Ag)光催化剂,也可使 TiO_2 对可见光部分的吸收明显增加。固体材料吸光性能强弱顺序 $Pd/WO3\text{-}TiO_2 > Cu/WO_3\text{-}TiO_2 > Ag/WO_3\text{-}TiO_2 > Ni/WO_3\text{-}TiO_2$。

4. 染料光敏化

光活性化合物吸附于光催化剂表面,利用这些光活性物质在可见光下有较大的激发因子的特性,只要活性物质激发态电势比半导体导带电势更负,就可能将光生电子输送到半导体材料的导带,从而扩大激发波长范围,增加光催化反应的效率。常用的光敏化剂包括菁染料、酞菁、香豆素、叶绿素、曙红、联吡啶钌等。比如采用商用有机钌 N3 和两种新型染料 Ru(dcmpp)(debpy)Cl(PF_6)(简写为 Ru-Cl)和 Ru(dcmpp)(debpy)NCS(PF_6)(简写为 Ru-NCS)作敏化剂,组装了 3 种纳米晶 TiO_2 太阳能电池,发现这 3 种敏化剂对可见光均有良好的吸收,吸收波长拓展到 700 nm 以上,在整个太阳光波长范围内,有机钌金属 N3 敏化电极对光的吸收强度最大。

5. 贵金属沉积

常用的沉积贵金属主要是第Ⅷ族的 Pt、Ag、Ir、Au、Ru、Pd、Rh 等。在催化剂的表面沉积适量的贵金属有利于光生电子和空穴的有效分离以及降低还原反应(质子的还原、溶解氧的还原)的超电压,从而大大提高催化剂的活性。实际上,当半导体表面和金属接触时,载流子重新分布,电子从费米能级较高的 n-半导体转移到费米能级较低的金属,直到它们的费米能级相同,从而形成肖特基势垒,正因为肖特基势垒成为俘获激发电子的有效陷阱,光生载流子被分离,从而抑制了电子和空穴的复合。半导体的表面覆盖率往往是很小的,例如负载 10%质量分数的 Pt,只有 6%的半导体表面被覆盖。金属 TiO_2 表面的沉积量必须控制在合适的范围内,沉积量过大有可能使金属成为电子和空穴快速复合的中心,从而不利于光催化反应。ZnO 纳米粒子的表面沉积适量的贵金属 Pd 或 Ag 后,其光催化活性也能大幅度提高。对于贵金属 Pd 来说,最佳沉积量为 0.5%,对于贵金属 Ag 来说,最佳沉积量为 0.75%。

6. 电子捕获剂

光激发产生的电子和空穴主要经历捕获和复合两个相互竞争的过程。因此选用适当的电子捕获剂捕获电子,使复合过程受到抑制,是提高光催化活性的一个重要途径。将适当的电子捕获剂预先吸附在催化剂的表面,界面电子传递和被捕获过程就会更有效,更有竞争力。一般可以加入 O_2、H_2O_2 和过硫酸盐等电子捕获剂,可以捕获光生电子,降低光生电子和空穴的复合,提高光催化率。

7. 表面螯合及衍生作用

常用螯合剂包括含硫化合物、OH^- 等。光催化剂表面的部分金属离子与某种螯合剂发生螯合作用或生成衍生物,改善界面电子转移效果,同时螯合剂通过表面共价结合形成光催化体系,改变了光催化剂的能带位置,增强对可见光区域光的吸收,提高光催化剂的催化活性。

8. 外场耦合

外场耦合是利用外场与光场的耦合效应来提高光催化反应的性能。外场包括热场、电场、微波场、超声波场等。热场是通过提高反应体系温度的来提高反应的速率,增加催化剂的光吸收。电场是在光电催化反应体系中,半导体/电解质界面空间电荷层的存在有利于光生载流子的分离,而光生电子和空穴注入溶液的速度不同,电荷分离的效果也不同,为了及时驱走半导体颗粒表面的光生电子,可以通过向工作电极施加阳极偏压来实现,从而提高界面的氧化效率。微波场可以增加催化剂的光吸收,抑制载流子的复合,促进表面羟基生成羟基自由基。超声波利用声波的造穴作用,也就是溶液中气泡的形成、成长和内爆气泡的爆裂导致体系局部的高能状态:高温、高压以及放电效应和等离子效应。

迄今为止,人们所研究和发现的光催化剂和光催化体系仍然还存在诸多问题,如光催化剂大多仅在紫外光区稳定有效,能够在可见光区使用的光催化剂不但催化活性低,而且几乎都存在光腐蚀现象,需使用牺牲剂进行抑制,能量转化效率低,这些问题极大地阻碍了光解水的实际应用。光解水的研究是一项艰巨的工作,虽然近期取得了一些进展,但是还有很多工作需要进一步研究,如研制具有特殊结构的新型光催化剂、新型的光催化反应体系,对提高光催化性剂性能的方法进行更加深入的研究等,这些都是今后光解水领域研究的重点。

参考文献

[1] LINSEBIGLER A L,LU G,YATES JR J T. Photocatalysis on TiO_2 surfaces:principles,mechanisms,and selected results[J]. Chemical Reviews. 1995,95(3):735-758.

[2] FUJISHIMA A,HONDA K. Electrochemical photolysis of water at a semiconductor electrode[J].

Nature,1972,238(5358):37-38.

[3] RAHMAN M Z,KWONG C W,DAVEY K,et al. Correction:2D phosphorene as a water splitting photocatalyst:fundamentals to applications[J]. Energy & Environmental Science,2016,9(4):1513-1514.

[4] WATANABE K,TANIGUCHI T,KANDA H. Direct-bandgap properties and evidence for ultraviolet lasing of hexagonal boron nitride single crystal[J]. Nature Materials,2004,3(6):404-409.

[5] YUAN L,LI Z,YANG J,et al. Diamondization of chemically functionalized graphene and graphene-BN bilayers[J]. Physical Chemistry Chemical Physics,2012,14(22):8179-8184.

[6] LUO X,LIU L M,HU Z,et al. Two-dimensional superlattice:modulation of band gaps in graphene-based monolayer carbon superlattices[J]. Journal of Physical Chemistry Letters,2012,3(22):3373-3378.

[7] YIN W J,XIE Y E,LIU L M,et al. R-graphyne:a new two-dimensional carbon allotrope with versatile Dirac-like point in nanoribbons[J]. Journal of Materials Chemistry A,2013,1(17):5341-5346.

[8] ŞAHIN H,CAHANGIROV S,TOPSAKAL M,et al. Monolayer honeycomb structures of group-IV elements and III-V binary compounds:First-principles calculations[J]. Physical Review B,2009,80(15):155453.

[9] ZHANG H,LIU L M,LAU W M. Dimension-dependent phase transition and magnetic properties of VS_2[J]. Journal of Materials Chemistry A,2013,1(36):10821-10828.

[10] CHHOWALLA M,SHIN H S,EDA G,et al. The chemistry of two-dimensional layered transition metal dichalcogenide nanosheets[J]. Nature Chemistry,2013,5(4):263-275.

[11] HISATOMI T,KUBOTA J,DOMEN K. Recent advances in semiconductors for photocatalytic and photoelectrochemical water splitting[J]. Chemical Society Reviews,2014,43(22):7520-7535.

[12] LEE J H,SELLONI A. TiO_2/ferroelectric heterostructures as dynamic polarization-promoted catalysts for photochemical and electrochemical oxidation of water[J]. Physical Review Letters,2014,112(19):196102.

[13] LI Y F,LIU Z P. Particle size,shape and activity for photocatalysis on titania anatase nanoparticles in aqueous surroundings[J]. Journal of the American Chemical Society,2011,133(39):15743-15752.

[14] CAO T,WANG D,GENG D S,et al. A strain or electric field induced direct bandgap in ultrathin silicon film and its application in photovoltaics or photocatalysis[J]. Physical Chemistry Chemical Physics,2016,18(10):7156-7162.

[15] FUJITO H,KUNIOKU H,KATO D,et al. Layered perovskite oxychloride Bi_4NbO_8Cl:a stable visible light responsive photocatalyst for water splitting[J]. Journal of the American Chemical Society,2016,138(7):2082-2085.

[16] LI R,WENG Y,ZHOU X,et al. Achieving overall water splitting using titanium dioxide-based photocatalysts of different phases[J]. Energy & Environmental Science,2015,8(8):2377-2382.

[17] LIAO P,CARTER E A. New concepts and modeling strategies to design and evaluate photo-electro-catalysts based on transition metal oxides[J]. Chemical Society Reviews,2013,42(6):2401-2422.

[18] CENDULA P,TILLEY S D,GIMENEZ S,et al. Calculation of the energy band diagram of a photoelectrochemical water splitting cell[J]. Journal of Physical Chemistry C,2014,118(51):29599-29607.

[19] CONESA J C. Modeling with hybrid density functional theory the electronic band alignment at the

zinc oxide-anatase interface[J]. Journal of Physical Chemistry C,2012,116(35):18884-18890.

[20] LI X,LI Z,YANG J. Proposed photosynthesis method for producing hydrogen from dissociated water molecules using incident near-infrared light[J]. Physical Review Letters,2014,112(1):18301.

[21] HABISREUTINGER S N,SCHMIDT-MENDE L,STOLARCZYK J K. Photocatalytic reduction of CO_2 on TiO_2 and other semiconductors[J]. Angewandte Chemie-International Edition,2013,52(29):7372-7408.

[22] JEON N J,NOH J H,KIM Y C,et al. Solvent engineering for high-performance inorganic-organic hybrid perovskite solar cells[J]. Nature Materials,2014,13(9):897-903.

[23] RYU S,NOH J H,JEON N J,et al. Voltage output of efficient perovskite solar cells with high open-circuit voltage and fill factor[J]. Energy & Environmental Science,2014,7(8):2614-2618.

[24] LIN W H,CHENG C,HU C C,et al. $NaTaO_3$ photocatalysts of different crystalline structures for water splitting into H_2 and O_2[J]. Applied Physics Letters,2006,89(21):211904.

[25] KENNEDY B J,PRODJOSANTOSO A K,HOWARD C J. Powder neutron diffraction study of the high temperature phase transitions in $NaTaO_3$[J]. Journal of Physics:Condensed Matter,1999,11(33):6319-6327.

[26] ONISHI H. Sodium tantalate photocatalysts doped with metal cations:why are they active for water splitting[J]. ChemSusChem,2019,12(9):1825-1834.

[27] KUDO A,NIISHIRO R,IWASE A,et al. Effects of doping of metal cations on morphology,activity,and visible light response of photocatalysts[J]. Chemical Physics,2007,339(1-3):104-110.

[28] KATO H,ASAKURA K,KUDO A. Highly efficient water splitting into H_2 and O_2 over lanthanum-doped $NaTaO_3$ photocatalysts with high crystallinity and surface nanostructure[J]. Journal of the American Chemical Society,2003,125(10):3082-3089.

[29] KUDO A,KATO H. Effect of lanthanide-doping into $NaTaO_3$ photocatalysts for efficient water splitting[J]. Chemical Physics Letters,2000,331(5-6):373-377.

[30] JEYALAKSHMI V,MAHALAKSHMY R,KRISHNAMURTHY K R,et al. Photocatalytic reduction of carbon dioxide in alkaline medium on La modified sodium tantalate with different co-catalysts under UV-Visible radiation[J]. Catalysis Today,2016,266:160-167.

[31] YANG M,HUANG X,YAN S,et al. Improved hydrogen evolution activities under visible light irradiation over $NaTaO_3$ codoped with lanthanum and chromium[J]. Materials Chemistry and Physics,2010,121(3):506-510.

[32] YI Z G,YE J H. Band gap tuning of $Na_{1-x}La_xTa_{1-x}Cr_xO_3$ for H_2 generation from water under visible light irradiation[J]. Journal of Applied Physics,2009,106(7):74910.

[33] KANG H W,LIM S N,PARK S B,et al. H_2 evolution under visible light irradiation on La and Cr co-doped $NaTaO_3$ prepared by spray pyrolysis from polymeric precursor[J]. The International Journal of Hydrogen Energy,2013,38(15):6323-6334.

[34] WEI S H. Overcoming the doping bottleneck in semiconductors[J]. Computational Materials Science,2004,30(3-4):337-348.

[35] DOZZI M V,SELLI E. Doping TiO_2 with p-block elements:effects on photocatalytic activity[J]. Journal of Photochemistry and Photobiology C,2013,14(1):13-28.

[36] ZHANG J,TSE K,WONG M,et al. A brief review of co-doping[J]. Frontiers of Physics,2016,11

(6):117405.

[37] MODAK B,SRINIVASU K,GHOSH S K. Photocatalytic activity of $NaTaO_3$ doped with n,mo,and (n,mo):a hybrid density functional study[J]. Journal of Physical Chemistry C,2014,118(20):10711-10719.

[38] AN L,ONISHI H. Electron-hole recombination controlled by metal doping sites in $NaTaO_3$ photocatalysts[J]. ACS Catalysis,2015,5(6):3196-3206.

[39] AN L,PARK Y,SOHN Y,et al. Effect of etching on electron-hole recombination in sr-doped $NaTaO_3$ photocatalysts[J]. Journal of Physical Chemistry C,2015,119(51):28440-28447.

[40] AN L,ONISHI H. Rate of Ag photodeposition on Sr-doped $NaTaO_3$ photocatalysts as controlled by doping sites[J]. e-Journal of Surface Science and Nanotechnology,2015,13(0):253-255.

[41] ROSSMEISL J,QU Z W,ZHU H,et al. Electrolysis of water on oxide surfaces[J]. Journal of Electroanalytical Chemistry,2007,607(1-2):83-89.

[42] MAN I C,SU H Y,CALLE-VALLEJO F,et al. Universality in oxygen evolution electrocatalysis on oxide surfaces[J]. ChemCatChem,2011,3(7):1159-1165.

[43] OUHBI H,ASCHAUER U. Water oxidation catalysis on reconstructed $NaTaO_3$(001)surfaces[J]. Journal of Materials Chemistry A,2019,7(28):16770-16776.

[44] NøRSKOV J K,ROSSMEISL J,LOGADOTTIR A,et al. Origin of the overpotential for oxygen reduction at a fuel-cell cathode[J]. Journal of Physical Chemistry B,2004,108(46):17886-17892.

[45] HAYNES W M. CRC handbook of chemistry and physics(97th Edition)[M]. Boca Raton:CRC press,2016.

第6章 新型能源及存储材料

6.1 锂离子电池能源存储材料的发展概述

从石器时代到铁器时代,再到当今以硅工艺集成电路为基础的高速发展的信息时代,人们对新材料的掌握和应用是上述新文明起源和发展的基础。材料的发展驱动着经济、社会以及科学的进步,并且深深地影响着我们的日常生活。预测表明,经济增长一倍,能源消耗量也将增加一倍。当前控制经济命脉的主要能源形式是化石能源。一方面,这些化石能源在燃烧过程中产生大量的烟尘和气体。这些燃烧产物中,烟尘和一些有机气体对人体健康有损害;二氧化硫等气体通过形成酸雨等方式会对土壤、植被和建筑物等产生破坏;有的气体对环境和气候有严重影响,如可产生光化学烟雾的氮氧化物和引起"温室效应"的二氧化碳等。另一方面,传统的化石能源正日益枯竭,全球范围内正面临一场能源危机。解决这场危机的关键在于新能源形式的开发和利用。太阳能、风能、水力、核能、地热能、海洋能、生物质能等都是处于发展阶段的新型能源形式[1]。由于新能源可以缓解现存的能源危机,因而受到广泛的关注和支持。新能源的发展不仅要着眼于新体系的开发,而且要靠对新材料的开发与优化来推动新体系的应用。如何提高能源的利用率,改善能源结构,是人类可持续发展所面临的严峻考验。

与风能、水力、核能等相比,传统化石能源的一个突出的优势是其优良的移动性,并且人类文明已经习惯于这种移动性带来的便利性。因此,在新能源形式利用的过程中,把新能源如何转化成可移动的能源形式,是利用新能源中的一个非常重要的课题。此时,化学二次电源是解决这一问题的首要选择。首先,日益普及的便携式电子产品如笔记本电脑、手机、摄像机等对发展高性能的二次电池提出了十分迫切的要求。其次,不足的电力供应与电网峰谷差的矛盾,要求发展有效的电能存储技术来解决。再者,由于环境污染的日益加重以及化学能源的耗尽,用电动汽车和混合电动汽车来替代对环境污染严重的燃油汽车迫在眉睫[2]。对此,传统的化学电源已无法满足上述领域对高比能量与高功率密度的必然需求。

二次电池发展的总趋势是要求达到高比能量、高功率密度、长寿、安全和廉价,同时污染低并可回收利用。锂离子电池具有能量密度高、循环寿命长、安全性能好、无公害等优点,是最能满足未来社会持续发展要求的高能电池之一。与现有的二次电池(铅酸、镍镉以及镍氢电池)相比,锂离子电池在能量密度上占有明显的优势,目前能量密度可达 300 $Wh \cdot kg^{-1}$,

是 Cd/Ni 电池的 6 倍,是 MH/Ni 电池的 3 倍。锂离子电池的月自放电率一般小于 5%,循环寿命一般都可以达到 1000 次以上,适于长期保存和使用。锂离子电池对环境友善,没有污染,是一种典型的绿色能源。

锂二次电池是 20 世纪开发并应用的新型高能电池。人们选择锂离子作为电池电荷携带体,是因为锂金属在所有的金属元素中,具有最负的标准电极电位(-3.04 V)以及最轻的质量(原子量为 6.94 g·mol^{-1},密度为 0.53 g·cm^{-3}),其比容量可以达到 3.86 Ah·g^{-1} 或 2.06 Ah·cm^{-1}。锂电池一般可以分为锂一次电池(锂原电池)和锂二次电池。锂电池的负极是金属锂,正极用 MnO_2、$SOCl_2$、SO_2 等。锂一次电池研究最早始于 20 世纪 50 年代,直到 70 年代才开始商业化。锂二次电池的研究从 20 世纪 70 年代开始,到 80 年代初,J. B. Goodenough 等人[3]合成并研究了作为正极材料的 $LiMO_2$($M=Co,Ni,Mn$)等一系列化合物,这类化合物的空间结构均为层状结构,锂离子在其中可以可逆地嵌入和脱出。但作为负极的金属锂,由于其在循环过程中极易形成锂枝晶,刺破隔膜材料进而导致电池短路并造成电池起火、爆炸等安全性问题。因此,当时锂二次电池一直没有走出实验室实现商业化。为了解决上述问题,必须提出新的体系来替代现有的锂负极材料。首先人们想到从优化电解液体系入手,比如采用固体聚合物电解质,由此在金属锂上面形成致密的钝化膜,从而起到保护作用。但是固体聚合物电解质在室温下电导率极低,因此只适合于在 60~80 ℃ 温度区间应用。然而,电子产品的发展要求能够在室温下工作且具有尽可能高安全性的二次电池。此外,采用其他嵌锂材料代替金属锂作为负极,可以显著地降低负极的活性,也能够有效解决锂枝晶的产生而引起的安全问题。锂二次电池就是在这样的条件下产生的。就此,1980 年,M. B. Armand 等人[4]提出了"摇椅式"锂二次电池的新设想,即正负极材料采用可以储存和交换锂离子的层状化合物,充放电过程中锂离子在正负极间来回穿梭,从一边迁移到另一边,往复循环,相当于锂离子的浓差电池。这种锂离子浓差电池,虽然电池的能量密度和充放电倍率受到限制,但这是概念上的突破,是解决二次锂电池安全问题的必然途径。

"摇椅式"锂二次电池概念提出后,多种材料被尝试用来代替金属锂作为负极,这其中包括过渡金属氧化物、锂合金、石墨和非石墨化无序碳材料,锡锑合金等。1990 年 Sony 公司首次采用了一种新的电池体系,以嵌锂化合物 $LiCoO_2$ 为正极,无序非石墨化石油焦炭为负极,$LiPF_6$ 溶于碳酸丙烯酯(PC)和碳酸乙烯酯(EC)作为电解液的二次锂电池体系,并将其命名为锂离子电池[5]。从此,锂离子电池登上了它的历史舞台,此后,锂离子电池在电子信息产业、电动车和储备能源、各种高科技行业领域扮演越来越重要的角色。1993 年,美国劳伦斯利弗莫尔国家实验室对日本 Sony 公司的 20500 型锂离子电池性能检测的结果表明,锂离子电池可以用于低轨道卫星。加拿大的蓝星先进技术公司(BATC)在 1998 年已经完成 50 Ah 锂离子电池的研制。法国 SAFT 公司致力于 $LiNiO_2$ 和 $LiNi_xM_yO_2$ 正极材料的开发,并预言锂离子电池是 21 世纪新卫星计划中的首选电源。德国瓦尔塔电池公司使用价廉

的 $LiMn_2O_4$ 为正极材料,预备使用到汽车用动力电池。美国宇航局和空军研究所计划将锂离子电池用作 21 世纪空间飞行器的主要动力电源[6]。

锂离子电池是由正极、负极以及电解液三部分组成,正极是锂源的提供者。在充电时,锂离子从正极材料中脱出,进入电解液,穿过隔膜,并嵌入到负极碳材料结构中。在此过程中,电子从被氧化的过渡金属中脱出,通过外电路进入到负极,在负极上发生还原反应,电能转化成化学能储存在电池中。而放电过程正好相反,电子通过外电路做功,将储存的化学能转化成电能。

根据上述锂离子电池的工作原理以及其发展方向,可知其电极材料应具有下列性能[7]:

(1)为满足锂离子电池高比容量的要求,电极材料的分子量应较小,且每个分子可以储存多个锂离子。如果考虑体积比容量的话,材料最好具有较高的密度,但高密度和小分子量通常会产生矛盾。

(2)为满足锂离子电池高能量密度的要求,除了具有高比容量外,电池应该具有较高的开路电压。这就要求正极材料中锂离子具有较低的化学势,即具有较低的费米能级,而负极材料的要求正好相反。

(3)为满足锂离子电池高功率密度的要求,电极材料应同时具有较高的电子电导率和离子电导率。

(4)为满足锂离子电池的长循环寿命,通常锂离子嵌入和脱出应具有较高的可逆性且电极材料结构稳定。

(5)为满足低成本的要求,电极材料原材料要求便宜,储量高,制备工艺简单且成本低。

(6)从环保角度考虑,电极材料应该对环境无毒、无污染。

另外,对于电解液而言,要求具有高锂离子电导率和电子绝缘性,这可以确保锂离子电池低自放电率。同时,为保证电池循环性能,要求电解液和电极材料之间能够稳定共存(即不发生化学反应和电化学反应)。

目前商品化的锂离子电池采用 $LiCoO_2$ 作正极,石墨化的碳材料如中间相炭微球(MCMB)、硬炭材料以及天然石墨作负极,$LiPF_6$ 的碳酸乙烯酯(EC)、碳酸二乙酯(DEC)或碳酸二甲酯(DMC)溶液为电解液。对环境的关注和对能源短缺的思考使人们对燃油汽车的未来进行了新的规划。以高能二次电池为动力的电动汽车与以燃油和电池为动力的混合电动汽车受到了越来越多的重视。这对锂离子电池提出了低成本和高性能等要求。要满足这些要求,锂离子电池中的正负极材料与电解液等都面临新的考验。

6.2 理论方法在锂离子电池研究中的应用

6.2.1 第一性原理计算的发展及其在锂离子电池材料研究中的应用

第一性原理计算在原理上不依赖任何经验参数,只需要知道构成微观体系各元素的原子种类,就直接通过求解薛定谔方程,即可合理预测材料体系的总能量、稳定性、电子结构等性质[8]。目前密度泛函分类在物理和化学界还没有一个统一的标准,Perdew[9]在2001年提出用"雅各梯(Jacob's ladder)"对密度泛函进行分类。1985年,Car和Parrinello[10]成功地将分子动力学和DFT方法有机结合起来,建立了基于第一性原理的分子动力学方法,即Car-Parrinello方法,为准确地描述动力学过程提供了极大的方便。当然在目前的固体量子理论中,还有其他一些方法,如紧束缚(tight-binding,TB)方法[11]、有效质量理论[12]以及量子Monte Carlo[13]方法等,它们在材料设计中都具有重要应用。因此,就理论层面而言,通过第一性原理计算可以获得锂离子电池电极材料基态的大部分性质。例如,通过分析能量在空间的分布及其梯度,可以获得材料中的原子受力,进而可以对电池材料结构的稳定性进行分析。另外,通过分析整个晶胞中的电荷分布,可以模拟和研究电极在电化学反应中的电子转移问题。对于局域化较强的电荷(如小极化子),还可以直接通过分析这些电荷的迁移来模拟其对材料电子导电性的贡献。此外,通过发展密度泛函理论并运用线性响应技术,可以对晶格动力学进行计算,如声子色散等。再通过统计物理的基本方法,可以计算晶格振动在不同温度下对自由能的贡献,进而可以分析电池电极材料相变问题以及计算相结构和相图等。目前基于DFT进行计算的软件非常多,比较常见的有基于赝势理论的CPMD[14]、VASP[15]、CASTEP[16]、Quantum ESPRESSO[17]和ABINIT[18],基于全势理论的WIEN2K[19],基于分子轨道理论的SIESTA[20],基于最新的meta-GGA[21]的ADF[22]和实空间含时的密度泛函软件Octopus[23]等,虽然各有着眼点和侧重点,但是这些软件的开发极大地丰富和发展了密度泛函理论的内涵和使用范围。总体而言,目前第一性原理计算一方面与实验形成互补,帮助理解现有锂电材料实验现象背后的内在原因和物理规律,并在此基础上提出改进材料电化学性能方案;另一方面可以加速材料的开发,通过高通量计算筛选具有潜力的材料,最终实现新型电极/电解质材料研发从传统的"试错法"向高效的理性设计迈进。基于密度泛函理论(DFT)的第一性原理计算可以用来研究锂离子电池电极材料的嵌锂电位、电子结构、锂离子传输动力学、结构稳定性等。

1. 电极材料嵌锂电位计算

嵌锂电位是电极材料最重要的参数之一。以正极材料为例,电位过低会降低电池的能量密度,而电位过高则会造成电解液分解。在锂离子电池研究的初期,人们就希望通过理论计算实现对电极材料嵌锂电位的预测。电极材料的电压取决于锂离子在其结构中的化学势,锂离子化学势越低,电压越高,反之化学势越高,电压越低。锂离子在电极材料中化学势随锂含量的变化而变化,因此精确计算材料充放电过程中的电压变化较为困难。Ceder 等人[24]首先提出通过计算充(放)电初态与末态之间的能量差得到材料平均脱嵌锂电位的方法。对于正极为 LiA,负极为 B 的电池体系,假设充电后有 x 个锂从 LiA 中脱出并嵌入到 B 中,其反应式为

$$\text{LiA} + \text{B} \longrightarrow \text{Li}_{1-x}\text{A} + \text{Li}_x\text{B} \tag{6-1}$$

这一过程的平均电压为每个锂对应的末态(Li_{1-x}A, Li_xB)与初态(LiA,B)的能量之差 V

$$V = \frac{E(\text{Li}_{1-x}\text{A}) + E(\text{Li}_x\text{B}) - E(\text{LiA}) - E(\text{B})}{xe} \tag{6-2}$$

式中　e——元电荷;

　　　E——能量。

更为准确地表达,上式中的能量应替换为 Gibbs 自由能。对于没有气体参与的反应,可以认为 Gibbs 自由能近似等于内能[24]。有气体参与的反应,需要考虑气体体积与熵的贡献[25]。如果负极为金属锂,则上式可简化为

$$V = \frac{E(\text{Li}_{1-x}\text{A}) + xE(\text{Li}) - E(\text{LiA})}{xe} \tag{6-3}$$

式中　x——锂离子嵌入含量;

　　　A——正极材料。

早期研究人们发现,几乎对所有的正极材料密度泛函理论计算得到的电压都偏低。Zhou 等人[26]认为这是由于含有 3d 过渡金属离子的正极材料属于强关联电子体系,其 3d 轨道的电子是高度局域化的。而在单电子近似的密度泛函理论框架下,局域化的电子会引入自相互作用,因此导致嵌锂电位被低估。通过对标准的 GGA 进行 +U 修正,即 GGA+U 的方法[27],计算得到了与实验值一致的电压。在含有 3d 过渡金属离子的锂电正极材料计算中,GGA+U 已经成为一种通用的方法。除了 GGA+U,混合密度泛函(hybrid density functional theory,HDFT)也能够给出较好符合实验的嵌入电压[28]。混合密度泛函指的是将 GGA 的一部分交换能用更为精确的 Hartree-Fock 交换能代替,如 Heyd-Scuseria-Ernzerhof(HSE06)泛函将 1/4 的交换能替换为 Hartree-Fock 交换能[29]。相比 GGA+U,混合密度泛函计算的优点是不需要引入随元素种类和价态变化而变化的参数;其缺点是计算量非常大,较难推广至大体系的计算。

2. 材料电子结构计算

第一性原理计算可以得到电极材料所对应的电子结构。已知电子结构信息,可以得知材料的导电性和脱嵌锂过程中起到电子补偿作用的离子。电子结构可分为实空间的电子分布与能量空间的电子能带结构和态密度。通过对实空间的电子分布进行 Bader 电荷分析或自旋积分,可以得到各种离子的价态。通过对比嵌锂态与脱锂态的离子价态变化,可以分析

得知它起到氧化还原电对作用的离子。Reed 等人[30]通过对层状材料 $Li(Ni_{0.5}Mn_{0.5})O_2$ 脱锂前后镍离子与锰离子周围的电子进行自旋积分,发现起到嵌锂态镍离子为二价而锰离子为四价,脱锂后镍离子由二价变为四价而锰离子价态不发生改变,因此充放电过程中起到氧化还原电对作用的是镍离子。而通过对能量空间的电子结构进行分析,不仅能得到每一种离子的价态,还可以明确电子轨道是否被占据,以及整个材料的能带带隙大小。对于含有 3d 过渡金属的强关联电子体系,要正确地计算其电子结构同样需要加 U 修正。以橄榄石结构 $LiFePO_4$ 为例,不加 U 修正计算结果表明它的最高电子占据态在导带内,不存在带隙,因此是电子导体。显然这与实际情况不符合,因为 $LiFePO_4$ 的电子绝缘是早期阻碍其应用的最大障碍之一。Zhou 等人[31]通过 GGA+U 计算得到 $LiFePO_4$ 的带隙为 3.7 eV,与实验值符合较好。

3. 锂离子传输动力学研究

锂离子电池的储能载体为锂离子,充(放)电过程中锂离子从正(负)极材料脱出,并嵌入到负(正)极材料的晶格中。相比电子,离子的质量要大得多,因此锂离子传导更加可能成为电化学过程中的限速环节。通过弹性带(nudged elastic band,NEB)方法[32],可以计算锂离子从一个平衡位置跃迁到另外一个平衡位置需要越过的势垒。通常来说,跃迁所需的势垒越高,该方向的锂离子传导越困难,反之则越容易。除此之外,还可以用第一性原理分子动力学(ab initio molecular dynamics,AIMD)[33]计算来研究锂离子的传输通道。AIMD 计算过程为,通过对超胞施加一定的温度使得其中的离子产生运动,模拟时间结束后统计分析离子在模拟过程中所遍历的空间位置,并以此推断其离子传输性质。AIMD 与 NEB 法可以结合使用。由于 NEB 法计算锂离子通道需要考虑各种可能的情况,为了降低问题的复杂性,可以通过 AIMD 大致确定可能的锂离子传输通道,在此基础上使用 NEB 法计算这些路径上的锂离子跃迁活化能。

4. 电极/电解质材料结构稳定性计算

电极材料在充放电过程中的晶体结构稳定性是其锂离子电池高库伦效率和高循环寿命的前提条件。如果电极材料的晶体结构在循环过程中发生改变,通常会造成电极容量的损失,因为相变往往是不可逆的。结构稳定性主要通过计算比较当前结构与其他相近结构的能量来判断,如果当前结构能量最低,则表明该结构是热力学稳定的。Van der Ven 等人[34]通过计算研究了不同锂含量的 $Li_xCoO_2(0<x<1)$ 的结构稳定性,发现当锂含量 x 小于 0.5 后,继续脱锂会导致原始的 O3 相结构向 H1-3 相结构转变。这一结果符合人们对 $LiCoO_2$ 正极材料的认识,实际应用中为保证循环稳定性其容量被限制在 150 mAh·g^{-1},即只能利用其中一半的锂离子。另外,锂离子电池在使用过程可能会经受高温条件的考验,因此电极材料的热稳定性也是实际应用中的一个重要指标。由于充电后的正极材料处于高能量态,其晶体结构在高温条件下容易发生相变。Wang 等人[35]提出通过计算材料在不同温度下发生相变反应的生成能,来预测其发生相变的温度。需要注意的是,晶体结构相变除了需要满足反应后能量降低的热力学条件,还要考虑相变动力学条件是否具备。

6.2.2 分子动力学的理论基础及其应用

分子动力学方法作为一种确定性方法,可以直接模拟粒子随时间在空间中的运动轨迹,因此可以直观地处理材料体系的动力学问题和预测材料各种动力学相关的性质。分子动力学可以应用于模拟材料的各类结构问题(包括相变、优化、缺陷、晶体生长等),直接模拟材料中粒子的扩散等。分子动力学模拟中最关键的因素是势函数的选择,这将直接决定模拟结果的合理性和可信度。对于固相材料而言,特别是具有强关联电子体系的材料,要获得精确合理的势函数难度较大。通过第一性原理计算来获得材料中粒子间的相互作用力,将可以大大提高分子动力学模拟结果的可信度,因此目前固体材料中的分子动力学都是基于第一性原理。第一性原理分子动力学在锂离子电池中最广泛的应用包括研究电极材料的电子结构,固体材料中的 Li^+ 的迁移能垒、能量以及体相和相关表面/界面处的结构和电化学稳定性,从而分析电子传导行为,Li^+ 动力学性能预测和热力学特性等。然而,在设计锂离子电池材料时应用第一性原理计算的场景不限于上述方面,几乎包括与材料物理和化学性质相关的所有领域都可以应用该方法。可以用第一性原理分子动力学来研究锂离子的传输通道[39]。其计算过程为,通过对超胞施加一定的温度使得其中的离子产生运动,模拟时间结束后统计分析离子在模拟过程中所遍历的空间位置,并以此推断其离子传输性质。第一性原理分子动力学方法与 NEB 法可以结合使用:由于 NEB 法计算锂离子通道需要考虑各种可能的情况,为了降低问题的复杂性,可以通过第一性原理分子动力学大致确定可能的锂离子传输通道,如图 6-1 所示[36]。

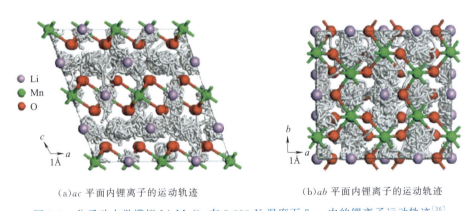

(a) ac 平面内锂离子的运动轨迹　　(b) ab 平面内锂离子的运动轨迹

图 6-1　分子动力学模拟 Li_2MnO_3 在 3 000 K 温度下 7 ps 内的锂离子运动轨迹[36]

6.2.3 相场模型的基本原理及其应用

与第一性原理和分子动力学模拟技术相比,相场模拟具有更宽的模拟尺度范围,因此成为模拟材料动力学行为的基本手段之一。然而,相场与以上方法有很大的区别,其建模是半唯象的,理论基础建立在热力学、弹塑性力学、电化学等。到目前为止,即使现有的相场模型本身也不能考虑微观结构中涉及的所有物理或化学因素,但相场仍在材料模拟中有着大量的应用,如有序化、裂纹扩展、枝晶生长[37]沉淀[38]和马氏体相变行为中已经实现,其几乎可以涵盖所有介观尺度材料动力学行为的模拟。随着新的物理或化学模型的出现,相信相场将在更多应用中表现出巨大的潜力。

目前,相场方法的发展依赖于三个方面:物理或化学建模、产业需求和数据库。物理或化学建模是相场建模的基础,它给出了材料动力学问题的相场框架,例如扩散、应力分布和化学反应等。一旦描述材料动力学行为的相场模型建立起来,相场模拟的结果就能够解决相变、扩散等过程中令人困惑的问题,并验证物理或化学模型的可靠性。另一方面,相场建模的目的是帮助工程师设计材料的加工工艺,并分析加工过程中可能出现的微观结构变化,这与产业需求紧密相关。当然,相场模型的一些应用,如通过相场与计算相图方法(CALPHAD)[39]的耦合,凝固和沉淀过程中的沉淀行为、枝晶生长和多组元扩散等已在工业界得到应用。通过计算相图方法提供了相场建模所需的热力学参数。对于不同的合金系统和相变类型,数据库提供适应工业条件下的相场模型所需要的参数。一个成功的案例如通过计算相图方法与相场模型耦合,实现了对多组元体系合金析出和凝固过程工业需求的模拟。

相场模型的基本物理概念应该追溯到 Gibbs[40] 和 Cahn[41] 等人的经典工作。他们分别构建了热力学和扩散界面描述的物理基础。相场模型基于扩散界面描述建立,相场参数在两相界面间连续且平滑地过渡。微结构随时间的演化由两个著名的方程所描述,即:针对保守场变量的 Cahn-Hilliard 非线性扩散方程[48]和针对非保守的相场变量的时间依赖的 Ginzburg-Landau 方程[42]:

$$\frac{\partial c}{\partial t} = \nabla M_i \ \nabla \frac{\delta F}{\delta c} \tag{6-4}$$

$$\frac{\partial \eta}{\partial t} = -\boldsymbol{L}_{ij} \ \frac{\delta F}{\delta \eta} \tag{6-5}$$

$$F = E_{\text{chemical}} + E_{\text{interface}} + E_{\text{elastic}} \tag{6-6}$$

式中 c ——表征相变行为的保守的场变量;

η ——非保守的场变量;

M_i ——组分 i 的扩散迁移率;

$\boldsymbol{L}_{ij}$ ——与界面迁移率相关的动力学矩阵。

F ——总自由能泛函,为各种组成能量项的加和;

E_{chemical} ——化学能;

$E_{\text{interface}}$ ——界面能;

E_{elastic} ——弹性能。

通过这种方式,相之间的复杂交互作用得以表达,将物理及化学中不同的场因素都考虑到模型中,这也是相场模型的优势。一般而言,相场法构建了求解相变动力学行为的一般形式。其建模和求解步骤可归纳如下：首先，定义保守或非保守参数所表征具体问题中的物理及化学模型；然后构造总自由能函数以满足体系的化学、界面及弹性特征，最后通过求解控制方程得到微观组织的演化。

早期的相场模型主要解决具有各向同性的问题，并不考虑复杂物理和化学因素的影响。随着新理论和各种物理或化学模型的出现，相场模型已能够求解包括界面各向异性、弹塑性、化学反应等更复杂的问题。随着物理和化学模型的发展，相场法也应用于锂离子电池领域，如锂金属电极电沉积，相分离[43]和锂离子嵌入/脱嵌过程中的应力分布[44]。尽管相场模型在锂离子电池中的应用已经取得了一些显著的进步，与传统的相场模型相比，在锂离子电池中仍有一些困难难以克服，因为电极/电解质反应、过电位、相分离、连续应变等的影响会带来各种问题，如非平衡、非线性、电荷转移和不同因素之间的耦合等。虽然相场在锂离子电池的相场建模方面取得了长足的进步，但涉及相分离和连续应变的应用通常限制在介观空间和时间尺度，超出分子动力学和连续介质模拟的范围。目前，一些相场模拟结果与实验结果吻合良好，下面讲述包括电化学过程、扩散和力学之间的相互作用以及其他应用。

1. 相场在电化学反应中的应用

锂离子电池的充放电过程对应于 Li^+ 在阳极（负极）和阴极（正极）材料之间反复迁移的电化学反应。电极材料的选择是影响锂离子电池性能的关键问题之一，其涉及对电压和电流的响应。对阳极和阴极材料通常有以下特征：阳极材料与电解质具有更好的化学相容性、热力学可逆性、在嵌锂作用下的化学稳定性以及温和的反应动力学；阴极材料在脱锂反应中需表现出较低的自由能变化，快速扩散以及在脱锂反应和高导电率下的可逆性。

在电极反应中，Li^+ 传输起着重要的作用，同时也带来了大量的问题，例如弹性相干应变，反应限度，相分离，晶体各向异性传输和界面能[45]。在锂离子电池中，一些复杂的因素超出了经典电化学动力学的范围，例如 Butler-Volmer(BV)方程局限于稀溶液近似；Marcus 电荷转移理论同样考虑了孤立的反应物，并忽略了凝聚相中的弹性应力、组态熵和其他非理想性因素。

经典理论的缺陷导致了解释一些微观组织现象的困难。一个典型的例子是锂离子电池材料 Li_xFePO_4(LFP)[43]，它具有很强的分离成富锂和贫锂固相的倾向。实验揭示了活性晶面上的条带相界，而不是每个粒子内的各向同性"收缩核"，化学家模拟了 LFP 中的相分离，并且关注了经历相变的表面上的反应速率。这些结果意味着 LFP 中相分离和表面改性的重要性。然而，经典的电池模型不能预测相分离和表面改性的作用。

对浓溶液和非平衡体系的电化学热力学进行修正，并将它们集成到相场模型中，相场模型可以提供更多的动力学信息，以帮助理解电化学行为，甚至找到改善电极性能的途径。Guyer 等人[46]提出了第一个电化学相场模型。在一组假设条件下，如体积理想溶液热力学，该模型捕获了电化学界面上的电荷分离，并分析了电沉积和电溶解过程的条件。Gathright 等人[47]扩展了 Guyer 的模型来研究电化学阻抗谱的行为。Deng 等人[48]扩展了 Guyer 的模型,以捕获阳极表面上固体电解质界面(SEI)层的形成。他们将其视为由 SEI/电解质界面处的电化学反应驱动的相变过程。在这些模型中,静电能量项被引入自由能函数,并且应用泊松方程来计算电势:

$$\nabla[\varepsilon(\xi)\nabla\phi]+\rho=0 \qquad (6-7)$$

式中 $\varepsilon(\xi)$ ——电容率;

ϕ ——静电势;

ρ ——电荷密度。

通过将自由能函数置于 Cahn-Hilliard 方程和 Allen-Cahn 方程中,将获得成分和相场随时间的分布。这种相场模型适用于处理固液界面,但忽略了涉及固相转变的情况。随着电化学的发展,特别是浓溶液的化学动力学和基于非平衡热力学的电荷转移理论的修正,使得相场模拟已成功应用于各种电化学反应,如相分离[43]和表面形核的微观组织模拟。这个最初的想法产生于浓电解质中的电荷弛豫模型和 Li_xFePO_4 的 Cahn-Hillard(CH)模型之间的组合。电化学和相场的公式推导可以参考 Bazant 等的论文,其构建了电化学的非平衡热力学,并针对浓溶液情况改进了电化学理论。此外,他们将电荷转移理论与统计学和非平衡热力学引入相场模型。围绕 $LiFePO_4$,Bazant 等人[49]用改进的相场模型进行了大量的研究。$LiFePO_4$ 纳米粒子已被证明是超快电池放电和高功率密度碳伪电容器。

然而,考虑到高度各向异性的传输及依赖尺寸的扩散和分离成富 Li 相和贫 Li 相的强倾向性,使得这种电池系统的设计需要理解 LFP 的电化学反应和反应动力学,包括标准热力学,相变和 Li 夹层/脱层动力学,尤其是对施加的电压和电流的响应。几个相场建模结果给出了对实验的深入理解。2007 年,Bazant 等人[50]首先报道了他们的相场动力学与 Cahn-Hilliard 反应(CHR)和 Allen-Cahn 反应(ACR)模型,并考虑了电化学反应,改进的 Poisson-Nernst-Planck(PNP)方程,然后在 2009 年修改了广义 BV 方程,最终在 2011 年制定了完整的理论。对于相场建模的电化学应用,Burch 等人[51]研究了锂离子在纳米粒子中的嵌入,包括早期模拟双稳态粒子集合中的"马赛克不稳定性"[52]。Tang 等人[53]利用相场模型模拟了球形各向同性 $LiFePO_4$ 颗粒的相分离和晶态-非晶转变,这推动了实验去寻找所预测的非晶表面层。Bai 等人[54]的恒电流放电模拟给出了抑制相分离和具有电压梯度失稳分解下临界电流的预测。Stanton 等人模拟了各向异性相干应变并获得 Li_xFePO_4 平衡态的条带形态。使用来自第一性原理计算的参数,Cogswell 等人[54]通过相场建模预测了 LFP 中的相行为和形核的临界电压,该模拟结果与实验非常吻合。此外,Ferguson 等人[55]第一次模拟了多孔电极中的相分离。

接下来,我们举个例子以说明相场中的建模功能。Cogswell 等人[43]采用 Allen-Cahn 反应模型研究 LFP 纳米粒子中相分离的动力学。在此,引入了考虑相干能量的规则溶体模型,并通过计算和测量的 LFP 溶解度作为温度和粒度的函数进行验证。结果表明,相分离过程中的条带形态通过相场模拟,与高分辨率透射电子显微镜和透射电子显微镜结果一致[56],而条带形态在相干性损失方向的条件下表现出来(图 6-2)[2,24]。通过相场建模获得的界面宽度接近 12 nm,与扫描透射电子显微镜/电子能量损失谱结果相当。此外,恒电流放电模拟表明,共格应变显著抑制了放电过程中的相分离,并导致低于临界电流单个颗粒的向上倾斜电压曲线。根据条带波长,相场建模在富 Li 相和贫 Li 相之间产生小的界面能 $\gamma = 39 \text{ mJ} \cdot \text{m}^{-2}$,这表明形核在相变过程中可能起到有限的作用。相反,共格应变被认为是 $LiFePO_4$ 纳米颗粒具有更高充放电能力和循环寿命的原因。无论如何,从这个例子可以看出,相场法能够模拟复杂因素的影响,澄清一些令人困扰的问题,甚至提供一些重要的参数来解释相关的实验。

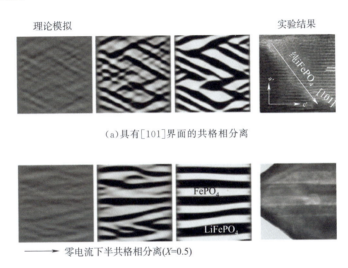

(a) 具有[101]界面的共格相分离

零电流下半共格相分离($X=0.5$)

(b) 半共格相分离,与观察到的微裂纹一致

图 6-2 与非原位实验图像相比,在 ACR 模拟中,在零电流下将 500 nm 的 $Li_{x(=0.5)}FePO_4$ 颗粒相分离成富 Li(黑色)和贫 Li 相(白色)[43]

2. 相场模型研究负极枝晶生长等方面优势

除了上述两个应用之外,相场方法也被拓展到锂离子电池的其他应用方面,如枝晶生长等。虽然相场法在枝晶生长的研究持续了数十年,但模型中并未考虑电荷传输。在高过电势和高充电速率下,电化学动力学是高度非线性的,相场的演化速率与热力学驱动力不成线性比例。为了预测电极-电解质界面处的枝晶生长,Zhang 等人[57]开发了一种非线性相场模型,其中 Butler-Volmer 型电化学动力学在移动扩散界面处自动再现,并且改进的 Poisson-Nernst-Planck(PNP)方程用于求解离子迁移和局部过电势变化的情况。

值得强调的是相场主要依赖于物理、化学和力学模型的发展,这意味着热力学数据库和弹塑性方向的重要性。此外,相场模型、第一原理计算和连续介质方法并不是孤立的,而是相互交叉的。相场模型中所需的参数,如界面能、化学反应势垒、形成焓和弹性常数等可以从第一性原理计算中获取。此外,如果相场模型需基于接近或大于微米级的尺度模拟,或者涉及处理自由边界条件等复杂边界条件,采用连续介质的有限元算法将是更好的选择。通过数据、算法、方法的耦合,相场方法是将理论模型与材料的基本数据联系起来的。

6.3 不同结构/电子设计对锂离子电池电极电化学性能调控

6.3.1 二氧化锰正极材料电化学机制的理论研究

1. 正极材料研究背景及现状

正极材料是锂离子电池各部分成本最高,也是提升锂离子电池能量密度最重要的环节。当前商业化的 $LiCoO_2$ 正极材料比容量为 140 mAh·g^{-1},其值仅为石墨负极比容量的 40% 左右(372 mAh·g^{-1})[3],因此,提高正极材料的比容量,可以大幅度提升锂离子电池功率及能量密度,锂离子电池中的电极材料如图 6-3 所示。通常情况下,正极材料为锂的过渡金属氧化物或者聚阴离子材料[58]。锂离子电池正极材料的选择必须符合以下几点条件:(1)高且稳定的电压平台。即 Li^+ 嵌入时有着较高的 Gibbs 结合能,并且其不会与电解液反应。另外,放电过程中,电压平台变化稳定。(2)理论比容量大。电极材料的分子量较小,且同时允许高比例的 Li^+ 嵌入和脱出。(3)优异的快速充放电能力(即倍率性能好)。Li^+ 在材料中的扩散系数较大,便于离子输运。(4)优异的导电性能。电极材料需具备良好的电子电导率和离子导电率。(5)循环寿命长,稳定性好。在电化学反应过程中,材料结构稳定,不发生结构坍塌以及 Li^+ 堵塞等现象。(6)材料成本低廉,易加工,无污染。目前应用最广泛的锂离子电池正极材料包括层状结构钴酸锂($LiCoO_2$)、橄榄石结构磷酸铁锂($LiFePO_4$)以及锰酸锂($LiMn_2O_4$)等。

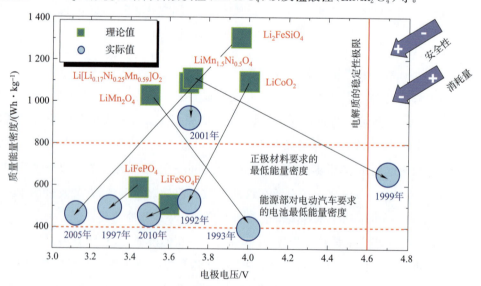

图 6-3 锂离子电池中的电极材料[58]

其中，LiCoO₂ 是实现产业化最早的锂离子电池正极材料，如图 6-4 所示。最早由 Goodenough 课题组于 1980 年提出[3]，其优点在于材料易于合成，振实密度高，比容量高，相对于金属锂的平均电位约 3.9 V，理论容量为 274 mAh·g⁻¹，但锂离子全部脱出后会导致结构不稳定，因此其实际应用中可逆容量约 150 mAh·g⁻¹。当前多数小型移动电子设备的电池仍采用 LiCoO₂ 正极。但由于金属钴资源匮乏成本较高，并且带有一定毒性，LiCoO₂ 在大电池中的应用受到限制。

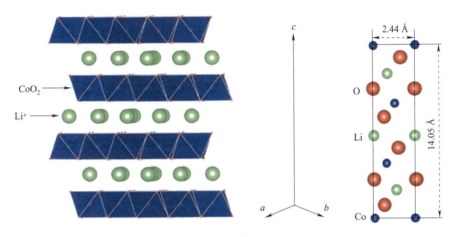

图 6-4　LiCO₂ 结构示意图

另外，1997 年 Goodenough 等人[59]报道 LiFePO₄ 作为锂离子电池正极材料。构成 LiFePO₄ 的元素除 Li 之外，Fe、P 和 O 都是廉价且无毒性的元素，并且该材料具有高倍率、长循环、安全性好等优点，受到人们广泛关注。目前 LiFePO₄ 正极材料已经实现产业化，适用于需要长循环寿命的大电池，在诸如电动汽车、储能基站和电网调峰等领域具有广阔的应用前景。LiFePO₄ 的缺点在于其嵌锂电位和振实密度较低，导致其体积能量密度远低于 LiCoO₂ 正极。另外，组成 LiFePO₄ 的元素虽然廉价，但合成 LiFePO₄ 需要的温度较高，导致其生产成本较高。

MnO₂ 是一种典型的半导体材料，MnO₂ 易加工、价格低廉、无毒等优异性质，使其成为目前研究热门的电极材料之一[60]。MnO₂ 从 20 世纪 70 年代起便被广泛应用在各类商业生产的电池当中，但对于其研究用于锂离子二次电池还是从 20 世纪 80 年代开始[61]。MnO₂ 电极的电化学特性由其结构决定，目前许多研究表明，不同结构的 MnO₂[62]，如图 6-5 所示，都能在其孔洞中储存大量 Li⁺，因此满足作为锂离子电池正极材料较大比容量的要求[63]。

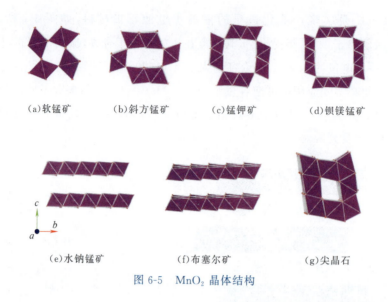

(a)软锰矿　　　(b)斜方锰矿　　　(c)锰钾矿　　　(d)钡镁锰矿

(e)水钠锰矿　　　(f)布塞尔矿　　　(g)尖晶石

图 6-5　MnO_2 晶体结构

其中,尖晶石 β-MnO_2 为最常见的金红石结构,由于其突出的热力学稳定性与易加工性等优点,被广泛用在电化学及光化学领域[64]。例如,β-MnO_2 可以由 $Mn(NO_3)_2$ 热分解、MnOOH 裂解[65]以及水热反应[66]等多种途径获得。但是,当前有研究认为 β-MnO_2 其过小的(1×1)通道,在常温下难以实现 Li^+ 的自发嵌入。常温下 β-MnO_2 所能嵌入的 Li^+ 数目稀少,Li/Mn 甚至低于 0.3。另外,只有在温度升高至 50 ℃或者 β-MnO_2 结晶度低时,Li/Mn 才能达到 1[67]。研究中提到,β-MnO_2 由于其较差的离子嵌入能力难以满足作为电极材料的要求。此外,不同于上述研究的结果,近期有研究指出,纳米介孔尺度下的 β-MnO_2 可以达到 320 mAh·g^{-1} 的比容量[68]。Tang 等人[69]通过热分解 $Mn(NO_3)_2$ 混合着乙炔黑的方法制备出 β-MnO_2,实验观察到高达 Li/Mn=1.15 的 Li^+ 嵌入 β-MnO_2 电极内,此时得到的电极比容量约为 320 mAh·g^{-1} 且截止电压稳定在 1.0 V。无独有偶,Jiao[70]也对介孔 β-MnO_2 材料的电化学性质进行了研究,发现其作为正电极材料有着良好的可逆容量(284 mAh·g^{-1},$Li_{0.92}MnO_2$),如图 6-6 所示。这些研究表明,纳米结构的 β-MnO_2 其紧凑的扩散通道适合 Li^+ 扩散,并且能够满足电极材料充放电过程中体积膨胀的要求。

通过上述研究可知,β-MnO_2 物理化学特性(例如晶体颗粒大小,材料表面积以及形貌等)对其作为 Li^+ 电池电极材料的容量及充放电速率等电化学性质影响巨大。但是,由于 Li^+ 在其中的嵌入以及扩散的机制尚不明了,目前判断导致其电化学差异的根本原因仍有困难。此外,鉴于电化学过程的复杂性,难以从原子尺度来描述氧化还原反应过程及 Li^+ 在其中的扩散性质[71]。因此,至今为止 β-MnO_2 在锂离子电池当中的一些基本问题仍不明确,例如,锂离子是否能够嵌入于 β-MnO_2 的(1×1)扩散通道中,并受何种因素的制约;锂离子的嵌入对于 β-MnO_2 结构的影响;以及实验观察到 β-MnO_2 在电化学过程中的结构畸变具体如何解释等,这些都是对于 β-MnO_2 电极材料的研究重点及难点。

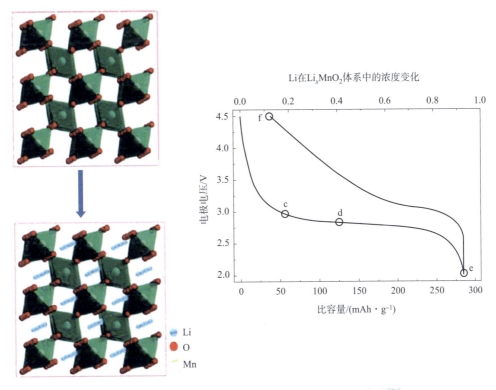

图 6-6　MnO_2 材料充放电过程中的结构变化及电压曲线[70]

2. 利用团簇展开方法搜索 $Li_xMnO_2(0 \leqslant x \leqslant 1)$ 稳定构型

为了探究产生上述结构畸变的主要原因，首先需对 β-MnO_2 在充放电过程当中的结构变化及其中间稳定构型进行了解。这里通过计算不同浓度下的嵌锂结构形成能（$\Delta_f E_x$），最终确定 β-MnO_2 在嵌锂过程中存在的稳定相，如式（6-8）所示：

$$\Delta_f E_x = E[Li_xMnO_2] - \{xE[LiMnO_2] + (1-x)E[MnO_2]\} \quad (6-8)$$

式中　$E[Li_xMnO_2]$——中间嵌锂结构 $Li_xMnO_2(0<x<1)$ 的能量；

$E[MnO_2]$——β-MnO_2 原始构型的能量；

$E[LiMnO_2]$——嵌锂饱和构型的能量。

$\Delta_f E_x$ 值的大小反映出嵌锂中间构型（Li_xMnO_2）相对电化学过程起始态（MnO_2）及终态（$LiMnO_2$）的能量稳定程度。而对于计算当中构建不同嵌锂浓度下的中间稳定构型，根据不同 Li 原子的摆放位置，其数目巨大，要对所有可能的构型进行计算进而得到稳定的嵌锂中间相则需要耗费庞大的计算资源。为了解决这一问题，利用 ATAT 软件[72]，其主要是基于团簇展开方法（Cluster expansion method，CE）及第一性原理计算结果，对 β-MnO_2 电化学过程中的嵌锂稳定化合物进行搜索。由此，可根据伊辛哈密顿方程（Ising Hamiltonian）[73] 将 $Li_xMnO_2(0 \leqslant x \leqslant 1)$ 嵌锂构型的能量分为由单体、双体及三体作用三

部分组成,如式(6-9)所示:

$$E(\sigma) = J_0 + \sum_i J_i \hat{S}_i(\sigma) + \sum_{j<i} J_{ij} \hat{S}_i(\sigma) \hat{S}_j(\sigma) + \sum_{k<j<i} J_{ijk} \hat{S}_i(\sigma) \hat{S}_j(\sigma) \hat{S}_k(\sigma) \quad (6-9)$$

式中 i, j, k——所有 Li 原子可能占据的位置,当 $\hat{S}_m(\sigma) = +1$ 时,代表位置处被 Li 占据,而当 $\hat{S}_m(\sigma) = -1$ 时则代表该位置未被占据;

J_0, J_{ij}, J_{ijk}——单体、双体及三体作用部分相互作用系数。

式中前两项代表着体系能量与 Li^+ 浓度的线性关系,而随后的两项则表示加入了两体和三体相互作用,并最终得到体系总能。由此,只要获得合适的 J_a 值,便能够对任意嵌锂构型的总能进行精确的预测。而 J_a 值则主要是依靠对部分嵌锂构型的第一性原理计算能量作为参考进行迭代得到。我们通过上述 CE 方法对包含 175 个嵌锂构型的 $Li_x MnO_2 (0 \leqslant x \leqslant 1)$ 系统进行预测发现,在由第一性原理计算 69 个嵌锂构型后,便可得到 $Li_x MnO_2$ 体系完整的 ECI 库,由交叉验证法将 CE 所预测的能量与第一性原理计算结果进行比较得到其误差为 29 meV·f.u.$^{-1}$,证明了 CE 方法预测得到能量的准确性[74]。

最终,由式(6-9)得到 β-MnO_2 电化学过程中除初态(MnO_2)及嵌锂饱和态($LiMnO_2$)以外的三种稳定的锂离子嵌入构型,如图 6-7 所示。由图可知,CE 预测的形成能(红色三角)与第一性原理计算值(绿色三角)非常吻合。而且,由凸包图看出,整个放电过程中,β-MnO_2 存在五种基态构型(即 MnO_2、$Li_{0.5}MnO_2$、$Li_{0.75}MnO_2$、$Li_{0.875}MnO_2$、$LiMnO_2$),其具体结构如图 6-7 所示。通过进一步对其嵌锂过程进行分析,发现在放电过程初期,锂离子主要以间隔的方式分布,首先填充 A、C 两层,由此避免相互间的静电排斥作用;在随后的阶段,B、D 两层逐渐填满,并最终达到饱和形成 $LiMnO_2$ 嵌锂化合物。

3. 电压平台及锂离子扩散性质

根据以上得到的稳定构型,进一步对整个放电过程中电压平台的变化进行计算,其电化学反应式为

$$(x_2 - x_1)Li^+ + (x_2 - x_1)e^- + Li_{x_1}MnO_2 \rightarrow Li_{x_2}MnO_2 \quad (6-10)$$

不同嵌锂相之间的平均电压 V_{avg}[75]可由式(6-11)得到:

$$V_{avg} = -\Delta G / \Delta x \quad (6-11)$$

式中 Δx——锂离子的转移数目;

ΔG——不同嵌锂结构之间的吉布斯自由能之差。

考虑到嵌锂前后构型间结构变化较小,且在室温下熵值的变化可以忽略,因此,ΔG 可近似为其形成能的差别。最终计算得到放电电压平台值如图 6-7 所示,β-MnO_2 开路电压值为 3.47 V,随着放电过程进行,总共出现了 4 个放电电压平台,且电压值逐渐降低至 2.77 V。

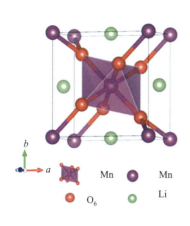

(a) β-MnO_2 晶体结构

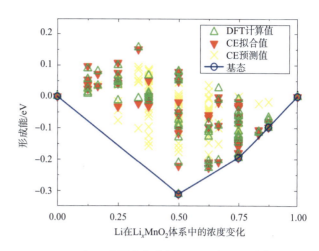

(b) 由 CE 预测出的形成能($\Delta_f E_x$)与 DFT 计算值

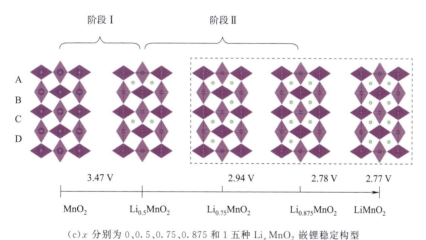

(c) x 分别为 0、0.5、0.75、0.875 和 1 五种 $Li_x MnO_2$ 嵌锂稳定构型

图 6-7　预测 β-MnO_2 嵌锂过程中的稳定构型

Luo 等人通过实验也观测到 β-MnO_2 放电电压平台由约 3.5 V 降低至约 2.7 V;另外,诸多实验也测得的 β-MnO_2 放电电压均稳定在 2.8 V[76],如图 6-8 所示,这些结果也与我们的计算结果相吻合。因此,通过以上计算与实验结果,也证实了 β-MnO_2 有着与其他良好的锰系电极材料相比同样较高且平稳的放电电压[77],适合作为锂离子正极材料。

其次,作为良好的锂离子电池电极材料,必须确保 Li^+ 在电极当中有着良好的扩散性质,随后对 Li^+ 在 β-MnO_2 内的扩散进行研究。根据实验报道,Li^+ 在 β-MnO_2 内主要沿 c 轴方向的一维通道进行扩散[78],如图 6-9(a)所示。另外,在相同结构的 TiO_2 当中,由实验和第一性原理计算也证明了锂离子在其中的一维扩散路径特性。就此,通过 NEB 方法[79]对 $Mn_{16}O_{32}$ 体系中 Li 沿 c 轴方向相邻的两个 4(c)位置的扩散进行研究,如图 6-9(b)所示,结果发现,其扩散势垒约为 0.26 eV。相比之下,有文献通过 DFT 计算对锂离子在 α-MnO_2 中的扩散进行研究,得到其势垒为 0.47 eV[80]。可以看出,β-MnO_2 不仅有着较高的电压平台,其(1×1)的扩散通道同样易于 Li^+ 在其中的扩散。

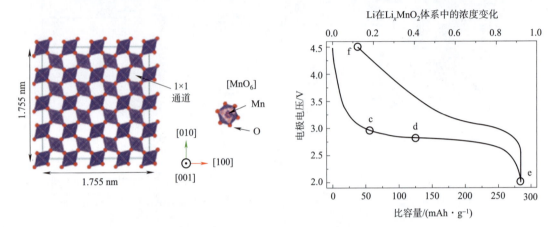

图 6-8　实验测得 β-MnO_2 锂离子电池放电电压平台[70]

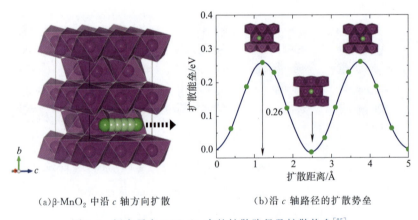

(a) β-MnO_2 中沿 c 轴方向扩散　　　　(b) 沿 c 轴路径的扩散势垒

图 6-9　锂离子在 β-MnO_2 中的扩散路径及扩散势垒[85]

4. 电化学过程中的结构演变规律

由 β-MnO_2 嵌锂结构的晶格常数及体积变化规律的研究发现,Li_xMnO_2 在嵌锂量 $x<1.0$ 时,其 MnO_6 正八面体结构单元将发生畸变,并可能导致电化学过程中结构的不稳定,电池循环性能降低。诸多实验研究表明,β-MnO_2 在放电过程中结构将发生明显的膨胀[76];Jiao 等人[70]实验揭示了 β-MnO_2 在体积膨胀为 26.5% 时,其 a 轴方向晶格常数将产生 13.9% 的增大,同时,c 轴方向则发生轻微的收缩。在放电过程结束后,测得 a 方向晶格常数由 4.40 Å 增加至 5.01 Å;而 c 轴方向晶格常数则由 2.88 Å 缩短至 2.81 Å。另外,在整个放电过程中,由 XRD 和 PXRD 分析表明并没有新相的产生,说明其结构在电化学反应中未产生不可逆转变[81]。事实上,对于 MnO_2 的其他相,例如 α-MnO_2,λ-MnO_2 以及多晶

$LiMn_2O_4$ 的嵌锂构型当中，也同样产生了上述结构畸变的现象，并被证明是由 Jahn-Teller 效应所引起[82]。但是，就 β-MnO_2 体系而言，由于对其嵌锂过程未知，其体积膨胀及变形的原因目前仍不明确。许多文献报道也表明[83]，Li_xMO_2（M 为 Mn,Co,Ni）结构中的 Li^+ 的嵌入和脱出与其 MnO_6 正八面体结构单元的形变行为有着密切联系[84]，因此，希望通过对 β-MnO_2 在放电过程中结构及电子性质的变化，揭示其结构畸变的根本原因。

在对 β-MnO_2 嵌锂过程中 a、b、c 晶格参数变化的研究发现，首先，随着 Li^+ 的不断嵌入，c 方向的晶格长度变化不大（小于 3%），如图 6-10 所示；这也和实验中观测到 β-MnO_2 在整个电化学过程 c 轴晶格不受影响相一致[70]。不同于 c 轴方向，a 轴与 b 轴方向在放电过程中有着明显的变化，如图 6-11 所示，当嵌锂浓度为 $LiMnO_2$ 时比未嵌锂 MnO_2 分别被拉长 19.5% 和 12.9%。此外，随着 Li^+ 的嵌入，β-MnO_2 正方晶系的晶格将发生不对称变形，其变形过程可分为两个阶段：在最初的阶段（阶段I），体系由原始的 MnO_2 到 $Li_{0.5}MnO_2$，a 方向上的晶格长度由 12.337 Å 迅速拉长至 14.641 Å，而 b 轴方向并未发生明显改变（12.364 Å）。此时体系的结构由原本的正方晶系变为了斜方晶系。但在随后第二阶段（阶段II）的嵌锂过程中，随着嵌锂浓度达到 $LiMnO_2$，b 轴方向由 12.364 Å 拉长至 13.932 Å，同时 a 轴方向长度未受影响，体系也转变为正方晶系。为了解释上述现象，我们对这一过程中的键长变化及电荷转移性质进行分析，首先，由 Bader 电荷分析发现，Li 在嵌入 MnO_2 体系时均转移约 0.85 e 电子，这是由于离子键结合特性所产生；另外，MnO_2 中 Mn 的失电子数由 1.88e 降低至 $LiMnO_2$ 的 1.66e，而且，O 的得电子数约在 1.10e 左右，少于其典型的 O^{2-} 价态，说明 Mn 与 O 原子之间是显著的共价键结合特征。

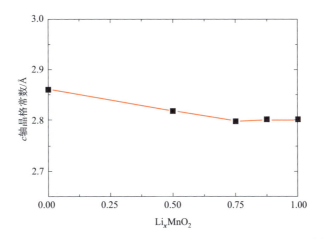

图 6-10 由 HSE 计算 Li_xMnO_2 在 c 轴方向的晶格常数的变化[85]

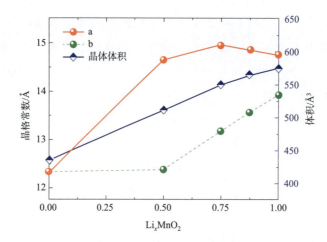

图 6-11　HSE 计算 Li_xMnO_2 中 a、b 晶格常数及体积的变化[85]

通过对上述不同阶段中的键长进一步研究发现,在 $β-MnO_2$ 中,Mn 原子可分为两种类别,分别为 Mn_a 和 Mn_b,如图 6-12 所示中紫色及黄色原子所示,其中,对于未嵌锂的 MnO_2 体系,只包含 Mn_a 原子,其 Mn_aO_6 正八面体结构单元内 Mn—O 键长为 1.883 Å 及 1.868 Å。当嵌入 0.5 化学计量比的 Li^+ 之后,即达到 $Li_{0.5}MnO_2$,部分 Mn_aO_6 朝 Mn_bO_6 发生转变,如图 6-12(b)所示,Mn_bO_6 结构中沿 a 轴方向 Mn—O 键由 1.883 Å 拉长至 2.692 Å 和 2.010 Å,同时,通过计算 Mn 原子电荷转移发现,其失电子数由 Mn_a 中的 1.88e 降低至 Mn_b 的 1.74e。这与图 6-11 中观察到的锂离子嵌入第一阶段 a 轴方向晶格常数明显拉长,体系结构由正方向斜方晶系转变相一致。随后,当嵌入 1 化学计量比的 Li^+ 之后,即达到 $LiMnO_2$ 时,体系内剩余 Mn_aO_6 八面体单元将全部向 Mn_bO_6 转化,导致 b 轴方向晶格常数的增加,并最终与实验中观察到的体积膨胀约 30% 相符。这种结构的畸变膨胀将可能导致 $β-MnO_2$ 电极循环充放电性能的降低,因此,期望通过电子结构分析对其原因进行深入探讨。

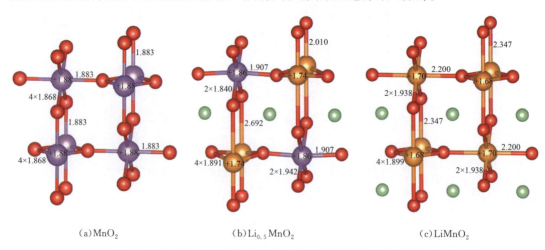

图 6-12　HSE 计算 MnO_2 嵌锂过程中不同状态下的 Mn—O 键长及 Mn 原子价态[85]

5. 电子结构性质及 Jahn-Teller 效应

通过 HSE06 计算得到了 $Li_xMnO_2(x=0,0.5,1)$ 三种嵌锂结构的总态密度（TDOS）及分波态密度（PDOS），如图 6-13 所示。首先，由 HSE 计算结果可以看出，MnO_2 呈现半导体特性，其禁带宽度约为 0.20 eV，这也与先前实验报道金红石结构的 MnO_2 带隙值在 0.08～0.25 eV 之间相一致。此外，根据晶体场理论[86]，在 $\beta\text{-}MnO_2$ 八面体场结构中，Mn 原子的 3d 轨道能级将发生劈裂形成三条 t_{2g} 轨道（d_{xy}，d_{xz} 和 d_{yz}）及两条 e_g 轨道（$d_{x^2-y^2}$ 和 d_{z^2}），而它们之间的轨道能量差被称为晶体场劈裂能。此时 Mn 在体系中以 +4 价态存在，外层具有三个自由电子并全部占据在 t_{2g} 的三条轨道上，而 e_g 轨道为空轨道，这点从图 6-13(b)分波态密度中也可以看出，Mn 原子除了其自旋向上的 t_{2g} 三条轨道被占据外，自旋向上的 e_g 轨道及所有自旋向下轨道均未填充。因此，其能级排布也可描述为 $t_{2g}^3 e_g^0$。

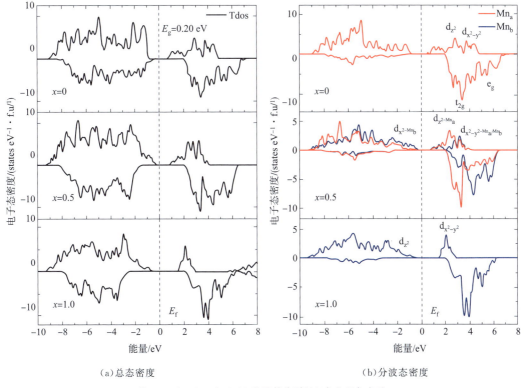

(a) 总态密度　　　　　　　　　　　　(b) 分波态密度

注：Mn_a 与 Mn_b 对 PDOS 的贡献分别以红色和蓝色表示。

图 6-13　$Li_xMnO_2(x=0,0.5,1)$ 的电子结构

而在锂离子嵌入的第一个阶段（$MnO_2 \rightarrow Li_{0.5}MnO_2$），体系中的 Mn_a 及 Mn_b 原子表现出了截然不同的电子结构特性，如图 6-14 所示，Mn_a 仍为 +4 价态，其电子仍然保持 $t_{2g}^3 e_g^0$ 排布，但对于 Mn_b 而言，随着 Li 带来的新电子填入，由 Jahn-Teller 效应导致其 e_g 未占据的两个简并轨道的能量产生劈裂，新电子优先填入能量较低的 d_{z^2} 轨道，最终 Mn_b 呈 +3 价

态,其电子排布为高自旋态的 $t_{2g}^3 e_g^1$;其中新占据的 d_{z^2} 轨道与未占据 $d_{x^2-y^2}$ 轨道分布在费米面两侧,能量差值为 0.8 eV。

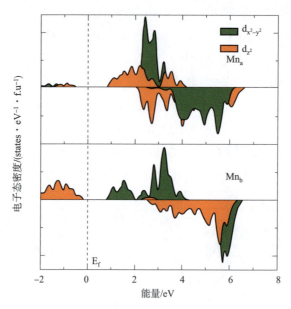

图 6-14　HSE 计算 $Li_{0.5}MnO_2$ 中不同 Mn 原子的 3d 轨道分波态密度[85]

另外,伴随着[MnO_6]八面体的形成,为了减小由于填入的 d_{z^2} 电子之间的静电排斥作用,其 e_g 轨道的填充将导致晶格沿着 c 轴方向拉长,而此时另一部分[$Mn^{4+}O_6$]正八面体并未发生显著变化;这也最终解释了图 6-11 当中观察到的 $Li_{0.5}MnO_2$ 体系沿 a 轴方向拉长 18.7%,而 b 轴方向并未受影响的原因。随着 Li^+ 浓度的升高,剩余的 Mn^{4+} 全部向 Mn^{3+} 转化,并形成嵌锂饱和的 $LiMnO_2$ 结构,同时由 Jahn-Teller 效应进一步引起了图 6-12(b)中剩余紫色[$Mn^{4+}O_6$]沿 b 轴方向 Mn—O 键长的拉长,使 b 轴晶格常数增加 12.7%。由此可见,Jahn-Teller 效应导致的结构畸变,是实验中观察到 β-MnO_2 放电过程中体积膨胀且晶格发生不对称变形的根本原因。我们的工作也为进一步改善 β-MnO_2 电化学稳定性,降低充放电过程中 Mn^{3+} 带来的 Jahn-Teller 效应的影响提供了理论上的指导。

6.3.2　理论计算预测与设计锂离子电池新型高性能负极

1. 锂离子电池负极材料研究现状

石墨是目前商用锂离子电池中应用最为广泛的负极材料,具有较高的理论比容量(372 mAh·g^{-1}),低且平稳的嵌锂电位(0.05～0.2 V)。然而其嵌锂电位低于有机电解质的电化学窗口,使得石墨负极首周放电在 0.8 V 左右会生成 SEI(solid-electrolyte interphase)膜。其中,SEI 的生成会消耗部分来自于正极的锂,但石墨负极生成的 SEI 膜比较稳定,因此首周后表现出稳定的循环效率与极佳的容量保持率。此外,当锂离子电池快速充放电时,石墨负极表面易于发生金属锂沉积形成锂枝晶,导致严重的安全隐患。基于此,研究者们根据储锂机制发展了三类负极材料,以替代石墨。例如在2004年发现制备的基于嵌入反应机制的石墨烯,基于合金化反应机制的单层硅与基于转化反应机制的过渡态金属二硫族化物等类石墨层状材料。这些材料因具有灵活性和多功能性等独特的物理特性,且可满足未来纳米电子行业对材料的需求,受到广泛关注[87]。其中,层内和层间原子分别通过强烈的共价键连接和微弱的范德华力相互作用结合[2],使得其他例如碱金属等原子易以离子键等方式嵌入到层间[88]的过渡态金属二硫族化合物 MX_2(M 代表 Ti、V、Ta、Mo 和 W 等过渡金属元素;X 代表 S、Se 和 Te 硫族元素)如 MoS_2、WS_2 和 SnS_2 等材料因其相对石墨材料极高的理论嵌锂容量(600~1 200 mAh·g^{-1})和显著的氧化还原特性及其结构特征,已作为新型锂离子电池电极材料被大量研究。然而这些新型电极材料仍需提高 Li^+ 扩散性能与嵌入电压,以更好地在锂离子电池领域应用[89]。此时,纳米材料由于在很大程度上能缩短 Li^+ 在材料中的扩散距离,加上较大的比表面积大等优势,已被评估为是电极材料性能提升的重要手段[90]。例如研究者们发现新型单层二维材料,石墨烯、过渡金属碳化物、磷烯、硅烯的电化学性能,相比传统块体电极有着明显的提升。

2. MX_2(M=Mo,W;X=S,Se,Te)异质结构调控在锂离子电池负极中的应用

低维纳米材料不仅比表面积大、灵活性强,且在很大程度上能缩短 Li^+ 在材料中的扩散距离,因此被看作是提升电极材料电化学性质的重要手段[90]。在 MX_2 材料中,如 MoS_2、WS_2 和 SnS_2 等,有着相比石墨材料更高的理论嵌锂容量(600~1 200 mAh·g^{-1}),加上其显著的氧化还原特征和其多层结构特性,成为目前研究热门的负极电极材料之一。研究人员通过实验制备单层 MoS_2 时发现,其作为负极材料有着优良的电化学性能[91]。但是,单层 MX_2(M=Mo,W;X=S,Se,Te)作为电极材料仍面临以下两点难题:首先,在循环充放电过程中,其循环稳定性较差,这主要归因于单层 MX_2 材料易发生聚合,造成材料电化学活性降低;另外,单层 MX_2 带隙较宽(1.60~1.80 eV),导致材料导电性不足[92],从而严重限制其作为良好电极材料的使用。针对这一问题,本章通过对不同堆垛方式以及不同组分的双层异质结构进行研究,分为探讨双层结构的稳定性,独特的电子特性和双层异质结构相比单层情况时 Li^+ 的结合及扩散性质的影响,期望为改善 MX_2 材料作为锂离子电池电极材料的电化学性质提供理论指导[74]。

1)单层 MX_2 上的吸附及扩散性质研究

首先探讨单层 MX_2 作为锂离子电池负极材料的电化学性质。见表 6-1,HSE 和 PBE 分别计算的 MX_2 的晶格参数及物理性质,可看出 HSE 的计算结果与实验值基本相符;而相较于 HSE 结果及实验值,PBE 方法明显高估体系的晶格常数且极大地低估了体系的带隙值。值得注意的是,尽管这两种方法计算出的数值不一致,但其对体系物理性质描述的总体规律相同。例如,由 PBE 计算出的体系晶格常数 a 都比 HSE 计算值低大约 0.025 Å;而 HSE 计算的体系带隙值 E_g 普遍比 PBE 方法高 0.3~0.4 eV。这种趋势与其他对于 MoS_2

的计算文献结果相符。

表 6-1　由 PBE 和 HSE(括号内)计算单层 MX_2 的晶格参数[93]

MX_2	晶格常数 a/Å	带隙值 E_g/eV	内聚能 E_C/eV	键长 l^{bond}/Å	电荷转移 $\Delta\rho$/e
MoS_2	3.213(3.184)	1.605(1.915)	15.728	2.434(2.408)	1.048
WS_2	3.211(3.189)	1.595(1.973)	17.763	2.436(2.412)	1.191
$MoSe_2$	3.343(3.317)	1.415(1.812)	14.113	2.558(2.532)	0.812
WSe_2	3.345(3.319)	1.365(1.761)	15.869	2.571(2.553)	0.917

为了得到 Li^+ 在单层 MX_2 上的吸附稳定性,下面介绍如何通过 HSE 和 PBE 方法进一步计算 Li^+ 在单层材料上的结合能 E^b。其中,Li^+ 吸附位点分为两种:处于金属原子 $M(M=S,Se)$ 正上方的 T 位置,以及孔洞位置上方的 H 位置。根据表 6-2 中计算结果可以发现,无论是 HSE 还是 PBE 方法,锂处在 T 位置时的吸附强度都高于锂处在 H 位置。其中这两种方法得出的 T 位置和 H 位置之间 Li^+ 的吸附能差距十分不明显,分别为 0.144 eV 和 0.136 eV。由以上结果可知,尽管 PBE 方法对 MX_2 的晶格参数及电子结构的计算有一定偏差,但较实验值与 HSE 方法而言,仍能较准确地预测出 MX_2 体系的电子结构以及锂离子在其中的吸附能的变化规律。基于此,随后所有对于单双层 MX_2 材料电化学性质的计算都是基于 PBE 泛函方法。

表 6-2　由 HSE 及 PBE 方法计算的 Li^+ 在 MX_2 体系中 T 或 H 位置的结合能(E_T^b 或 E_H^b),键长(l_T^{bond} 或 l_H^{bond}),平衡层间距(h_T 或 h_H)以及电荷转移(e_T^{Li} 或 e_H^{Li})[94]

MX_2	计算方法	E_T^b/eV	h_T/Å	l_T^{bond}/Å	e_T^{Li}	E_H^b/eV	h_H/Å	l_H^{bond}/Å	e_H^{Li}
MoS_2	PBE	−1.856	1.456	2.390	0.867	−1.712	1.541	2.415	0.878
	HSE	−1.917	1.491	2.399	0.878	−1.781	1.551	2.427	0.885
WS_2	PBE	−1.465	1.469	2.391	0.864	−1.293	1.586	2.439	0.878
	HSE	−1.527	1.501	2.395	0.871	−1.348	1.592	2.454	0.889
$MoSe_2$	PBE	−1.560	1.496	2.492	0.857	−1.388	1.621	2.542	0.873
	HSE	−1.627	1.537	2.506	0.861	−1.449	1.623	2.551	0.878
WSe_2	PBE	−1.232	1.510	2.495	0.853	−1.048	1.649	2.559	0.861
	HSE	−1.301	1.542	2.501	0.862	−1.112	1.652	2.574	0.872
MoS_2/MoS_2	PBE	1.723	1.377/2.252	2.345/2.252	0.826	1.876	1.698	2.526	0.866
WS_2/WS_2	PBE	1.784	1.384/2.266	2.350/2.266	0.832	1.931	1.684	2.518	0.870
$MoSe_2/MoSe_2$	PBE	1.828	1.381/2.359	2.434/2.359	0.830	2.023	1.758	2.631	0.862

首先以单层 MoS_2 为例,对 Li^+ 吸附在单层 MX_2 材料上的电子结构进行分析,其嵌锂结构的分波态密度(PDOS)如图 6-15 所示。可以观察到 Li^+ 嵌入带来的电子并未影响原本的单层 MoS_2 费米面处的杂化,而是填充在 MoS_2 体系的导带位置。此外,由 Li 的 sp 轨道与 MoS_2 轨道杂化可看出,它们之间形成了较强的连接;通过 Bader 电荷分析发现,Li 原子吸附在 T(H)位置时,其转移的电荷为 0.867(0.878)e,同样表明 Li 和单层 MoS_2 之间主要以离子键方式结合。因此,当 Li 嵌入到 MX_2 时,Li/MX_2 体系由半导体向金属态转变。

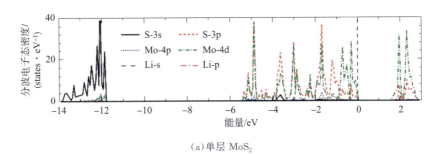

(a)单层 MoS_2

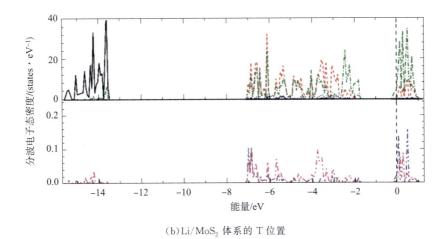

(b)Li/MoS_2 体系的 T 位置

注:不同系统的费米面以真空能级为参照被定义在 0 的位置。

图 6-15 锂离子吸附不同 MoS_2 构型时的分波态密度(PDOS)[94]

其次对 Li^+ 在单层 MX_2 的扩散性质进行研究。通过 NEB 方法计算了 Li^+ 在 MX_2 不同的 T 和 H 位点上的扩散势垒,如图 6-16 所示。在所有计算的单层 MX_2 当中,Li^+ 的扩散势垒几乎相同,在 0.20~0.23 eV 之间,表明单层 MX_2 具备良好的锂离子传导性质。

基于以上讨论,我们认为单层 MX_2 有着适当的 Li^+ 嵌入结合能和较高的 Li^+ 扩散能力,能满足对新型负极电极材料性能的要求。但考虑到单层 MX_2 材料所带隙值较大,电化学反应过程中易发生聚合等不足会阻碍其作为电极材料的使用[92]。因此,这里介绍了 MoS_2/WS_2 和 $MoS_2/MoSe_2$ 双层异质材料的结构和电子性质,并探讨了不同堆垛方式及组分对材料电化学性能的影响。

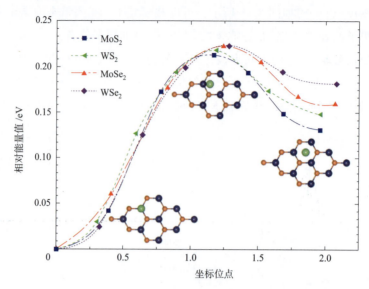

图 6-16　由 PBE 计算得到的单层 $MX_2(M=Mo,W;X=S,Se)$ 中
Li 原子由 T 位置向 H 位置扩散的势垒[94]

2) MoS_2/WS_2 双层异质结构电化学性质的研究

对于 MoS_2/WS_2 异质结构，由于 MoS_2 与 WS_2 晶格常数接近，因此，其双层结构可简单的将 MoS_2 单层与 WS_2 单层进行无应力的堆叠，其堆叠方式如图 6-17 所示的 A 和 B 两种。通过计算这两种堆叠的总能，发现 A 种方式堆叠比 B 方式稳定 0.054 eV/cell，其中每个 MoS_2/WS_2 单胞包含 MoS_2 和 WS_2 单元各一个。由此，对 MoS_2/WS_2 电化学性质进行计算时选择 A 方式堆叠。另外，通过对 MoS_2/WS_2 双层结构的稳定性（E_s）计算，发现双层异质结构的形成为自发过程，其形成能为 21 meV·Å^{-2}。这里，我们同样计算了 MoS_2/MoS_2 及 WS_2/WS_2 同质双层结构的形成稳定性并进行了比较，见表 6-3。结果发现，由于 MoS_2/WS_2 异质结构中 MoS_2 与 WS_2 单层匹配的晶格常数，以及不同层之间的弱范德华力相互作用，最终导致无应力下的 MoS_2/MoS_2 及 WS_2/WS_2 同质双层结构与 MoS_2/WS_2 异质结构有着相同的结构稳定性。随后，进一步对 Li^+ 在 MoS_2/WS_2 异质结构中的吸附性质进行研究。考虑两种不同的 Li^+ 吸附情况：(1) Li^+ 吸附在异质结构中 MoS_2 一侧（$Li/MoS_2/WS_2$）及 WS_2 一侧（$MoS_2/WS_2/Li$）；(2) Li^+ 吸附在 MoS_2/WS_2 的界面当中（$MoS_2/Li/WS_2$）。

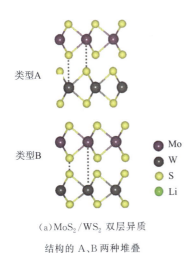
(a) MoS_2/WS_2 双层异质结构的 A、B 两种堆叠

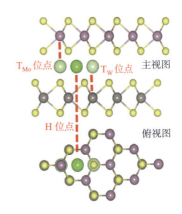
(b) MoS_2/WS_2 中三种不同的吸附位置的侧视图（上）及俯视图（下）

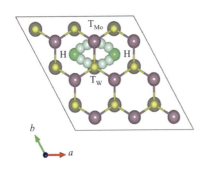
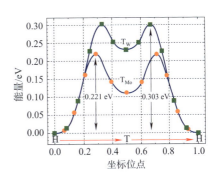
(c) Li 原子由 H 位置向相邻的 T_W 和 T_{Mo} 位置扩散路径示意及其势垒

图 6-17　MoS_2/WS_2 双层异质结构中锂离子的扩散特性[69]

表 6-3　由 PBE 和 HSE（括号内）计算出的 MoS_2/WS_2 和 $MoS_2/MoSe_2$ 双层异质结构及其同质结构的参数[94]

MX_2	晶格常数 a/Å	堆叠形成能 E_s/meV	层间距离 d/Å	带隙值 E_g/eV
MoS_2/WS_2	3.223(3.188)	21.4(22.6)	3.341(3.349)	1.091(1.451)
$MoS_2/MoSe_2$	11.607(11.502)	20.2(21.2)	3.469(3.562)	1.053(1.446)
MoS_2/MoS_2	3.225	22.4	3.413	1.153
WS_2/WS_2	3.214	22.1	3.386	1.165
$MoSe_2/MoSe_2$	3.357	23.3	3.523	1.236

首先，将锂离子在 $MoS_2/WS_2/Li$ 及 $Li/MoS_2/WS_2$ 时的吸附和扩散性质与 Li/MoS_2 及 WS_2/Li 单层吸附情况进行比较，见表 6-4 及图 6-18。MoS_2/WS_2 双层异质结构的形成对 Li^+ 在 MoS_2 一侧及 WS_2 一侧的吸附及扩散性质几乎没有影响，这主要是因为 MoS_2/WS_2 中层与层之间的弱范德华相互作用无法对 MoS_2 与 WS_2 外表面的嵌锂性质产生影响。但当

Li$^+$ 嵌入到 MoS$_2$/WS$_2$ 界面当中时,由于受到 MoS$_2$ 及 WS$_2$ 上下两层之间的作用,对其性质会有明显影响。这里通过 PBE 和 HSE 两种方法分别计算了 Li$^+$ 在 MoS$_2$/WS$_2$ 界面中三种不同嵌锂位置的吸附:处于界面中 MoS$_2$ 层 Mo 原子上方位置(T$_{Mo}$);在界面中 WS$_2$ 层 W 原子上方位置(T$_W$)以及处在界面中上下两层对应的孔洞位置的上方(H),如图 6-17(b)所示。从 PBE(HSE06)计算 Li$^+$ 的吸附能可看出,Li$^+$ 在 MoS$_2$/WS$_2$ 界面处吸附比在 Li/MoS$_2$ 及 WS$_2$/Li 单层吸附时能量分别要低 0.191(0.179)eV 和 0.582(0.569)eV,说明相比吸附在 MoS$_2$ 或 WS$_2$ 表面,Li$^+$ 更倾向于吸附在 MoS$_2$/WS$_2$ 界面当中。此外,相比吸附在界面的 T 位置时的吸附能,Li$^+$ 更倾向于吸附在界面的 H 位置处,由 PBE 和 HSE06 计算其吸附能分别为 −2.047 eV 和 −2.096 eV。

表 6-4 由 PBE 和 HSE06(括号内)计算出的 MoS$_2$/WS$_2$ 双层异质结构中 Li 吸附在 T 或 H 位置时的结合能,平均键长,层间距离和电荷转移[94]

物化性能		MoS$_2$/Li/WS$_2$		Li/MoS$_2$/WS$_2$	MoS$_2$/WS$_2$/Li
		MoS$_2$-side	WS$_2$-side		
E_T^b/eV	T$_{Mo}$	−1.935(−1.990)		−1.829(−1.882)	−1.493(−1.541)
	T$_W$	−1.815(−1.859)			
h_T/Å	T$_{Mo}$	1.360(1.372)	2.266(2.193)	1.443(1.485)	1.457(1.489)
	T$_W$	2.239(2.237)	1.387(1.432)		
l_T^{bond}/Å	T$_{Mo}$	2.340(2.343)	2.267(2.274)	2.381(2.389)	—
	T$_W$	2.239(2.237)	2.392(2.364)	—	2.387(2.393)
e_T	T$_{Mo}$	0.832(0.841)		0.868(0.872)	0.862(0.865)
	T$_W$	0.830(0.834)			
E_H^b/eV		−2.047(−2.096)		−1.693(−1.737)	−1.341(−1.389)
h_H/Å		1.633(1.629)	1.734(1.766)	1.475	1.506
l_H^{bond}/Å		2.486(2.482)	2.550(2.571)	2.392	2.410
e_H		0.862(0.871)		0.873(0.875)	0.869(0.873)

我们同样对 Li$^+$ 在 MoS$_2$/MoS$_2$ 及 WS$_2$/WS$_2$ 同质双层结构中的吸附情况进行计算比较,发现 Li$^+$ 在 MoS$_2$/MoS$_2$ 及 WS$_2$/WS$_2$ 同质双层结构中的吸附能要比在 MoS$_2$/WS$_2$ 异质结构中分别低 0.171 eV 和 0.116 eV。这是因为 Li$^+$ 在 MX_2 双层结构中的结合能主要由两方面因素决定,首先是由两层之间的距离所控制的 Li 原子的成键长度;另外是 Li$^+$ 与成键的 $X(X=S,Se)$ 原子的电负性差异。例如,在 MoS$_2$/WS$_2$ 异质结构及其 MoS$_2$/MoS$_2$ 和 WS$_2$/WS$_2$ 同质结构中,考虑到其相同的 Li-S 键连接,不同体系之间的电负性差异影响可以忽略。但是,由计算得到的不同体系层间距离发现,与 MoS$_2$/WS$_2$ 层间距离相比 MoS$_2$/MoS$_2$ 及 WS$_2$/WS$_2$ 体系明显较小,见表 6-4,这就是导致 MoS$_2$/WS$_2$ 具有较大的 Li$^+$ 结合能的根本原因,如图 6-18 所示。

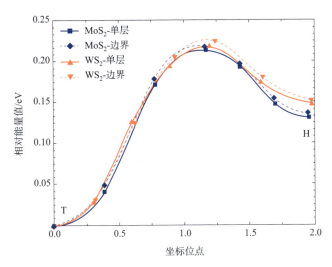

图 6-18　锂离子在单层 MS_2($M=Mo,W$)中沿 T 向 H 位置的扩散(实线)与在 MoS_2/WS_2 界面处扩散(虚线)势垒比较[94]

最后,研究了 MoS_2/WS_2 异质结构在不同浓度 Li^+ 吸附时的结合能变化规律,如图 6-19 所示。结果表明,Li^+ 在嵌锂初期阶段更倾向于在双层界面处吸附,说明 MoS_2/WS_2 界面不仅为 Li^+ 的储存提供了一个独特的环境,还能对材料比容量的提升起着关键性的作用。另外,随着 Li^+ 的进一步嵌入,最终 MoS_2/WS_2 双层结构饱和容量时的嵌锂比达到 $Li_{0.75}Mo_{0.5}W_{0.5}S_2$,此时,$Li^+$ 的平均结合能为 1.835 eV。由此看出,在嵌锂过程中,Li^+ 结合能变化较为平缓,表明 MoS_2/WS_2 作为电极材料在电化学过程中电压平台的稳定性。

随后对 Li^+ 在 MoS_2/WS_2 双层异质结构中的扩散性质进行研究。Li^+ 在 MoS_2/WS_2 界面处是通过两个相邻的 H 位置并分别越过 T_W 和 T_{Mo} 两条路径进行扩散。其中,Li^+ 越过 T_{Mo} 位置时的势垒相对越过 T_W 更低,由 NEB 计算得出两条路径的势垒分别为 0.221 eV 和 0.303 eV。值得注意的是,Chen 等人表明[95],增加 MoS_2 块体材料的层间间距能有效提高 Li^+ 扩散效率。这也被 Li 等人[96]验证,他们发现 Li^+ 在 MoS_2 材料表面上扩散的势垒相比其在块体内扩散势垒显著降低,由原本的 0.49 eV 减少至 0.21 eV。而研究中,MoS_2/WS_2 双层异质材料的堆叠相比单层 Li^+ 的结合强度得以改善。另外,由于层与层之间的弱相互作用及其较大的层间间距,通过计算得到 Li^+ 在单层 MoS_2 及 WS_2 上的平衡吸附高度为 1.541 Å 和 1.586 Å,总和小于 MoS_2/WS_2 双层结构的层间距离(3.468 Å),导致 Li^+ 在其中的扩散势垒相比表面没有明显的增加,说明 MoS_2/WS_2 双层异质结构对 Li^+ 吸附及扩散具有改善作用。

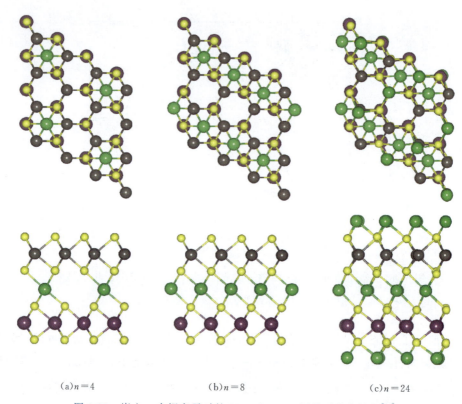

(a)$n=4$　　　　　　(b)$n=8$　　　　　　(c)$n=24$

图 6-19　嵌入 n 个锂离子时的 MoS_2/WS_2 双层异质稳定结构[94]

优良的导电性是作为锂离子电池电极材料的必备性质,也是我们对新型电极材料考察的重要参数之一。而单层 MX_2($M=$Mo,W;$X=$S,Se,Te)由于其带隙较宽,导电性较差等缺陷也严重影响了其作为电极材料的应用。因此,有必要进一步对 MoS_2/WS_2 异质结构的堆叠对单层 MX_2 电子结构性质的影响进行探讨。这里以 MoS_2 为例,对其电子结构进行分析。由图 6-20 与图 6-21 可看出,单层 MoS_2 为直接带隙,其 K 点处的价带顶(VBM)主要由 Mo 的 $d_{x^2-y^2}+d_{xy}$ 杂化轨道占据,而导带底(CBM)由 Mo 的 d_{z^2} 轨道占据。值得注意的是,Γ 点处价带的最高占据态仅比 K 点低 47 meV,主要由 Mo 的 d_{z^2} 和 S 的 p_z 杂化轨道占据。当单层 MoS_2 与 WS_2 堆叠形成 MoS_2/WS_2 异质结构,由于层间相互作用,造成 MoS_2 与 WS_2 上下两层在 Γ 点处垂直于界面的 d_{z^2}(M)+p_z(S)轨道电子间相互排斥,导致能级分裂形成 G1 和 G3 两个新的轨道,如图 6-21(a)所示,其中,G3 成键态轨道能级下降至费米面以下,而 G1 反键态轨道能级上升成为 MoS_2/WS_2 异质结构的 VBM。此时,处在 K 点处最高占据的 $d_{x^2-y^2}+d_{xy}$ 杂化轨道由于是平面内轨道并不受层间影响,因此其在形成 MoS_2/WS_2 异质结构时轨道能级未发生改变。由于以上异质材料中层间相互作用对电子结构的影响,导致轨道能级的分裂,并最终使得带隙变窄为 1.091 eV。因此,当 Li^+ 填入到 MoS_2/WS_2 体系中时,由于带隙减小,新带来的电子更容易填充到体系的导带位置,如图 6-22 所示。Li 电子填充到导带 $d_{z^2}(M)+p_z(S)$ 杂化轨道处,并与体系形成强烈的离子键连接,说明 MoS_2/WS_2 双层异质材料对单层 MoS_2 与 WS_2 导电性的改善作用。

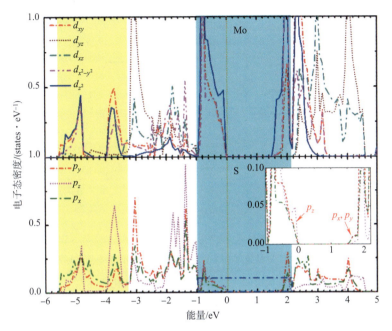

注:黄色和青色阴影部分分别代表相同杂化类型的成键和反键态

图 6-20　单层 MoS_2 中 Mo 和 S 的分波态密度(PDOS)

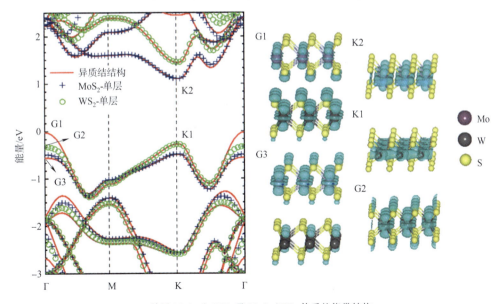

(a)单层 MoS_2 和 WS_2 及 MoS_2/WS_2 体系的能带结构

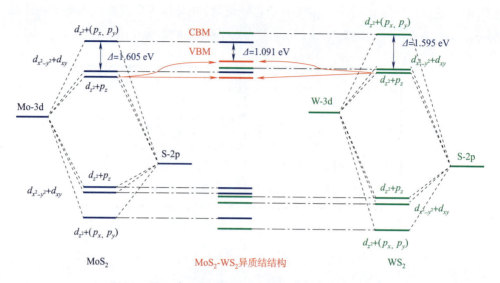

(b) MoS_2/WS_2 中 MoS_2 和 WS_2 能级杂化形成新轨道能级示意，其中 MoS_2 和 WS_2 及 MoS_2/WS_2 体系的能级都以真空能级对齐

图 6-21　MoS_2/WS_2 异质结结构电子杂化特性[94]

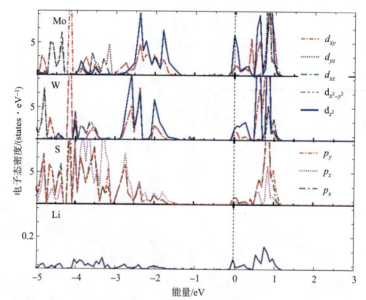

图 6-22　MoS_2/WS_2 嵌锂结构中 Mo、W、S 和 Li 的分波态密度[94]

考虑到 PBE 泛函计算普遍低估半导体体系的带隙值，我们仍利用 HSE 方法对以上结论进行验证。尽管 PBE 方法计算的带隙值比 HSE 普遍小 0.30～0.40 eV，但其计算出的电子轨道杂化特性及带隙值变化规律与 HSE 一致，不仅说明了上述结论的准确性，还进一步验证了研究中使用的 PBE 方法的可靠性。另外，通过对 MoS_2/MoS_2 和 WS_2/WS_2 同质双

层体系的电子结构进行计算,发现其带隙值均比 MoS_2/WS_2 异质体系要大,分别为 1.153 eV 和 1.165 eV。这主要是由于在同质双层体系中,VBM 和 CBM 都是由同种组分占据。例如在 MoS_2/MoS_2 体系中,VBM 和 CBM 均由 MoS_2 单一杂化轨道占据,缺少不同成分轨道能级之间的耦合及互补限制了体系带隙的进一步减小。因此,从这一方面来看,MoS_2/WS_2 异质结构更有可能作为导电性良好的电极材料,从而应用于锂离子电池。

3. 新型磷烯负极材料设计及其优异充放电速率及容量性质

最近在实验中被成功制备出的单层黑磷材料,又称为磷烯,是由单原子层的磷原子组成,具有直接带隙性质[97],其作为锂离子电池电极材料同样受到广泛的关注[98]。磷烯相比传统石墨电极具有更高的理论比容量(432.79 mA·h g^{-1}),且 Li$^+$ 在其中的迁移具有独特的各向异性。例如,Li$^+$ 在磷烯中相邻槽间的扩散势垒为 0.65 eV,然而,其沿槽方向扩散势垒仅为 0.09 eV[98]。由此可以看出,磷烯材料沿槽方向有着相比其他二维材料,如石墨烯(约 0.3 eV)或者单层 MoS_2(约 0.21 eV)具有极低的迁移势垒,因此,被认为有潜力用作高性能快速充放电电极材料[99]。然而,根据文献报道,磷烯中 Li$^+$ 在磷单层上的吸附强度较弱,仅为 1.99 eV,导致磷烯材料在电化学过程中 Li$^+$ 嵌入容量不足,以及电极的电压平台过低。针对这一问题,本章期望通过对磷烯材料不同纳米带结构进行研究,探讨其纳米带结构的稳定性及独特的电子特性,并进一步得到纳米带结构对磷烯材料 Li$^+$ 的结合及扩散性质的影响[74]。最终,为改善磷烯材料作为锂离子电池电极材料电压平台较低等电化学性质的不足提供理论指导。

首先考虑磷烯纳米带作为负极材料的 Li$^+$ 结合性质,及其对磷烯电化学性能的改善作用。这里考虑了两种不同边界的纳米带:扶手型纳米带(AC)与 Z 字形纳米带(ZZ)。其中,在 AC 纳米带中,每个边界 P 原子均存在一根悬挂键,通过声子谱振动分析发现,有着良好的热力学性质。而在 ZZ 纳米带中,由分别切除平面内的 P-P 键或平面外的 P-P 键可以得到 ZZ$_I$ 和 ZZ$_O$ 两种不同的 ZZ 形纳米带。根据计算其平衡构型可知,在 ZZ$_I$ 纳米带中,边界处每两个 P 原子将发生二聚物型重构,以此降低纳米带的边界能,从而导致 ZZ$_I$ 相比 ZZ$_O$ 具有更稳定的能量。因此,主要针对 ZZ$_I$ 和 AC 两种不同边界的纳米带进行讨论。图 6-23 中为 $n=11$ 的 AC 型,$n=18$ 的 ZZ$_O$ 型,以及 $n=20$ 的 ZZ$_I$ 型三种不同边界的纳米带。

随后对 ZZ$_I$ 及 AC 纳米带的电子性质进行分析。由图 6-24 可知,ZZ$_I$ 纳米带与磷烯体系相似,有着处于 Γ 点的直接带隙,其带隙值为 1.0 eV。相反,AC 纳米带的带

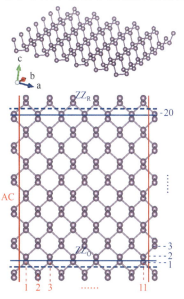

图 6-23 AC,ZZ$_O$ 及 ZZ$_I$ 纳米带示意(单位:层数)[100]

隙值更小，仅为 0.49 eV 且是间接带隙。这主要归因于在 AC 纳米带中，未重构的边界原子带来的中间电子态使得费米面处电子能级上升，导致带隙值的减小。另外，与磷烯的能带结构类似，AC 及 ZZ_I 体系的价带顶(VBM)及导带底(CBM)都由磷原子的 p_z 轨道占据，但 AC 及 ZZ_I 纳米带体系中，边界效应的存在导致体系 VBM 和 CBM 占据情况的不同。由图 6-24 中 AC 及 ZZ_I 纳米带 VBM 和 CBM 局域原子密度可知，两种体系中的 VBM 均由中心部分 P 原子贡献。然而，在 CBM 处可观察到显著的量子限域效应，主要由边界处 P 原子的局域电子构成。根据以上讨论可知，相比磷烯而言，在 AC 及 ZZ_I 纳米带中观察到的电子性质有着显著变化，因此，有必要进一步对其电化学特性进行讨论。

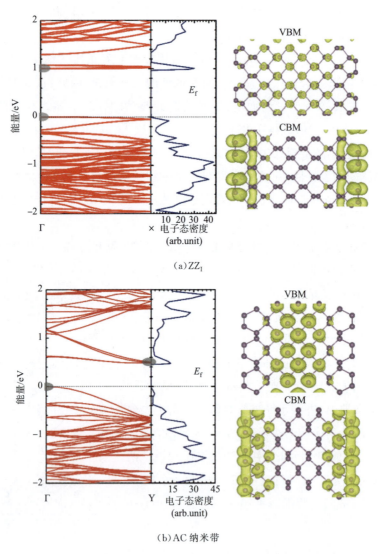

图 6-24 不同磷烯纳米带的态密度，能带结构，价带顶和导带底的局域电荷密度[100]

为研究 Li^+ 在 AC 或 ZZ_1 纳米带中的吸附性质,首先需对 Li^+ 在体系内的稳定吸附构型进行研究。如图 6-25 所示,无论在 AC 或 ZZ_1 纳米带体系内,Li^+ 吸附情况同在磷烯中的吸附一致,都将吸附在由三个 P 原子组成的三角中心位置。图 6-25(a)与图 6-25(b)中分别列出了 Li 在 AC 和 ZZ_1 体系内由边界向纳米带内不同吸附位置。可看出,Li 在 AC 纳米带中包含 6 层不同的吸附位点(A_1-A_6);同时在 ZZ_1 纳米带中存在 5 层不同吸附位;在除 Z_1 吸附层以外,每个吸附层中均含有 3 种不同的吸附位点。这是由于在 Z_1 层中,处于 Z_{1-2} 位置的 Li^+ 将自发扩散至 Z_{1-1} 位点,最终导致 Z_1 层中仅 Z_{1-1} 和 Z_{1-3} 吸附位的存在。

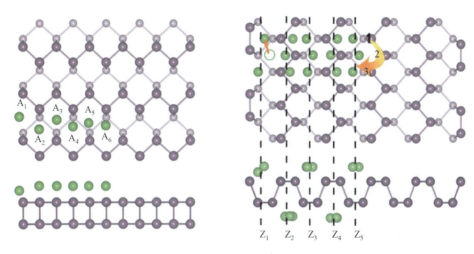

(a)AC 和 ZZ_1 纳米带中 Li^+ 的吸附位置

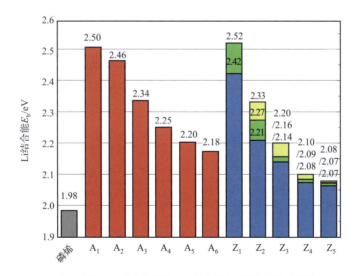

(b)Li^+ 在磷烯、AC 纳米带以及 ZZ_1 纳米带中不同位置的吸附强度

图 6-25 Li^+ 在磷烯纳米带中的吸附特性[100]

通过对这些不同位点的吸附能进一步计算发现,不同吸附位置对 Li^+ 的吸附强度有着重要的影响。此外,我们也发现 Li^+ 在磷烯纳米带上能观察到一些独特的吸附性质。第一,由计算得到 Li^+ 在 AC 和 ZZ_I 纳米带中的吸附能分别为 2.18~2.50 eV 及 2.07~2.52 eV,相比在磷烯上的结合强度(1.99 eV)有着明显的改善作用。第二,Li^+ 在靠近边界位置处吸附性能更强,这是因为纳米带边界处存在 P 原子悬挂,Li^+ 的带入将饱和这些孤立电子从而引起结合能的增强。第三,在 ZZ_I 纳米带中,当 Li^+ 在 Z_1~Z_5 层内沿槽方向进行扩散时,越远离纳米带边界位置处同一层内不同位点的吸附强度差异越小。最后,当 Li^+ 沿着 Z_5 层槽内扩散时,不同位点间的 Li^+ 吸附能差异可以忽略,此时也更接近 Li^+ 在磷烯中的吸附情况。

由以上结论可知,AC 和 ZZ_I 纳米带中边界的存在对磷烯材料 Li^+ 吸附强度不足等缺陷有着明显的改善作用,但要作为良好的电极材料,其快速充放电性能及比容量等电化学性质仍需进一步探索。其中,Li^+ 的扩散性质对于电池充放电性能以及输出功率等起着关键的作用。有研究表明,部分材料如 MoO_3 虽具有合适充放电平台及热力学稳定性,但扩散性能不足,导致其作为电极材料的使用受到阻碍。因此,着重介绍磷烯及其纳米带材料中的 Li^+ 扩散性质。首先,在磷烯材料中存在两种不同的 Li^+ 扩散路径:沿槽内扩散及槽间扩散。由计算得到其扩散势垒分别为 0.09 eV 及 0.65 eV,这与先前的研究结果一致。此外,通过进一步研究 Li^+ 在纳米带结构中的扩散路径及势垒发现,Li 在 AC 纳米带结构中由最边界处向内扩散的势垒超过 0.2 eV,如图 6-26(b)所示。然而,随着 Li 扩散位置的深入,扩散势垒不断降低,并在距离边界 10~15 Å 时势垒稳定在 0.09 eV,接近于在磷烯中的势垒值。另外,相同的趋势也出现在 ZZ_I 体系中。Li^+ 在 ZZ_I 中的扩散路径平行于纳米带方向,当在最外层槽内通道扩散时 Li^+ 势垒最大,约为 0.21 eV,且势垒随着路径离边界位置距离的增大而减小,即 $Z_1 > Z_2 > Z_3 > Z_4 > Z_5$。最终,在 Z_5 槽内 Li^+ 不同路径的扩散势垒接近相等。此外,由图 6-26 中对 Li^+ 在 AC 和 ZZ_I 纳米带中不同槽间的扩散特性研究发现,其扩散势垒仍然分别高达 0.82 eV 和 0.80 eV。这里我们通过 Arrhenius 方程计算了一定温度下磷烯及纳米带材料中 Li^+ 的扩散速率 D,见式(6-12)。

$$D = \exp(-E_a / k_B T) \tag{6-12}$$

式中 E_a——扩散激活能;

k_B——玻尔兹曼常数;

T——环境温度。

在 300 K 时,AC 及 ZZ_I 纳米带中沿槽内扩散系数相比槽间大 109×10^{11} 倍,表明磷烯纳米带结构有着与磷烯相似的 Li^+ 扩散各向异性特征。此外,Li^+ 在 AC 及 ZZ_I 纳米带边界处扩散势垒为 0.2~0.3 eV,比远离边界扩散系数低 10^{-4}~10^{-2} 倍。然而,尽管在边界处 Li^+ 扩散性能降低,但仍与目前广泛应用的如 VS_2(0.22 eV)、MoS_2(0.25 eV)、石墨烯(0.33 eV)电极材料相近。基于此,我们认为 AC 和 ZZ_I 纳米带能够满足新型电极材料对快速充放电性能的要求。

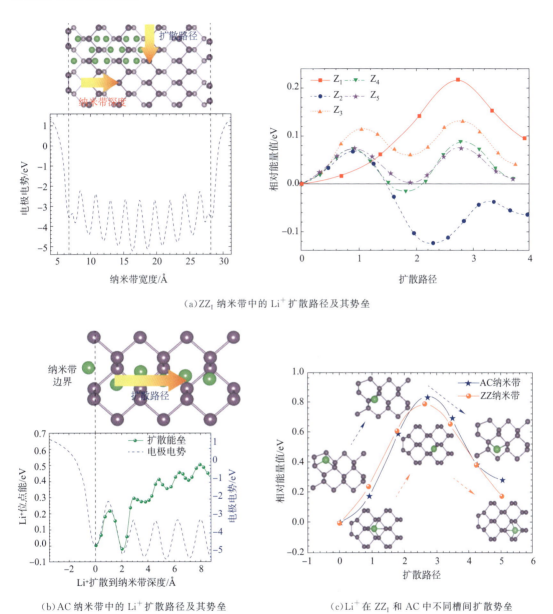

(a) ZZ_1 纳米带中的 Li^+ 扩散路径及其势垒

(b) AC 纳米带中的 Li^+ 扩散路径及其势垒

(c) Li^+ 在 ZZ_1 和 AC 中不同槽间扩散势垒

图 6-26　Li^+ 在磷烯纳米带中的扩散机制[100]

除了从能量角度说明 Li^+ 在 AC 和 ZZ_1 纳米带中的扩散特性以外，还通过计算体系离子静电势说明 Li^+ 在不同吸附位点间扩散性质差异的根本原因。从图 6-26(a)和图 6-26(b)中可以看出，离子静电势的波动与 Li^+ 吸附强度差异之间具有强关联性，由纳米带边界效应带来的静电势升高导致边界位置 Li^+ 结合能的增强。此外，沿着纳米带中心位置方向，静电势波动逐渐平缓，而 Li^+ 的吸附强度也随之减小。由此可以判定，纳米带边界效应导致静电势提高是 Li$^+$ 吸附性能增强的主要原因。

以上研究了单个 Li$^+$ 在 AC 及 ZZ$_1$ 纳米带中的吸附及扩散性质,为进一步了解纳米带体系在脱锂/嵌锂过程中结构及电化学性质变化,分别对 AC 及 ZZ$_1$ 不同浓度 Li$_x$P(AC:$x=$ 0.18 和 0.41;ZZ$_1$:$x=$ 0.125,0.225 和 0.45)下的稳定嵌锂构型进行分析。其中,每种不同的嵌锂浓度下的稳态结构都是通过对一系列构型进行计算而确定,如图 6-27 所示。发现相比单面吸附,Li$^+$ 更倾向于同时在纳米带两侧吸附。在嵌锂初期阶段,Li$^+$ 首先吸附在纳米带边界位置,这主要归因于纳米带体系中边界 P 原子占据在 CBM 位置,将优先与嵌入的 Li$^+$ 结合。随着嵌锂数量的提高,Li$^+$ 逐渐布满整个纳米带。基于此,我们对纳米带中 Li$_x$P($0<x<0.5$) 不同浓度下的嵌锂强度进行计算,发现 AC(ZZ$_1$) 体系的 Li$^+$ 平均结合强度处在 1.669~2.216(1.897~2.110) eV 范围内,较处在 1.733~1.987 eV 的磷烯而言有明显的改善。由此可以判定,相比磷烯,磷烯纳米带结构有着更高的电压平台,因此对磷烯电化学性质有着明显的改善。另外值得注意的是,在 ZZ$_1$ 纳米带中,Li$^+$ 结合强度随锂含量变化平缓;然而在 AC 纳米带中,Li$^+$ 结合能力迅速恶化,并在嵌锂饱和状态时下降至 1.669 eV。这是因为整个电化学过程中 Li$^+$ 结合强度降低主要受两方面因素影响:一方面是随着体系内的锂浓度增加 Li-P 成键活性的降低,另一方面由于高浓度锂含量体系中 Li$^+$ 之间强烈的静电排斥作用导致材料发生严重的膨胀变形。这里探讨的 ZZ$_1$ 纳米带相比 AC 纳米带在嵌锂过程中较平缓的 Li$^+$ 结合强度变化则是由于其结构变形较小所致。

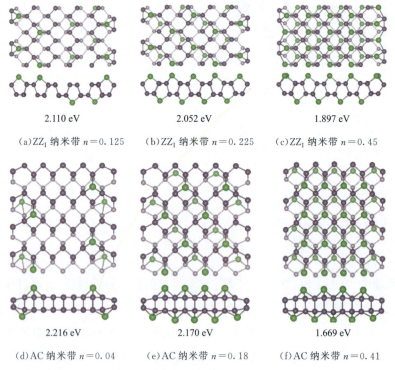

图 6-27 不同数量 Li$^+$(n)在不同纳米带中的吸附稳定构型及相对应的 Li$^+$ 结合强度[100]

电极材料在电化学过程中由 Li^+ 的嵌入所带来的应力将导致体系结构发生膨胀畸变，并最终影响材料循环充放电稳定性。为了找出上述提到 AC 及 ZZ_1 纳米带在嵌锂过程当中 Li^+ 结合强度变化不同的根本原因，通过计算 AC 及 ZZ_1 纳米带的平面内材料刚度，对这两种纳米带材料的嵌锂结构变形机制进行分析。纳米带电极材料由于 Li^+ 嵌入带来的弹性应变能可由式(6-13)计算。

$$\Delta E = \frac{A_0}{2} \sum_{i=1}^{6} \sum_{j=1}^{6} C_{ij} e_i e_j \tag{6-13}$$

式中 A_0——未发生变形纳米带的面积；

ΔE——在 $e=(e_1,e_2,e_3,e_4,e_5,e_6)$ 变形分量作用下体系应变能；

C_{ij}——弹性常数，$i,j=1,2,\cdots,6$。

对于纳米带体系，仅存在单一方向的弹性常数 C_{33}，可由加载 $e=(0,0,\delta,0,0,0)$ 应力得出：

$$\frac{\Delta E}{A_0} = \frac{1}{2} C_{33} \delta^2 \tag{6-14}$$

$$\delta = (a-a_0)/a_0$$

式中 δ——弹性应变值；

a, a_0——$Li_x P (0<x<0.5)$ 平衡晶格常数及变形晶格常数。

这里在 $-0.03\sim0.03$ 之间取 13 种不同的应变，通过 PBE 方法计算不同形变构型总能，最终由式(6-14)得到不同嵌锂浓度下纳米带材料的弹性常数，如图 6-28 所示。

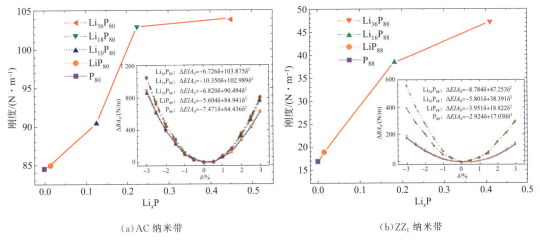

(a) AC 纳米带　　　　　(b) ZZ_1 纳米带

注：内插图为不同应变 δ 下由二次项方程拟合得到的 C_{33}。

图 6-28　不同磷烯纳米带嵌锂后的力学性质[100]

从图中可以看出，AC 及 ZZ_1 纳米带刚度随嵌锂浓度的增加不断升高。材料刚度系数的变化主要受两方面因素相互影响：一方面，Li^+ 的嵌入将导致体系内 P-P 键拉长，使材料变形强度降低;另一方面,嵌锂结构中 Li-P 键的形成强化了纳米带结构,使得材料刚度提高,这是决定 AC 及 ZZ_1 纳米带嵌锂结构强度增加的主要原因。此外,AC 纳米带及其嵌锂结构刚度远低于 ZZ_1 纳米带材料,例如,由计算得到原始 ZZ_1 纳米带刚度为 84 N·m^{-1},比 AC 纳米带(17 N·m^{-1})高。而在其嵌锂结构当中,ZZ_1 纳米带嵌锂饱和构型强度明显高于 AC 纳米带,如图 6-28 所示,分别为 104 N·m^{-1} 与 47 N·m^{-1}。对以上变形特征进行分析,发现在 AC 纳米带中,槽的方向垂直于纳米带方向,使得 Li$^+$ 嵌入所带来的应力将槽宽增大,最终导致纳米带材料的弯曲和褶皱。相对而言,嵌锂带来的内部应力在 ZZ_1 纳米带中可由边界的伸展有效缓解,不会带来纳米带长度方向的明显形变,例如,通过计算 AC 及 ZZ_1 纳米带嵌锂饱和相的结构变形,发现其沿纳米带长度方向分别拉长 6.62% 及 0.08%。因此 ZZ_1 纳米带体系有着相比 AC 纳米带更突出的嵌锂结构稳定性,更适合用作良好循环充放电性能的电极材料。而对于 AC 纳米带,虽有着较高 Li$^+$ 结合性能以及快速充放电特性,但其嵌锂过程中明显的结构变化阻碍了其作为电极材料的应用。因此,限制其电化学过程中结构形变,例如将纳米带固定于其他稳定单层材料基底上等,是改善 AC 纳米带电极性能的重要途径。

6.4 总结与展望

本章系统介绍了不同尺度理论计算方法的基本原理及其在锂离子电池理论设计研究中的应用。今天,材料科学可以说进入了一个新的天地,那是受益于计算机技术的高速发展,计算材料学给材料科学的发展注入了新鲜的血液并带来了一场新的革命。1998 年,W. Kohn 教授由于其对密度泛函理论发展的贡献而获得诺贝尔奖,直接说明了计算材料学的迅速发展和其无限量的前景。在锂离子电池设计过程中,通过应用各种模型对电极/电解质材料设计与模拟,材料科学家们可以指导新材料的开发,并且可以更深入理解材料的合成及其电化学机制。此外在一定的条件下,通过研究电极/电解质材料中的各组分的反应机理,从而判断在何种条件下材料能达到其最佳性能。锂离子电池在能源存储新材料的探索过程中,计算材料学将给过去的"炒菜式"研究方式提供强有力的帮助,在某些场合,甚至可以完全取代这种方式,这不仅可以节约人力和物力,同时可以大大缩短新材料出现的时间,且减少新型电极/电解质材料从设计到应用的周期。至此,在能源存储材料领域研究中,计算机模拟已经变得同实验和理论研究同样重要了。从前文中也可以看到计算机模拟在锂离子电池的研究中的许多方面发挥了重要作用,并已成为了该领域研究不可或缺的一部分。未来如果构建从原子尺度到宏观尺度的计算材料学系统与平台不仅有利于推动材料设计的跨越式发展,同时促进交叉学科的融合与新兴学科的兴起,加速材料研发的步骤,缩短材料研发的周期,对于材料产业化研究从而更好地服务于人类社会都极有裨益。

参考文献

[1] 雷永泉,万群,石永康. 新能源材料[M]. 天津:天津大学出版社,2000.

[2] HAN K,SEO H M,KIM J K,et al. Development of a plastic Li-ion battery cell for EV applications[J]. Journal of Power Sources,2001,101(2):196-200.

[3] MIZUSHIMA K,JONES P C,WISEMAN P J,et al. $Li_xCoO_2(0< x<-1)$:A new cathode material for batteries of high energy density[J]. Materials Research Bulletin,1980,15(6):783-789.

[4] LAZZARI M,SCROSATI B. A cyclable lithium organic electrolyte cell based on two intercalation electrodes[J]. Journal of the Electrochemical Society,1980,127(3):773-774.

[5] NAGAURA T,TOZAWA K. Progress in batteries and solar cells[M]. Brunswick:JEC Press,1990.

[6] SMART M C,RATNAKUMAR B V,WHITCANACK L D,et al. Lithium-ion batteries for aerospace [J]. IEEE Aerospace and Electronic Systems Magazine,2004,19(1):18-25.

[7] BRUCE P G. Solid-state chemistry of lithium power sources[J]. Chemical Communications,1997,(19):1817-1824.

[8] KRESSE G,FURTHMÜLLER J. Efficient iterative schemes for ab initio total-energy calculations using a plane-wave basis set[J]. Physical Review B,1996,54(16):11169.

[9] PERDEW J P,SCHMIDT K. Jacob's ladder of density functional approximations for the exchange-correlation energy[J]. American Institute of Physics,2001,577(1):1-20.

[10] CAR R,PARRINELLO M. Unified approach for molecular dynamics and density-functional theory [J]. Physical Review Letters,1985,55(22):2471.

[11] SEIFERT G. Tight-binding density functional theory:an approximate Kohn-Sham DFT scheme[J]. The Journal of Physical Chemistry A,2007,111(26):5609-5613.

[12] LUTTINGER J M. Quantum theory of cyclotron resonance in semiconductors:General theory[J]. Physical Review,1956,102(4):1030.

[13] KOLOREN J,MITAS L. Applications of quantum Monte Carlo methods in condensed systems[J]. Reports on Progress in Physics,2011,74(2):26502.

[14] CAR R,PARRINELLO M. Unified approach for molecular dynamics and density-functional theory [J]. Physical Review Letters,1985,55(22):2471.

[15] KRESSE G,FURTHMüLLER J. Efficient iterative schemes for ab initio total-energy calculations using a plane-wave basis set[J]. Physical Review B,1996,54(16):11169-11186.

[16] CLARK S J,SEGALL M D,PICKARD C J,et al. First principles methods using CASTEP[J]. Zeitschrift für Kristallographie -Crystalline Materials,2005,220(5-6):567-570.

[17] GIANNOZZI P,BARONI S,BONINI N,et al. QUANTUM ESPRESSO:a modular and open-source software project for quantum simulations of materials[J]. Journal of Physics:Condensed Matter,2009,21(39):395502.

[18] GONZE X,BEUKEN J M,CARACAS R,et al. First-principles computation of material properties:the ABINIT software project[J]. Computational Materials Science,2002,25(3):478-492.

[19] BLAHA P,SCHWARZ K,MADSEN G K H,et al. Wien 2k[J]. An augmented plane wave+ local orbitals program for calculating crystal properties,2001,60(1).

[20] SOLER J M,ARTACHO E,GALE J D,et al. The SIESTA method for ab initio order-N materials simulation[J]. Journal of Physics:Condensed Matter,2002,14(11):2745.

[21] TAO J,PERDEW J P,STAROVEROV V N,et al. Climbing the density functional ladder:nonempirical meta-generalized gradient approximation designed for molecules and solids[J]. Physical Review Letters, 2003,91(14):146401.

[22] TE VELDE G,BICKELHAUPT F M,BAERENDS E J,et al. Chemistry with ADF[J]. Journal of Computational Chemistry,2001,22(9):931-967.

[23] MARQUES M A L,CASTRO A,BERTSCH G F,et al. Octopus:a first-principles tool for excited electron-ion dynamics[J]. Computer Physics Communications,2003,151(1):60-78.

[24] AYDINOL M,CEDER G. First-principles prediction of insertion potentials in Li-Mn oxides for secondary Li batteries[J]. Journal of the Electrochemical Society,1997,144(11):3832-3835.

[25] NøRSKOV J K,ROSSMEISL J,LOGADOTTIR A,et al. Origin of the overpotential for oxygen reduction at a fuel-cell cathode[J]. The Journal of Physical Chemistry B, 2004, 108 (46): 17886-17892.

[26] ZHOU F,COCOCCIONI M,MARIANETTI C A,et al. First-principles prediction of redox potentials in transition-metal compounds with LDA+U[J]. Physical Reviwe B,2004,70(23):235121.

[27] ANISIMOV V I,ZAANEN J,ANDERSEN O K. Band theory and Mott insulators:Hubbard U instead of stoner I[J]. Physical Review B,1991,44(3):943.

[28] CHEVRIER V L,ONG S P,ARMIENTO R,et al. Hybrid density functional calculations of redox potentials and formation energies of transition metal compounds[J]. Physical Review B,2010,82(7): 75122.

[29] HEYD J,SCUSERIA G E,ERNZERHOF M. Hybrid functionals based on a screened coulomb potential[J]. The Journal of Chemistry Physics,2003,118(18):8207-8215.

[30] SHI S,LIU L,OUYANG C,et al. Enhancement of electronic conductivity of $LiFePO_4$ by Cr doping and its identification by first-principles calculations[J]. Physical Review B,2003,68(19):195108.

[31] ZHOU F,KANG K,MAXISCH T,et al. The electronic structure and band gap of $LiFePO_4$ and LiMnPO4[J]. Solid State Communications,2004,132(3):181-186.

[32] HENKELMAN G,UBERUAGA B P,JÓNSSON H. A climbing image nudged elastic band method for finding saddle points and minimum energy paths[J]. The Journal of Chemical Physics,2000,113 (22):9901-9904.

[33] MO Y,ONG S P,CEDER G. First principles study of the $Li_{10}GeP_2S_{12}$ lithium super ionic conductor material[J]. Chemistry of Materials,2012,24(1):15-17.

[34] VAN DER VEN A,AYDINOL M K,CEDER G,et al. First-principles investigation of phase stability in LixCoO2[J]. Physical Review B,1998,58(6):2975-2987.

[35] WANG L,MAXISCH T,CEDER G. A first-principles approach to studying the thermal stability of oxide cathode materials[J]. Chemistry of Materials,2007,19(3):543-552.

[36] WANG H,LI H,XUE B,et al. Solid-state composite electrolyte LiI/3-hydroxypropionitrile/SiO_2 for dye-sensitized solar cells[J]. Journal of the American Chemical Society,2005,127(17):6394-6401.

[37] KUNDIN J,SIQUIERI R. Phase-field model for multiphase systems with different thermodynamic factors[J]. Physica D:Nonlinear Phenomena,2011,240(6):459-469.

[38] WEN Y H,LILL J V,CHEN S L,et al. A ternary phase-field model incorporating commercial CALPHAD software and its application to precipitation in superalloys[J]. Acta Materialia,2010,58(3):875-885.

[39] ANDERSSON J O, HELANDER T, HÖGLUND L, et al. Thermo-Calc & DICTRA, computational tools for materials science[J]. Calphad, 2002, 26(2):273-312.

[40] GIBBS J W. A method of geometrical representation of the thermodynamic properties by means of surfaces[J]. Transactions of Connecticut Academy of Arts and Sciences, 1873:382-404.

[41] CAHN J W, HILLIARD J E. Free energy of a nonuniform system. I. Interfacial free energy[J]. The Journal of Chemical Physics, 1958, 28(2):258-267.

[42] CHAN S. Steady-state kinetics of diffusionless first order phase transformations[J]. The Journal of Chemical Physics, 1977, 67(12):5755-5762.

[43] COGSWELL D A, BAZANT M Z. Coherency strain and the kinetics of phase separation in $LiFePO_4$ nanoparticles[J]. ACS nano, 2012, 6(3):2215-2225.

[44] CHEN L, FAN F, HONG L, et al. A phase-field model coupled with large elasto-plastic deformation: application to lithiated silicon electrodes[J]. Journal of the Electrochemical Society, 2014, 161(11): F3164-F3172.

[45] MEETHONG N, HUANG H Y, SPEAKMAN S A, et al. Strain accommodation during phase transformations in olivine-based cathodes as a materials selection criterion for high-power rechargeable batteries[J]. Advanced Functional Materials, 2007, 17(7):1115-1123.

[46] GUYER J E, BOETTINGER W J, WARREN J A, et al. Phase field modeling of electrochemistry. II. Kinetics[J]. Physical Review E, 2004, 69(2):21604.

[47] GATHRIGHT W, JENSEN M, LEWIS D. A phase field model of electrochemical impedance spectroscopy [J]. Journal of Materials Science, 2012, 47(4):1677-1683.

[48] DENG J, WAGNER G J, MULLER R P. Phase field modeling of solid electrolyte interface formation in lithium ion batteries[J]. Journal of the Electrochemical Society, 2013, 160(3):A487-A496.

[49] BAZANT M Z, KILIC M S, STOREY B D, et al. Towards an understanding of induced-charge electrokinetics at large applied voltages in concentrated solutions[J]. Advanced in Colloid Interface Science, 2009, 152(1-2):48-88.

[50] BAI P, COGSWELL D A, BAZANT M Z. Suppression of phase separation in $LiFePO_4$ nanoparticles during battery discharge[J]. Nano Letters, 2011, 11(11):4890-4896.

[51] BURCH D, BAZANT M Z. Size-dependent spinodal and miscibility gaps for intercalation in nanoparticles [J]. Nano Letters, 2009, 9(11):3795-3800.

[52] DREYER W, JAMNIK J, GUHLKE C, et al. The thermodynamic origin of hysteresis in insertion batteries[J]. Nature Materials, 2010, 9(5):448.

[53] YANG K, TANG M. Three-dimensional phase evolution and stress-induced non-uniform Li intercalation behavior in lithium iron phosphate[J]. Journal of Materials Chemistry A, 2020, 8(6):3060-3070.

[54] COGSWELL D A, BAZANT M Z. Theory of coherent nucleation in phase-separating nanoparticles [J]. Nano Letters, 2013, 13(7):3036-3041.

[55] FERGUSON T R, BAZANT M Z. Phase transformation dynamics in porous battery electrodes[J]. Electrochimica Acta, 2014, 146:89-97.

[56] CHEN G, SONG X, RICHARDSON T J. Electron microscopy study of the $LiFePO_4$ to $FePO_4$ phase transition[J]. Electrochemical and Solid-State Letters, 2006, 9(6):A295-A298.

[57] ZHANG H, LIU Z, LIANG L et al. Understanding and predicting the lithium dendrite formation in

Li-ion batteries:phase field model[J]. ECS Transactions,2014,61(8):1-9.

[58] MENG Y S,ARROYO-DE DOMPABLO M E. Recent advances in first principles computational research of cathode materials for lithium-ion batteries[J]. Accounts of Chemical Research,2012,46(5):1171-1180.

[59] PADHI A K,NANJUNDASWAMY K S,MASQUELIER C,et al. Effect of structure on the Fe^{3+}/Fe^{2+} redox couple in iron phosphates[J]. Journal of the Electrochemical Society,1997,144(5):1609-1613.

[60] THACKERAY M M,DAVID W I F,BRUCE P G,et al. Lithium insertion into manganese spinels[J]. Materials Research Bulletin,1983,18(4):461-472.

[61] HUNTER J C. Preparation of a new crystal form of manganese dioxide:λ-MnO_2[J]. Journal of Solid State Electrochemisty,1981,39(2):142-147.

[62] GHODBANE O,PASCAL J,FAVIER F. Microstructural effects on charge-storage properties in MnO_2-based electrochemical supercapacitors[J]. Acs Applied Materials Interfaces,2009,1(5):1130-1139.

[63] THACKERAY M M,ROSSOUW M H,DE KOCK A,et al. The versatility of MnO_2 for lithium battery applications[J]. Journal of Power Sources,1993,43(1-3):289-300.

[64] GUO G,LONG B,CHENG B,et al. Three-dimensional thermal finite element modeling of lithium-ion battery in thermal abuse application[J]. Journal of Power Sources,2010,195(8):2393-2398.

[65] FOLCH B,LARIONOVA J,GUARI Y,et al. Synthesis of MnOOH nanorods by cluster growth route from $[Mn_{12}O_{12}(RCOO)_{16}(H2O)_n]$ ($R=CH_3$,C_2H_5). Rational conversion of MnOOH into Mn_3O_4 or MnO_2 Nanorods[J]. The Journal of Solid State Electrochemisty,2005,178(7):2368-2375.

[66] CHENG F,ZHAO J,SONG W,et al. Facile controlled synthesis of MnO_2 nanostructures of novel shapes and their application in batteries[J]. Inorganic Chemistry,2006,45(5):2038-2044.

[67] MURPHY D W,DI SALVO F J,CARIDES J N,et al. Topochemical reactions of rutile related structures with lithium[J]. Materials Research Bulletin,1978,13(12):1395-1402.

[68] WANG X,LI Y. Selected-control hydrothermal synthesis of α-and β-MnO_2 single crystal nanowires[J]. Journal of the American Chemical Society,2002,124(12):2880-2881.

[69] TANG J,HINDS S,KELLEY S O,et al. Synthesis of Colloidal CuGaSe2,CuInSe2,and Cu(InGa)Se2 Nanoparticles[J]. Chemistry of Materials,2008,20(22):6906-6910.

[70] JIAO F,BRUCE P G. Mesoporous crystalline β-MnO_2 a reversible positive electrode for rechargeable lithium batteries[J]. Advanced Materials,2007,19(5):657-660.

[71] THOMAS J M,MIDGLEY P A. High-resolution transmission electron microscopy:the ultimate nanoanalytical technique[J]. Chemical Communications,2004(11),1253-1267.

[72] VAN DE WALLE A,ASTA M,CEDER G. The alloy theoretic automated toolkit:A user guide[J]. Calphad,2002,26(4):539-553.

[73] FERREIRA L G,WEI S,ZUNGER A. First-principles calculation of alloy phase diagrams:The renormalized-interaction approach[J]. Physical Review B,1989,40(5):3197.

[74] 王达. 锂离子电池电极材料储锂机制与充放电性能调控的理论研究[D]. 上海:上海大学,2015.

[75] AYDINOL M K,KOHAN A F,CEDER G,et al. Ab initio study of lithium intercalation in metal oxides and metal dichalcogenides[J]. Physical Review B,1997,56(3):1354.

[76] LUO J,ZHANG J,XIA Y. Highly electrochemical reaction of lithium in the ordered mesoporosus β-MnO_2[J]. Chemistry of Materials,2006,18(23):5618-5623.

[77] MISHRA S K,CEDER G. Structural stability of lithium manganese oxides[J]. Physical Review B,1999,59(9):6120.

[78] DAVID W I F,THACKERAY M M,BRUCE P G,et al. Lithium insertion into β MnO_2 and the rutile-spinel transformation[J]. Materials Research Bulletin,1984,19(1):99-106.

[79] HENKELMAN G,UBERUAGA B P,JÓNSSON H. A climbing image nudged elastic band method for finding saddle points and minimum energy paths[J]. The Journal of Chemical Physics,2000,113(22):9901-9904.

[80] SARACIBAR A,VAN DER VEN A,ARROYO-DE DOMPABLO M E. Crystal structure,energetics,and electrochemistry of Li_2FeSiO_4 polymorphs from first principles calculations[J]. Chemistry of Materials,2012,24(3):495-503.

[81] CHEN W,QIE L,SHAO Q,et al. Controllable synthesis of hollow bipyramid β-MnO_2 and its high electrochemical performance for lithium storage[J]. Acs Applied Materials & Interfaces,2012,4(6):3047-3053.

[82] RODRIGUEZ-CARVAJAL J,ROUSSE G,MASQUELIER C,et al. Electronic crystallization in a lithium battery material:columnar ordering of electrons and holes in the spinel $LiMn_2O_4$[J]. Physical Review Letters,1998,81(21):4660.

[83] WANG L,MAXISCH T,CEDER G. Oxidation energies of transition metal oxides within the GGA+U framework[J]. Physical Review B,2006,73(19):195107.

[84] CHUNG K Y,KIM K B. Investigations into capacity fading as a result of a Jahn-Teller distortion in 4 V $LiMn_2O_4$ thin film electrodes[J]. Electrochimica Acta,2004,49(20):3327-3337.

[85] WANG D,LIU L,ZHAO S,et al. β-MnO_2 as a cathode material for lithium ion batteries from first principles calculations[J]. Physical Chemistry Chemical Physics,2013,15(23):9075-9083.

[86] BURNS R G. Mineralogical applications of crystal field theory[M]. New York:Cambridge University Press,1993.

[87] BRITNELL L,GORBACHEV R V,JALIL R,et al. Field-effect tunneling transistor based on vertical graphene heterostructures[J]. Science,2012,335(6071):947-950.

[88] BENAVENTE E,SANTA ANA M A,MENDIZÁBAL F,et al. Intercalation chemistry of molybdenum disulfide[J]. Coordination Chemistry Reviews,2002,224(1-2):87-109.

[89] WHITTINGHAM M S. Lithium batteries and cathode materials[J]. Chemical Reviews,2004,104(10):4271-4302.

[90] OSIAK M,GEANEY H,ARMSTRONG E,et al. Structuring materials for lithium-ion batteries:advancements in nanomaterial structure,composition,and defined assembly on cell performance[J]. Journal of Materials Chemistry A,2014,2(25):9433-9460.

[91] LIANG Y,FENG R,YANG S,et al. Rechargeable Mg batteries with graphene-like MoS_2 cathode and ultrasmall Mg nanoparticle anode[J]. Advanced Materials,2011,23(5):640-643.

[92] MAK K F,LEE C,HONE J,et al. Atomically thin MoS_2:a new direct-gap semiconductor[J]. Physical Review Letters,2010,105(13):136805.

[93] NOVOSELOV K S,GEIM A K,MOROZOV S V,et al. Electric field effect in atomically thin carbon

films[J]. Science,2004,306(5696):666-669.

[94] WANG D, LIU L, ZHAO S, et al. Potential application of metal dichalcogenides double-layered heterostructures as anode materials for Li-ion batteries[J]. Journal of Physical Chemistry C,2016, 120(9):4779-4788.

[95] DU G, GUO Z, WANG S, et al. Superior stability and high capacity of restacked molybdenum disulfide as anode material for lithium ion batteries[J]. Chemical Communications,2010,46(7): 1106-1108.

[96] LI Y, WU D, ZHOU Z, et al. Enhanced Li adsorption and diffusion on MoS_2 zigzag nanoribbons by edge effects: a computational study[J]. The Journal of Physical Chemistry Letters,2012,3(16): 2221-2227.

[97] LI W, CHOU S, WANG J, et al. Simply mixed commercial red phosphorus and carbon nanotube composite with exceptionally reversible sodium-ion storage[J]. Nano Letters,2013,13(11): 5480-5484.

[98] ZHAO S, KANG W, XUE J. The potential application of phosphorene as an anode material in Li-ion batteries[J]. Journal of Materials Chemistry A,2014,2(44):19046-19052.

[99] LI W, YANG Y, ZHANG G, et al. Ultrafast and directional diffusion of lithium in phosphorene for high-performance lithium-ion battery[J]. Nano Letters,2015,15(3):1691-1697.

[100] WANG D, GUO G, WEI X, et al. Phosphorene ribbons as anode materials with superhigh rate and large capacity for Li-ion batteries[J]. Journal of Power Sources,2016,302:215-222.

第7章 光伏电池材料设计开发

7.1 钙钛矿光伏电池发展概述

近些年来如何有效的将太阳能转换成电能引起了人们越来越广泛的关注,因为这不仅可以满足人类日益增长的能源需求并且还不会对环境造成负面影响[1-6]。另一方面基于类似 TiO_2 的纳米晶体金属氧化物的染料敏化太阳能电池[7-9],正作为一种潜在的光催化器件开发使用可再生能源。最近几年来,一种新型有机无机混杂型钙钛矿材料(MAPb X_3,X 为卤素原子,MA=CH_3NH_3)被作为光吸收剂用在了固态染料敏化太阳能电池中[10-15]。这种钙钛矿材料之所以独立出众,是因为它的成本低廉、广泛的光吸收、铁电特性以及效率高[16-21]。实际上,自 2009 年日本的 Kojima[22] 小组首次报道了这种光电转换效率(power conversion efficiency,PCE)仅为 3.81% 的新型钙钛矿太阳能电池以来,在随后的几年里钙钛矿材料的 PCE 有着惊人的增长速度。两年后,Park[23] 等人成功将钙钛矿太阳能电池效率提高到了 6.54%。然后在 2012 年,Kim[24] 等人发现将 spiro-MeOTAD 作为空穴传输层,其效率可以高达 9.7%。到 2013 年,Noh[25] 等人发现通过调节掺杂到钙钛矿里 Br 的浓度($MAPbI_{3-x}Br_x$),其 PCE 可以高达 12.3%。一年后,Grätzel[26] 小组发现通过控制钙钛矿生长过程中晶粒的大小,其光电转换效率能够达到 17.01%。随后更是有报道[27]称这种新型钙钛矿太阳能电池的 PCE 能达到 20%。

尽管这类新型钙钛矿材料在太阳能电池领域展现出杰出的性能和诱人的前景,但同时它仍然也有缺点需要克服。一个至关重要的问题就是 $MAPbI_3$ 钙钛矿层对空气中的水分十分敏感[28-31]。大量的实验研究表明,一旦将钙钛矿太阳能电池材料置于潮湿的水环境中,就会对它的性能造成致命的影响[32-34]。尽管实验上针对光照和非光照情况下,做出了水对其负面影响的一些解释,但最根本的机理依旧尚不清晰。因此去了解水与钙钛矿相互作用的本质原因,尤其是从原子层面上,是迫在眉睫的,这也有助于实验上如何避免其性能的退化。

在本章中,我们采用了第一性原理计算研究了水分子对新型钙钛矿结构的影响,主要是水分子和 $MAPbI_3$ 的(001)面的相互作用。计算结果表明水分子十分容易从钙钛矿表明渗透进内部,然后一步一步地侵蚀它的晶体结构。更重要的是,在水分子侵蚀钙钛矿 $MAPbI_3$ 过程中,我们观察到结构在逐渐地扭曲膨胀。正是由于水分子引起了结构形变,相应的钙钛矿材料在可见光区域的光吸收也下降,这也成了钙钛矿型太阳能电池性能退化的主要原因。

所有的这些结果最后清晰地描述了在潮湿环境下,水对钙钛矿的原子结构以及电子性质都有着很大的影响。因此为了设计出更加高效的钙钛矿太阳能电池,必须设法抑制水分子的吸附和扩散。

7.2 水对有机无机杂化钙钛矿的影响

7.2.1 水对钙钛矿晶体结构影响

我们用密度泛函理论对三个原子层厚度的 $MAPbI_3$(001)表面周期平面板模型展开了计算,该模型使用的是一个 2×2 的超胞,里面包含 360 个原子,并且在 Z 方向有 20 Å 的真空层。结构优化以及第一性原理分子动力学(first-principles molecular dynamics,FPMD)都是用 CP2K/QUICKSTEP 软件包实现的[35]。价电子波函数用 Gaussian 函数及分子优化的自旋极化的双ζ基用来描述(medium Double Zeta Valence Polarized,m-DZVP),这样可以确保基组超位置误差很小[36]。芯电子则用模守恒赝势(Goedecher-Teter-Hutter,GTH)来描述[37]。为确保精度,选取的平面波截断能高达 500 Ry。每一个原子位置都是经过严格优化直到每个原子上的最大残余力不到 0.01 eV/Å。交换关联能采用的是广义梯度近似下的 Perdew-Burke-Ernzerhof (PBE)泛函计算得出。为提高对长程范德华力的描述,我们使用 DFT-D3(BJ)方法[38-39]。

第一性原理分子动力学采用的是正则(Canonical Ensemble,NVT)系综,并且是将体系置于一个目标温度为 300 K 的 Nose-Hoover 恒温器中。整个模拟时长 30 ps,其每一步的间隔为 1 fs,另外反应路径和势垒采用的轻推弹性带方法(nudged elastic band,NEB)[40-41]。在整个 NEB 计算中,沿着整个反应路径一共有八个片段,包括初态和末态。

相关的光电性质则是采用基于投影平面波方法的 VASP 软件包计算的,同样使用的也是 PBE 泛函。平面波基组的截断能选取的是 500 eV,这样精确到每个原子上的能量能达到 1 meV。每一个电子步的收敛标准定在 10^{-5} eV。k 点依然选用的是 Monkhorst-Pack 方法划分,并且取值为 6×6×1;同样 20 Å 的真空层在这里仍然被保留从而避免相邻单元间的强相互作用。

为了理解水分子是如何与表面相互作用的,我们在三层的(001)表面逐个添加水分子。这里吸附能 E_{ads} 是按照如下定义得到的:

$$E_{ads} = \frac{E_{water/MAPbI3(001)} - N \times E_{water} - E_{MAPbI3(001)}}{N} \tag{7-1}$$

式中 $E_{water/MAPbI3(001)}$——整个吸附体系的总能量;

E_{water}——单个水分子的能量;

$E_{MAPbI3(001)}$——$MAPbI_3$(001)表面能量;

N——吸附的水分子个数。

自然界中关于钙钛矿 MAPbI$_3$ 存在两种常见的晶体结构：一个是室温下的四方相[42]，另一个是低温下(< 162 K)的正交相[43]。一般情况下，在正常的外界环境下四方相结构更稳定，所以在本章我们只考虑了四方相的表面。具体的钙钛矿 MAPbI$_3$ 块体原子结构显示在图 7-1 中。每个 Pb 原子与六个 I 原子配位成键，其中四个 I 原子在水平方向，两个 I 原子在垂直方向。四个极性很强的有机 MA$^+$ 离子分布在 PbI$_6$ 形成的八面体笼的空隙中间。优化后的晶格常数分别为 $a=8.64$ Å，$b=8.67$ Å 以及 $c=12.93$ Å，这个结果与之前的理论和实验值[44]都非常接近。正如之前的一些报道[45-47]声称(001)表面是钙钛矿最常见的表面

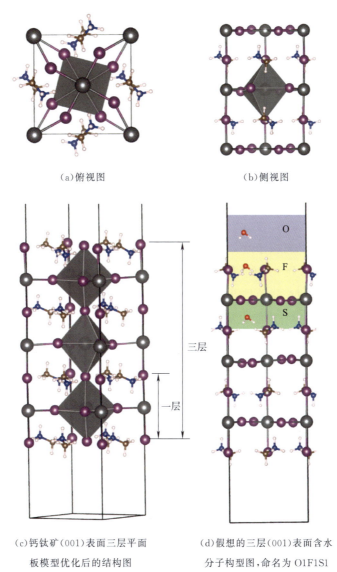

(a)俯视图　　　　　　　　(b)侧视图

(c)钙钛矿(001)表面三层平面　　(d)假想的三层(001)表面含水
板模型优化后的结构图　　　　分子构型图，命名为 O1F1S1

注：划分的不同颜色区域即为水分子可能存在的区域，依次命名为 O 区、F 区和 S 区
（深灰色球代表铅；紫色球代表碘；褐色球代表碳；蓝色球代表氮；粉色球代表氢）。

图 7-1　块体 CH$_3$NH$_3$PbI$_3$ 钙钛矿结构及其表面模型示意图

之一,由于它涵盖了块体材料里的主要框架。我们之前的研究发现,钙钛矿(001)表面可以是以 MAI 为终端也可以是以 PbI_2 为终端,而以 MAI 为终端的表面要更稳定一些[48]。接下来主要关注水与终端为 MAI 的表面相互作用。

为了方便讨论水分子在钙钛矿表面上或表面里的吸附位置以及迁移过程,将(001)表面上部分区域从上至下依次标记为 O,F 和 S 区。O 区域对应着水分子是吸附在表面上,F(S)区域对应着水分子呆在第一层的上(下)侧。为了简化,我们将处于特定区域不同数量的水分子结构命名为 XN,其中 X 代表水分子所处的区域(即 O 或 F 或 S),N 代表在该区域水分子的个数。例如,结构 O1F1S1 就代表一个含有三个水分子的 $MAPbI_3$ 表面结构,每个水分子分别在区域 O,F 和 S,对应的构型图可参考图 7-1(d)。

首先我们研究了低浓度水覆盖的情况下,钙钛矿 $MAPbI_3$(001)表面水吸附的构型。先是一个水分子被放在钙钛矿的表面上。在结构优化完成之后,水分子吸附在表面上方 2.18 Å 处,如图 7-2 所示。一个水分子的吸附能约是 0.3 eV。有机 MA 分子主要是以氢键的形式与水分子相互作用。为了确定 $MAPbI_3$(001)表面模型采用多少层厚度合适,我们比较了一个水分子同时在三层和四层 $MAPbI_3$(001)表面的吸附能。这里定义的一层厚度是一个 PbI_6 八面体笼的高度,如图 7-1(c)中阴影部分所示。最后计算出来的水的吸附能,在三层表面和四层表面分别是 0.30 eV 和 0.31 eV,这也就表明三层厚的模型足够模拟钙钛矿 $MAPbI_3$(001)的表面。

如前所述 O1 结构,对应于水分子吸附在表面上 2.18 Å 处(图 7-2),同时氢原子是向下指着碘原子的。另外水分子中的氧原子与 MA 分子中的氢原子距离保持在 2.6 Å 左右,这充分体现出水分子和 MA 分子是以氢键形式相互作用的。当吸附的水分子个数增加到 8 个时,对应的每个水分子的吸附能也从 0.30 eV 增大到 0.58 eV。在这个过程当中,水分子倾向于通过氢键的方式聚在一起,因此水分子自身之间的相互作用也促进了它在钙钛矿表面的吸附。这里需要指出的是单位表面上最多只能吸附到 8 个水分子。一旦水分子的数目超过了 8,多余的水分子会慢慢吸附到第一层水分子的上面。几个典型的吸附构型可参见图 7-2 下半部分。

为了探究水分子能否从表面穿透到亚表面,计算了一个水分子从 O 区渗透到钙钛矿第一层内部的扩散过程,如图 7-3 所示,在本章节中我们考虑了两个不同的情况。第一种情况是研究水分子从 O 区移动到第一层的上部分即 F 区,计算结果都在图 7-3(a)中。当水分子位于 F 区时,整个体系的能量要比它在 O 区低约 0.18 eV,这也就表明从能量上来说水分子更倾向于在钙钛矿的内部而不是表面。更加有趣的是水分子从表面扩散到内部 F 区过程的势垒仅为 0.04 eV,这么低的能垒值也就表明 O1 结构中的水分子极易渗透进钙钛矿内部形成 F1 结构。而主要原因应是源于这种新型钙钛矿结构的特殊性。由于 Pb 原子和 I 原子构成的主要框架十分庞大,即使里面塞进了有机 MA 分子,其内部空间依然十分空旷。所以水分子就十分容易扩散进去而不会受到太多阻碍。当水分子移动到内部以后,整体结构和之

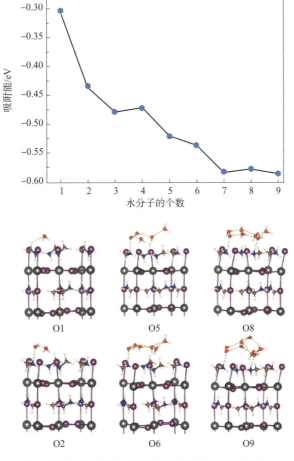

注:不同颜色的球代表不同的原子,绿色虚线表示氢键。

图 7-2 水分子在 O 区域的吸附能与吸附数量关系

前还是基本相似的。如图 7-3(a)所示,与结构 O1 相比,F1 结构中的一个有机 MA 分子的转向发生了改变,变成朝向(001)的竖直方向,而其他的原子基本保持不变。

下一步我们就考虑了水分子在钙钛矿内部区域如何进一步扩散,即水分子从第一层的上部分区域(F)扩散到下部分区域(S)。计算出来的这一过程的扩散势垒为 0.31 eV,比从 O1 结构变为 F1 结构的势垒稍高一点。然而相对说来这一扩散过程的势垒值还是比较小的,故水分子是完全有可能从 F 区渗透到更深层部分,同时水分子在 S 区时能量要比在 F 区低 0.21 eV 左右。因此存在一个较强的驱动力来促使水分子渗透到钙钛矿的更深层部分。但是这里需要说明的是水分子从 F 区扩散到 S 区与它从 O 区扩散到 F 区是完全不同的,因为它们要克服的阻碍是不一样的。从 O 区到 F 区的扩散,水分子主要是穿过 MA 的框架;而从 F 区到 S 区的扩散,水分子则主要是穿过 PbI_2 的框架。两个过程之所以势垒不一样,就是在于这两个不同的框架阻碍。当水分子到达了 S 区域时,出现在它面前的又是 MA 为终端的(001)表面。因此水分子的渗透就可以重复这种扩散过程持续进行,尽管这一次的扩散势垒会与上一次的稍有不同。另外当水分子扩散到内部 S 区时,原来的结构,尤其是里面的有机 MA 分子的转向,将再一次发生改变。首先,之前 F 区那个变动的 MA 分子会恢复它原始的转向,即不再指向(001)方向。其次,S 区域的一个 MA 分子转向由开始的(111)方向变成了现在的(010)方向。所有这些结果都表明水分子能够改变钙钛矿的晶体结构。

如上所述,在低覆盖浓度时,水分子倾向于从表面渗透到钙钛矿内部区域。那么很自然的我们想到,当水分子浓度高时它是否依然容易渗透到内部去。因此,我们定义了一个相对能 E_r 来观测水分子更倾向于在哪个区域,其中 E_r 用于比较水分子在 F 区和 O 区两个体系的相对能,表达式见式(7-2)。

$$E_r(N) = E_F(N) - E_o(N) \tag{7-2}$$

式中 E_F——水分子在 F 区吸附体系的总能量;

E_o——O 区吸附体系的总能量;

N——水分子个数。

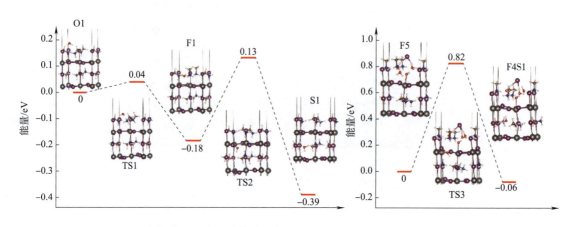

(a) O1 变换到 F1 以及 F1 变换到 S1　　　　(b) F5 转变到 F4S1

注:TS1,TS2 和 TS3 分别表示这三个扩散反应的过渡态。此外 O1 和 F5 结构的能量都为归零。
内嵌的图形是不同态的构型图。

图 7-3　结构转换中不同态对应的能量图

相应的结果都汇总在图 7-4 里。可以很明显地看出当水分子个数不超过 6 时($N \leqslant 6$),相对能 E_r 的值都为负。这意味着此时水分子都更倾向于在 F 区而不是 O 区。

另一方面,钙钛矿表面结构的形变程度随着水分子个数 N 的增加而加剧。这里的形变是指 F 区内 MA 分子位置的改变以及 Pb—I 键的扭曲。特别是当水分子数目为 4 时(图 7-4),表面构型发生了质的改变,即最外层的一个碘原子跑出了表面约 2.12 Å 的距离;而同时水分子里的氧原子与空出来的铅原子成键。当 N 增大到 6 时,钙钛矿 F 区的结构基本被堆积的水分子破坏殆尽。此时随着这一层的内部空间被占满,体系开始要迫使水分子往其他地方扩散。这也是为什么当 $N>6$ 时,会出现数值为正的相对能 E_r,因为此时在高浓度水下,F 区填满水分子在能量上是不稳定的。

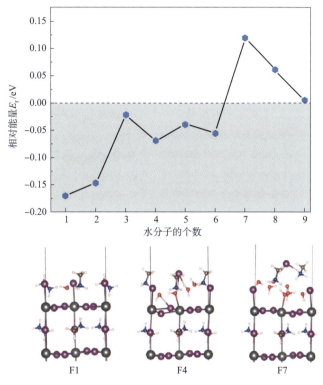

图 7-4 FN 结构与 ON 结构之间的相对能量 E_r 图

前面提到在水浓度很低时,水分子能够从 F 区进一步扩散到更深层结构。因此在相对高浓度水环境下,判断水分子能否进一步渗透是很重要的。为了查明这一点,我们考虑了 F5 这个典型的结构,即有 5 个水分子在 F 区。接下来我们要做的就是计算其中的一个水分子由 F 区渗透到 S 区。这一次计算出来的扩散势垒是 0.82 eV,并且最终的 F4S1 构型的能量要比初始 F5 构型的低 0.06 eV 左右,这些结果表明即使是在水覆盖度高的情况下水分子也是能从 F 区扩散到 S 区的。特别是相比 F5 结构,F4S1 结构引起了 S 区域更大的形变。其中的一个 Pb 原子偏离了它原来位置约 0.99 Å,这使得 S 区所相应的 Pb-I 键在发生扭曲同时还伴随着 MA 分子发生转动。

接下来我们采用第一性原理分子动力学来模拟在 300 K 的温度下,水分子层在 $MAPbI_3$(001)表面的吸附,从而能得知实际室温下水对钙钛矿的影响。第一性原理分子动力学是在一个 2×2 的超胞表面进行的。初始的表面结构上含有 24 个水分子,整个动力学过程持续了 30 ps。有趣的是,在整个分子动力学模拟过程中有 5 个水分子直接渗透进了钙钛矿第一层结构中,如图 7-5(a)所示。为了清晰地显示水分子从表面渗透进内部结构的过程,我们统计模拟其中的一个水分子的高度并绘制成图。这里的高度是指该水分子的重心与最外层碘原子所处平面的垂直距离。如图 7-5(b)所示,约 8 ps 后水分子从表面穿透到了内部。而在接下来的模拟过程中,水分子一直处在内部结构。这就再一次清晰表明水分子十分倾向在钙钛矿的体内。在整个第一性原理分子动力学模拟过程中,我们只观察到水分子从 O 区到 F 区的扩散,这是因为如上所述,水分子从 F 区到 S 区的扩散势垒相对较大一点,因此不容易直接模拟出来。

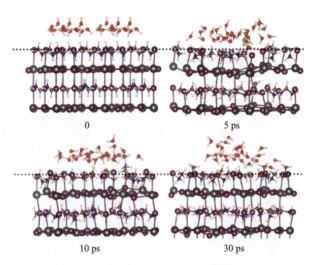

(a)含有 24 个水分子的 2×2 超胞在分子动力学模拟后的部分构型图

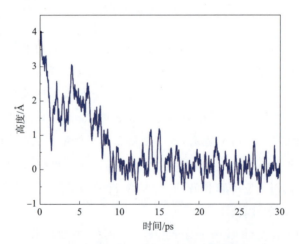

(b)绿色水分子的重心与黑虚线之间的高度图

注:绿色的水分子是模拟过程中其中渗透进去的一个水分子,
黑色虚线代表最外层碘原子在初始时刻所处的水平面。

图 7-5 水分子在钙钛矿表面模拟过程中的扩散行为

7.2.2 水对钙钛矿电子结构影响

如前所述,钙钛矿 MAPbI$_3$ 表面在经历水分子扩散到其内部之后发生了很大的形变。很自然地想到水分子能否影响钙钛矿的电子结构。于是接下来同时计算含水和不含水体系的态密度(density of states,DOS),相关的结果展示在图 7-6 中。这里主要分析了以下四个典型的体系:完全干净的三层(001)表面,水分子吸附在 O 区的 O5 结构,水分子处在内部的两个不同结构即 F5 和 F4S1。

首先我们关注干净表面的态密度图,可以看出它有一个约 1.58 eV 的带隙。当水分子吸附在表面上后,电子结构并没有发生多少改变,除了导带底(conduction band minimum,CBM)略微上移(带隙略微增大到 1.62 eV),这是因为水分子与表面仅仅只有氢键的弱相互作用。而当水分子扩散到内部结构后,F5 和 F4S1 的电子结构都发生了一定的改变。此时坍塌的 F 结构不再对 CBM 有太多贡献,而是对 CBM 上面一点的能级有贡献。特别的是 F4S1 的 CBM 比干净表面上移了很多,同时价带顶(valence band maximum,VBM)位置基本维持不变,相对应的结果就是形变了的结构 F4S1 带隙增大到 1.74 eV,这比干净钙钛矿表面的带隙高出约 0.2 eV。

从以上所有结果可以看出,水分子的渗透不仅会影响到钙钛矿的晶体构型还会影响它的电子结构,并且被破坏的结构表现出了更大的带隙,这与之前的理论[49]报道称扭曲了的结构以及 Pb-I 键的破坏会增加带隙的结果是相一致的。钙钛矿之所以有很广泛的光吸收的一个重要因素就是它有着合理大小的带隙,现在水嵌入的钙钛矿带隙增大了,这也很有可能就是它 PCE 降低的一个重要原因。

众所周知,钙钛矿型太阳能电池有着很高的 PCE 主要是源于其对可见光有着很强的光吸收,因此这些光活性剂才能有效地利用太阳光[50-52]。为此很有必要去探究水分子是否会影响前面提到的这些材料的光学性质。于是再一次考虑了前面说的四个典型体系:完全干净的三层(001)表面,水分子吸附在 O 区的 O5 结构,水分子处在内部的两个不同结构即 F5 和 F4S1。它们的光吸收谱被计算显示在图 7-7 中。

首先干净完整的钙钛矿 MAPbI$_3$ 在光子能量 ω 从 2.3 eV 到 2.7 eV 之间有着很强的吸收强度,这刚好是在可见光区域,并且是在 ω 处于 2.5 eV 左右时光吸收达到了峰值。当水分子吸附到钙钛矿表面后,计算出来的结构 O5 的光吸收强度和干净的钙钛矿表面十分接近,原因是因为水和钙钛矿表面的相互作用很弱,所以即使水分子吸附上之后结构也没发生什么改变。而当水分子从表面扩散到内部形成 F5 结构后,它对应的在 2.5 eV 左右的光吸收强度下降了接近 10.4%,这是因为水分子已经开始破坏 F 区的结构了。当 F5 结构中的一个水分子从 F 区进一步扩散到 S 区后,形成的 F4S1 结构的光吸收强度相比干净的钙钛矿表面大幅下降了约 25.9%。需要提醒的是此时的结构 F4S1 在 S 区发生了更为严重的形变(图 7-6)。换句话说,光吸收退化的程度完全受结构形变程度的影响。

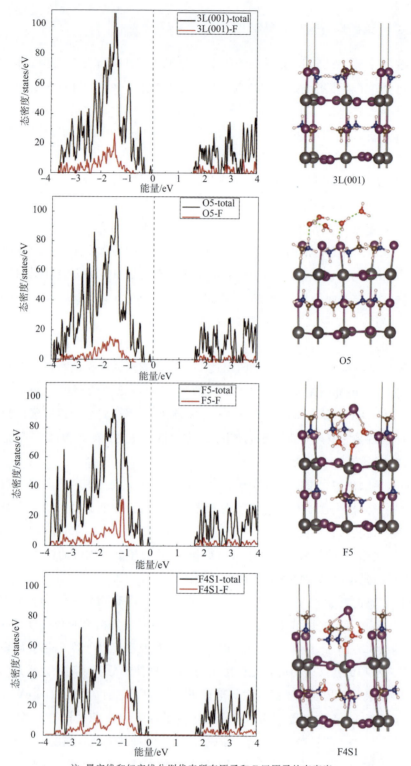

注：黑实线和红实线分别代表所有原子和 F 区原子的态密度。

图 7-6　四个典型结构的态密度图和相应的构型图

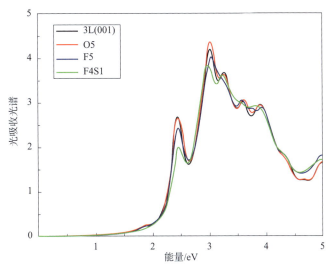

图 7-7　四个典型结构的光吸收谱

为了掌握钙钛矿材料暴露在潮湿环境下 PCE 大幅退化的具体微观机制,我们采用第一性原理方法研究水分子与钙钛矿 $MAPbI_3$ 材料(001)面的相互作用。计算结果表明,由于这种新型钙钛矿材料结构特殊内部空间十分空旷,故而水分子极易从钙钛矿的表面渗透到内部区域。在水分子渗透到内部的过程中,会引起钙钛矿结构发生形变,一旦渗透的水分子数目增多,相应区域的结构稳定性大幅下降。更为重要的是,结构的形变还会严重影响钙钛矿的电子性质,最终使得带隙增大从而降低了对可见光的吸收。这些发现清晰地阐明了钙钛矿型太阳能电池性能的退化是源于其结构的形变,而这一切背后的本质原因则是因为水分子能够轻易穿透到钙钛矿的内部结构中。这些结果不仅很好地帮助我们理解实验上的结果,同时还从原子层面上提供了如何有效地避免钙钛矿材料在水环境下性能退化的思路。

7.3　有机分子对有机无机杂化钙钛矿的影响

7.3.1　相结构的稳定性

为了清晰的区分不同位置的缺陷,根据传统缺陷能计算方程[53],在考虑了 I,Pb 和 MA 的化学势 μ_I,μ_{Pb} 和 μ_{MA} 之后,系统地计算了所有缺陷的缺陷形成能 E_{vf}。这里 E_{vf} 定义如下:

$$E_{vf}=E_V-E_P+\Delta n_I\left[\mu_I+\frac{1}{2}E_{I_2}\right]+\Delta n_{Pb}[\mu_{Pb}+E_{Pb}]+\Delta n_{MA}[\mu_{MA}+E_{MA}] \quad (7-3)$$

式中　E_V——有缺陷体系的总能量;

E_P——无缺陷完美体系的总能量；

Δn_I——在形成缺陷时 I 改变的个数；

Δn_{Pb}——在形成缺陷时 Pb 改变的个数；

Δn_{MA}——在形成缺陷时 MA 改变的个数；

E_{I_2}——$I_2(g)$ 的总能量；

E_{Pb}——Pb(s) 的总能量；

E_{MA}——MA(s) 的总能量。

鉴于室温下稳定的是四方相结构，采用 2×2×2 的超胞来研究 MA 分子转向对离子迁移的影响。这个超胞模型一共含有 384 个原子，如此大的模型足够保证计算的精度。为了了解 MA 转向效应，我们首先测试大批整体 MA 指向排布不同的 $MAPbI_3$ 构型。最终只考虑了其中两个能量上来说最稳定的构型，在图 7-8 中标记为 A 和 B 两结构。其中 B 结构每个原胞能量要比 A 原胞的稍低 0.07 eV。众所周知 MA 极性分子有一个强达 2.3 D 的偶极矩[54]，偶极方向是从 N 端指向 C 端的。因此可以看出不管是 A 结构还是 B 结构，它们投影在 XY 平面的偶极都被相互抵消，而 MA 分子在 Z 方向的投影排布则是不一样的。对于 B 结构，它在 Z 方向上有一个统一的偶极极化方向，并且所有的偶极方向都是向上的，如图 7-8(d) 中带颜色的箭头所示，这是一个典型的铁电结构。而对于 A 结构，它的总偶极矩为零，因为 MA 分子在 Z 方向相邻上下层的排布方向是相反的，所以相应的偶极矩都相互抵消，如图 7-8(c) 中带颜色箭头所示，这是一个典型的反铁电结构。但是这里必须指出的是，在部分局域的地方偶极极化还是存在的，它的作用不能被忽略。

众所周知，热扰动会引起钙钛矿结构里 MA 分子的转动[55-56]。但本章中强调的是投影在 Z 方向的有序结构，至少在某些局域结构里，室温下是可以存在的。为了探究温度是如何影响本章节中的模型时，我们对两个结构都展开了第一性原理分子动力学模拟。为了区分 MA 分子指向的分布，将所有 MA 分子中投影在 Z 方向上偶极向上的净比例定义为有序因子。这样当有序因子为 1 时，所有 MA 分子在 Z 方向上排布是完全有序的；当有序因子为 0 时，MA 分子排布就是随机耦合的。

首先考虑不加电场时 MA 分子转向受温度的影响。如图 7-9(a) 所示，一开始 B 结构中所有 MA 分子在 Z 方向上都保持一个有序的朝向。在经历了 11 ps 的第一性原理分子动力学模拟之后，大部分 MA 分子依然能够保持初始有序地排布。但是对于 A 结构，由于一开始所有的 MA 偶极矩是相互耦合的，所以它的有序因子一直在初始值 0 附近振荡。当在分子动力学模拟过程中加入一个 2 MV/cm 的电场后，A 结构开始响应电场，所有的 MA 分子变得有序起来，过了 18 ps 之后 A 结构慢慢变得和 B 结构相似起来。Goehry 等人[57]就曾使用加电场的第一性原理分子动力学来研究 MA 偶极矩的排布，他们声称在一个长时间（> 20 ps）的模拟之后，所有的 MA 分子将会响应外加电场的分布，因此我们的结果与他们的结论是相一致的。

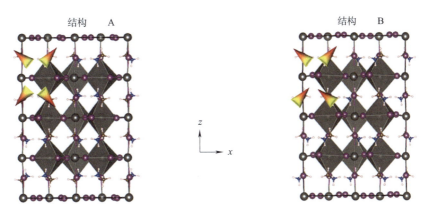

(a) 结构 A, 在竖直方向相邻层的 MA 分子指向完全相反　(b) 结构 B, 在竖直方向所有的 MA 分子的指向都完全相同

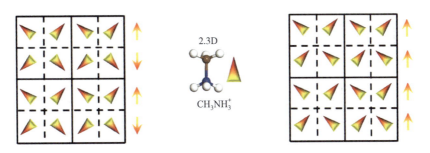

(c) 只含 MA 分子的钙钛矿结构 A 的示意图　　　　　(d) 只含 MA 分子的钙钛矿结构 B 的示意图

注:深灰色球代表铅;紫色球代表碘;褐色球代表碳;蓝色球代表氮;粉色球代表氢。

图 7-8　结构的侧视图

其次,B 结构的行为和 A 结构就有所不同。在不加电场的 300 K 的分子动力学模拟中,B 结构的有序因子会渐渐从 1 变到 0,最终成为一个无序的结构。不一样的是,在有电场的情况下,B 结构能在 300 K 的环境下稳定存在。为了进一步了解在有电场的情况下 B 结构的最终构型是否会受初始构型的影响,我们又展开了另一段第一性原理分子动力学模拟。在这次的模拟当中,初始构型选取的是 B 结构在无电场下跑了 17 ps 的动力学达到平衡之后的构型。此时初始构型的有序因子接近为 0,这也表明初始构型中的 MA 分布是随机无序的。非常有趣的是,当施加了 2 MV/cm 的电场之后,仅仅过了 2.5 ps 所有的 MA 分子就恢复成最原始的有序排布。如图 7-9(b)所示,在外加电场情况下,有序因子很快就从 0 变成了 1。同时在后续的分子动力学模拟中,有序因子一直始终保持为 1。

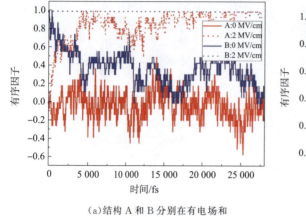 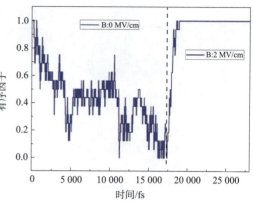

(a) 结构 A 和 B 分别在有电场和无电场下有序因子随时间变化图　　(b) 结构 B 先是在无电场下运行 17 ps 的动力学模拟,然后施加了 2 MV/cm 的外电场,此过程中其有序因子变化图

注:有序因子定义为投影在 Z 方向上所有向上排布的 MA 分子所占的净比例。
鉴于结构 A 是反铁电相,故初始有序因子为 0。结构 B 是铁电相,故初始有序因子为 1。

图 7-9　采用第一性原理分子动力学计算模拟室温 300 K 环境下的有机分子分布情况

综上所述,尽管 MA 分子在室温下可以自由转动,但它仍然有变成有序的趋势。对于 A 结构,不加电场时,在室温下能够稳定存在,而在强电场下它会转变成 B 结构。而对于 B 结构,在室温下也许它不能保持长时间的稳定性,但它能够很快地响应电场恢复成它初始的有序构型。同时我们也发现大量的实验[58-59]和理论[60-61]研究表明,当钙钛矿材料里所有有机分子的转向有着统一的排布之后,会存在一个局域的铁电畴结构。尽管关于反铁电相的钙钛矿报道有很多,但是并没有直接证据表明铁电相的钙钛矿不存在。Lahnsteiner 等人[62]就在他们的文章中说道"室温下的铁电极化是否存在依然尚在讨论当中"。Leguy 等人[63]在做准弹性中子散射测量和蒙特卡洛模拟时,都发现了有机分子有着稳定的铁电或反铁电畴排布。Docampo 等人[64]则是发现采用 TiO_2 覆盖的 FTO 基底,可以有效的控制钙钛矿里面的有机分子转向。Liao 等人[65]更是直接制备出了铁电相的新型钙钛矿半导体,它在室温下显示出了有序的偶极分布。所有的这些结果都表明铁电和反铁电相的钙钛矿结构都是有可能存在于实际环境中的。

基于这两个超胞构型,我们考虑了它们三类典型的肖特基缺陷即碘离子、铅离子和 MA 离子缺陷。这里考虑到极化 MA 分子的转向,我们特意区分了不同的缺陷位置,因为同一类原子所处的环境有可能不同,这样会影响到它的扩散迁移路径。举个例子,碘离子就有两个截然不同的位置。一个是在 z 方向上连接上下两层的两个铅原子,标记为 V 位置。另一个坐落于 xy 平面,接下来我们标记为 P 位置。另外,结构 A 里相邻 MA 分子的转向时相反的,这就使得它周围的原子所处的环境是完全不同的,这也就意味着所有同一类原子并非是完全等价的。所有代表性的原子缺陷位置都在图 7-10 中用符号标示出来了,而相应的缺陷形成能(E_{vf})则统计在了表 7-1 中。

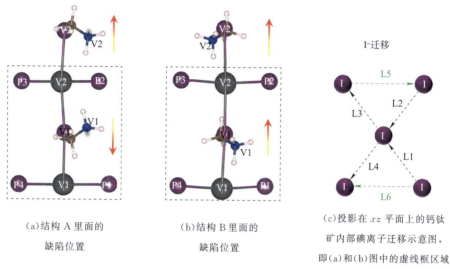

(a) 结构 A 里面的缺陷位置　　(b) 结构 B 里面的缺陷位置　　(c) 投影在 xz 平面上的钙钛矿内部碘离子迁移示意图，即(a)和(b)图中的虚线框区域

注：图中黑色的虚线箭头表示不同的扩散路径，从 L1 到 L6。带颜色的箭头则表示结构 A 和 B 中有机分子偶极矩在 z 方向的投影分布。

图 7-10　缺陷不同位置及迁移路径图

见表 7-1，对每一类离子，它们的缺陷形成能都有很大范围的波动。其中 MA 的缺陷形成能最大，数值在 2.52～2.70 eV 之间。相对于位置 V，碘离子在 P 处的缺陷形成能要更低，其中在结构 A 里低大约 0.5 eV 而在结构 B 里低 0.1～0.2 eV，这些结果表明碘离子更倾向于在 P 处形成缺陷，特别是在结构 A 里。当然在这两个不同结构里计算出来的碘离子缺陷形成能数值相差并不大，在 0.22 eV 以内。而计算出来的铅离子的缺陷形成能在不同位置差别不大，但在两个不同结构里的数值有 0.6 eV 左右的差距。

表 7-1　不同原子或分子(I^-/Pb^{2+}/MA^+)分别在结构 A 和 B 中不同位置处的缺陷形成能 E_{vf} 值　　　　单位：eV

结构类型	V_I				V_{Pb}		V_{MA}	
	P1	P2	V1	V2	V1	V2	V1	V2
结构 A	1.57	1.56	2.10	2.05	1.22	1.19	2.53	2.52
结构 B	1.77	1.78	1.89	1.98	1.83	1.84	2.69	2.70

上述结果清晰表明内部环境能够影响离子的缺陷形成能。尤其是在结构 A 中，缺陷形成能的差别更加大，而这主要也是源于 MA 分子不同转向所导致相邻层的内极化场方向相反。因此可以说 MA 分子的转向可以通过内部偶极矩来影响缺陷的形成。特别是对 A 结构里的碘离子，由于受 MA 分子转向影响，它在 P 位置的缺陷形成能只有 1.5 eV 左右。

7.3.2 三种离子(I^-/Pb^{2+}/MA^+)的迁移

从上一节的结果知道，缺陷的位置深受 MA 分子转向的影响。因此由缺陷引起的离子迁移也很有可能受 MA 分子转向的影响。为了探究这一可能性，我们接下来系统分析了钙钛矿内部的离子迁移情况。首先，我们只是研究了离子从一个亚稳态位置到稳定位置的扩散路径。如图 7-10 所示，如下可能的迁移路径被考虑了即：①碘离子(I^-)从亚稳态位置 P1/P2 到稳定位置 V1 的迁移，以及发生在 xy 平面 P1 到 P4 的迁移。②MA 离子(MA^+)同时在竖直方向(即⟨001⟩方向，从 V1 到 V2)和在 xy 平面(即⟨110⟩方向)的迁移。这里需要说明的是 MA 离子的迁移同时包含平移运动和绕中心的旋转运动[66]。但我们在 MA 离子扩散过程中并没有仔细考虑其旋转运动，是因为之前报道的它们旋转势垒很低(0.1 eV 左右)。我们也特意计算了 MA 的旋转势垒，发现确实很低，在 A 结构里约 0.02 eV，B 结构里约 0.03 eV。另外还考虑了反方向的迁移(从 V2 到 V1)，因为带电的 MA 离子在顺着或逆着极化场方向迁移时的行为很有可能是不一样的，特别是在竖直 Z 方向。③铅离子(Pb^{2+})只是在体对角线方向(即⟨111⟩方向)，这是因为铅离子在 xy 平面(即⟨110⟩方向)和竖直方向(即⟨001⟩方向)扩散时都会有碘离子的阻挡。

图 7-11 里显示了几个典型的扩散路径上初始、过渡和终态的构型，以及所对应的扩散能垒 E_b 值。可以看出即使对同一类如 I^- 或 MA^+ 的缺陷，它们的扩散势垒值也不尽相同，因为它们是从不同位置扩散的。举个例子，当碘离子沿着偶极方向迁移时，它在 A 结构中的能垒值为 0.33 eV 而在 B 结构中则是 0.21 eV。而一旦它逆着偶极方向迁移时，在 A 结构中的能垒值骤降为 0.06 eV，在结构 B 中则降到 0.12 eV。同样的情况也发生在 MA 离子的迁移过程中。另外相比结构 B，结构 A 中迁移势垒的大小对 MA 分子的转向更加敏感。

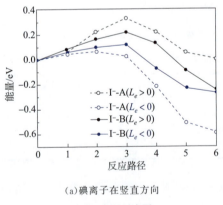

(a) 碘离子在竖直方向扩散的能量示意图

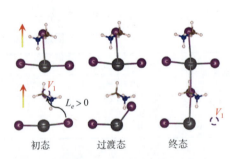

(b) 碘离子沿着偶极方向迁移过程中初态、过渡态和终态的构型图

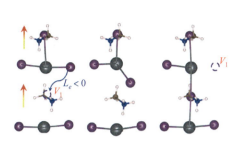

(c) 碘离子逆着偶极方向迁移过程中初态、过渡态和终态的构型图

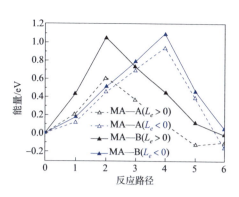

(d) MA 离子在 ⟨001⟩ 方向扩散的能量示意图

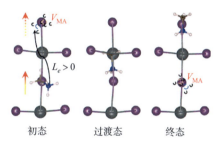

(e) MA 离子沿着偶极方向迁移过程中初态、过渡态和终态的构型图

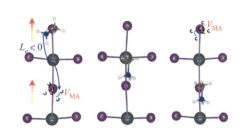

(f) MA 离子逆着偶极方向迁移过程中初态、过渡态和终态的构型图

注：A 结构和 B 结构的构型基本一致，除了偶极分子的排布不同之外。V_I 代表碘缺陷，V_{MA} 代表 MA 缺陷。

图 7-11　离子迁移的能量图以及相应的原子构型图

为了完全理解离子扩散的具体机制，我们仔细分析了扩散势垒 E_b 和有效扩散距离 L_e 之间的关系。这里 L_e 定义如下：

$$L_e = L_z f$$

$$f = \begin{cases} -1 & \text{逆着偶极方向} \\ 1 & \text{沿着偶极方向} \end{cases}$$

式中　L_z——投影到 z 方向上的扩散长度；

f——有效因子。

当带电离子逆着或沿着偶极方向迁移时 f 分别对应 -1 或 1。正如前面所提及的，结构 A 和 B 之间的主要差别是在竖直方向上的偶极分布。因此 L_e 完全可以描述 MA 偶极转向对离子迁移的影响。

如之前讨论的那样，一共有 16 个可能的离子扩散路径被考虑，并且每个扩散过程中扩散势垒 E_b 和有效扩散距离 L_e 的关系都将被仔细分析统计。如图 7-12 所示，碘离子的迁移势垒相对较低(0.06～0.39 eV 之间,这和之前的计算结果一致[67]),而 MA 离子(0.61～1.09 eV)和铅离子(0.85～1.05 eV)的扩散势垒都相对较高。这些结果表明碘离子是钙钛矿材料里最容易发生迁移的离子。MA 离子则是在某个特殊的扩散路径上显示出大小适宜的扩散能垒值(0.61 eV)。铅离子的扩散势垒值最高也就意味着它是钙钛矿内部最不容易发生迁移的离子。Yuan 等人[68]在做光热诱导共振测试时,发现在有外加电场的情况下成功可视化了宏观碘离子和 MA 离子的迁移现象。我们的结果清晰阐明了碘离子和 MA 离子的迁移,正如实验上观测到的一样。

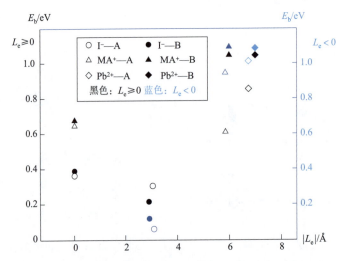

注:空心和实心符号分别代表 A 结构和 B 结构里的离子迁移。圆形、三角形和钻石形符号分别代表碘离子、MA 离子和铅离子。$L_e<0$ 或 $L_e>0$ 分别代表迁移在 Z 方向时分别逆着或沿着偶极的方向。$L_e≈0$ 则表明迁移是发生在 XY 平面内。

图 7-12　有效迁移距离 L_e 和迁移势垒 E_b 关系

重要的是离子迁移的能垒大小受 L_e 影响非常大,尤其是在结构 A 中。碘离子倾向于以一个较小的能垒值(0.06 eV)逆着偶极方向($L_e<0$)迁移,而铅离子和 MA 离子则倾向于沿着偶极方向($L_e>0$)迁移。而主要原因是因为铅离子和 MA 离子都带正电,碘离子带的则是负电。到了 B 结构中,势垒之间的差距相对要小很多了。其中 MA 离子在竖直方向上沿着 $L_e<0$ 和 $L_e>0$ 方向迁移的势垒分别是 1.04 eV 和 1.09 eV。另外铅离子在〈111〉方向沿着 $L_e<0$ 和 $L_e>0$ 方向迁移的势垒大小相差只有 0.01 eV 左右。正如前面所提到的,由于 B 结构里所有 MA 分子的转向分布是一致的从而使得钙钛矿里所有铅离子或 MA 离子所处的内部环境是一样的,即它们都是等效的。但是 B 结构里的碘离子仍然不是等效的,这是源于竖直 V 位置和水平 P 位置本质上的不同。因此碘离子从水平位置迁移到竖直位置的能垒是不一样的。它们在结构 B 里 $L_e<0$ 和 $L_e>0$ 情况下分别为 0.12 eV 和 0.21 eV,这就表明碘离子的迁移还是受到偶极矩引起的极化场的强烈影响。

另外如图 7-12 所示,当有效迁移距离 L_e 值接近为 0 时,此时对应 A 和 B 结构里的迁移都发生在 xy 平面,并且无论是碘离子还是 MA 离子,它们在两个结构里的迁移势垒值都很接近。即此时 A 结构里碘离子的迁移势垒值为 0.38 eV,MA 离子的迁移势垒值为 0.63 eV;而 B 结构里碘离子的迁移势垒值为 0.39 eV,MA 离子的迁移势垒值为 0.66 eV,可以看出十分接近。原因是因为在这两个结构里,投影在 xy 平面的 MA 偶极矩全都相互抵消了。正是由于在 xy 平面上的偶极方向完全一样,所以它们相应的扩散势垒值也几乎一样。

到了这里,已经能够清晰地看出由 MA 分子诱发的局部偶极极化场在离子迁移的过程中起着至关重要的作用,并且碘离子是钙钛矿材料里最容易迁移的离子。但是在前面的内容中,我们只是考虑了碘离子从亚稳态 P 位置到稳态 V 位置的迁移。但是想到碘离子既然在钙钛矿内部迁移的势垒如此之低,那么它的迁移很有可能贯穿整个钙钛矿结构。所以了解碘离子具体的迁移机制是非常有意义的。为了达到这一目的,我们计算了结构 A 和 B 内 6 种不同的碘离子迁移过程,相应的迁移势垒值在表 7-2 中。

表 7-2　碘离子在迁移路径上的势垒值　　　　　　　　　　　单位:eV

路径	结构 A	结构 B
L1	0.06	0.21
L2	0.33	0.12
L3	0.32	0.52
L4	0.65	0.40
L5	0.38	0.39
L6	0.38	0.39

可以看出 MA 分子转向通过同时影响迁移位置和方向来强烈影响迁移势垒值。首先看结构 A 里的迁移路径 L1 和 L2,它们势垒不同的原因主要来自迁移的偶极方向而非迁移位置,因为这两个迁移都是发生在从一个亚稳态位置迁移到稳定的位置。至于路径 L3,尽管它的势垒值(0.32 eV)和 L2 的(0.33 eV)几乎一样,但本质原因完全不同。在 L3 里,迁移是从稳定的 V 位置扩散到亚稳态的 P 位置。因此这里迁移位置起着负面的作用,而迁移方向则是起着正面的作用,因为碘离子是逆着偶极方向迁移的。最终结果就是,这两个因素对碘离子扩散势垒的总影响是和 L2 里一样的(都是一正一负)。

更进一步的是,在 L4 里位置和方向都起着负面效应,从而导致 A 结构里 L4 的迁移势垒值最高(0.65 eV)。由于 L5 和 L6 上的迁移是发生在 xy 平面上的两个等效位置之间,故而不受竖直方向的偶极影响,最终使得结构 A 和 B 里这两个路径上的迁移势垒值非常接近,分别是 0.38 eV 和 0.39 eV。同样的效应也发生在 B 结构中。唯一的区别就是位置和方向的影响没有 A 结构里那么严重,这也是因为 B 结构里所有 MA 分子的排布都是统一有序的,造成的内部环境各处都是等效的。这也解释了为什么 B 结构里最低的迁移势垒(0.12 eV)比 A 结构里最低势垒(0.06 eV)高,而最高势垒(0.52 eV)却比 A 结构里最高势垒(0.65 eV)低。另外值得注意的是 B 结构里每个迁移路径所面临的偶极方向是和 A 结构里完全相反的,所以这也导致了竖直方向上相同位置迁移的势垒大小关系是相反的,即:结构 A 里 L1<L2,L3<L4;结构 B 里则是 L1>L2,L3>L4。

如上所述,我们得出碘离子在逆着偶极方向迁移时会有一个相对较小的能垒。为使这一结论更具说服力,展开了一个长达 50 ps 的第一性原理分子动力学来模拟这个迁移过程,主要是在室温 300 K 下验证 MA 分子转向对碘缺陷迁移的影响。在这个动力学模拟过程中,使用的还是前面提到的超胞模型。以 B 结构为例,在里面构建了两种缺陷,即分别在竖直 V 位置和水平 P 位置。如图 7-13 所示,碘离子能够在竖直方向逆着偶极扩散,同时并没有沿着偶极以及在 xy 平面的碘离子扩散被观察到发生。虽然 MA 分子如之前所说的在动力学模拟中发生了转动,但是在迁移的短暂过程中,碘离子在跳到缺陷处时周围局域的 MA 分子偶极矩仍然是逆着排布的。这个第一性原理分子动力学模拟的结果再一次表明碘离子是倾向于逆着偶极方向迁移的,与之前静态计算得出来的结论是完全一致的。

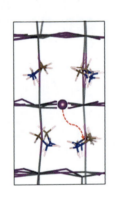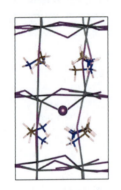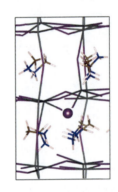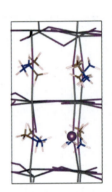

图 7-13　FPMD 模拟 B 结构中碘离子扩散过程

7.3.3　迟滞效应的调控

由前面结果我们得出碘离子是钙钛矿内部最容易发生迁移的离子,并且它的迁移过程很大程度上受极性 MA 分子排布的影响。而离子迁移在钙钛矿型太阳能电池 J-V 曲线迟滞现象上扮演着关键的角色。相应的,探究 MA 分子转向和迟滞效应就变得重要起来。如图 7-14 所示,当在 z 方向施加一个正反方向电场时(0.05 MV/cm),所有的 MA 分子为了响应外电场的方向都会重新调节它的排布方式,而在这里 A 和 B 两个结构的行为是不大相同的。我们仔细分析了在正反方向电场下,MA 分子转向与 z 轴夹角的改变量($\Delta\theta$)。在结构 A 中,MA 分子转向的变化量 $\Delta\theta$ 比较小,约 1°。而在结构 B 里,MA 分子转向变化的就大很多,$\Delta\theta$ 值达到了近 3°。尤其是在反方向电场时,MA 转向偏离 z 轴更加严重;并且,B 结构在正向电场下的能量要比反向电场下更低,即它在正向电场下更稳定。有趣的是,A 结构在正反电场下能量是一样的。这些结果都表明,相比 A 结构,B 结构对外电场更加敏感,这也是因为它们内部 MA 排布方式不同造成的。

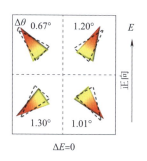

(a)在施加正反外电场下结构 A 里 MA 分子转向与 z 轴夹角的改变量 $\Delta\theta$

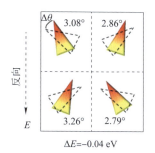

(b)在施加正反外电场下结构 B 里 MA 分子转向与 z 轴夹角的改变量 $\Delta\theta$

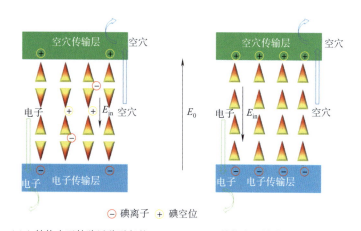

(c)A 结构由于缺陷迁移引起的迟滞效应微观原理图

(d)B 结构由于缺陷迁移引起的迟滞效应微观原理图

注:带颜色的实线三角形代表正向电场下的有机 MA 分子的排布,而虚线三角形代表反向电场下的有机 MA 分子的排布。ΔE 表示正反电场下两个结构的能量差。E_0 是外电场,E_{in} 是由聚积在两侧电极上的电荷形成的内建电场。

图 7-14 外电场作用下有机阳离子 MA 分子取向及电荷传输示意图

在实际工作的时候[图 7-14(d)],电子会跑向电子传输层(electron transport material,ETM),而空穴会跑向空穴传输层(hole transport material,HTM)。同时带正电的碘缺陷(V_I^+)也会跑到 HTM 一侧,而带负电的碘离子则跑向 ETM 一侧。值得注意的是,这个迁移过程的势垒是比较低的,因为碘离子是逆着偶极方向迁移的。最终结果就是,正电荷和负电荷分别聚集在 HTM 和 ETM 上,形成了一个方向相反的内建电场 E_{in}。这个新的内建电场会阻止电子和空穴进一步向电子传输层和空穴传输层的注入。于是,循环伏安曲线里的迟滞现象就出现了。

虽然电荷都是聚集在 HTM 和 ETM 上,但在结构 A 和 B 里这两者的行为是不一样的,因为前面提到了由于它们极性 MA 分子排布不一样导致的对外电场响应是不一样的。由于 A 结构中所有有机分子 MA 并非在同一个方向上有序排布,而是在 z 方向以一个反铁电方式相互耦合的,故而它对电场的响应不如 B 结构里那么灵敏。最终结果就是,A 结构里所有 MA 分子在光生电场 E_0 下改变得很少,基本保持了它原有的排布方式。如图 7-14 所示,结构 A 里所有上下相邻层的偶极方向是相反的,而结构 B 里所有偶极方向都是一样的。再考虑到正电荷和负电荷分别喜欢沿着和逆着 MA 分子偶极方向迁移,所以在图中它们对应分别喜欢向上和向下迁移。但是在结构 A 中,离子会束缚在它们能量上更稳定的位置,而在结构 B 中,它们会朝着一个方向持续迁移。因此结构 A 里的一些离子只能扩散一小段距离,而结构 B 里的离子会一直扩散直到抵达 HTM/ETM 层。所以相对说来,B 结构里会有更多的带电离子聚积在电子传输层和空穴传输层上。相应的,A 结构里的内建电场就要比 B 结构里的弱,从而 A 结构能有效地抑制迟滞效应。这份重要的结果表明,当极性有机分子在钙钛矿材料里以反铁电相方式排布时,它将会降低迟滞效应同时展现出更好的光催化活性。

接下来我们将讨论电场扫描方向和扫描速率是如何影响 J-V 曲线的迟滞效应的。还是以结构 B 为例,一旦外加扫描电压反向,内部的 MA 分子将会发生响应改变它们原来的排布方式,以适应新的外加电场。如前所述在反向电场下,B 结构里的 MA 分子会转动到相反的方向,获得更低的能量。而当 MA 分子转到反方向时,此时碘离子将面临沿着偶极方向迁移,这就比之前在正向电场下所需要的能垒更大了。如果扫描速度足够快,那么正离子和负离子将没有足够的时间迁移至 HTM/ETM 上形成抵消电场。结果就是在快的扫描速率下迟滞效应将会变弱。最近,Azpiroz 等人[69]在采用 DFT 计算研究在快的扫描速率下钙钛矿 J-V 曲线迟滞效应变弱的原因。他们猜测快速扫描下迟滞效应减缓是跟决速缺陷有关,在快速扫描时它们没时间抵达两侧电极。我们的结果不仅论证了他们的猜想,同时也进一步提出了可以利用 MA 分子的转向来影响迟滞效应的强度。Tress 等人[70]测量了不同扫描偏压下的 J-V 曲线,最后他们发现钙钛矿型太阳能电池里 J-V 曲线迟滞效应是和扫描电压方向息息相关的。Li 等人[71]则是通过观测在正反扫描电压下的衰变时间,推断出离子迁移的势垒不尽相同。所有这些实验结果都与我们计算结果相符合。

总的来说,对于反铁电相的 A 结构,里面的碘离子缺陷总是需要一个较长的时间来迁移到两侧电极上形成补偿的内建电场,这也就有效地避免了迟滞现象。并且由于 A 结构对外电场响应不是那么灵敏,故而在正反扫描电压下 J-V 曲线相差不是很多,从而也能有效抑制迟滞效应。我们的结果清晰表明了有机极性 MA 分子的转向不仅能够影响钙钛矿内部离子迁移,还能使得在低扫描速度下诱发很强的迟滞效应。同时,当所有的有机离子 MA 都以一个合适的反铁电相方式排布时,迟滞效应将会被大大抑制。

我们采用第一性原理计算系统研究了 I^-/MA^+/Pb^{2+} 三种离子在新型钙钛矿 $MAPbI_3$

里的迁移情况。最后发现 MA 分子的转向排布对离子迁移有着非常大的影响。由于极性 MA 分子内部构成了一个偶极很强的极化场，带正电和带负电的离子分别倾向于沿着和逆着偶极方向发生迁移。同时在 xy 水平面上，离子并没有表现出沿某一方向迁移的特殊嗜好，这也是因为在水平面上所有 MA 分子偶极相互抵消。更重要的是，碘离子不仅是钙钛矿里最容易发生迁移的离子，同时也是受 MA 转向影响最为严重的，这也就加速影响了迟滞效应。最后通过调节有机分子的排布方式即偶极的排布，就可以诱发不同的内建电场，从而调控迟滞效应的强度。这个工作很好地阐明了钙钛矿内部离子迁移的物理机制，同时也指出了通过调节有机分子的排布来抑制迟滞效应的强度，而这是可以通过实验上来控制结构相变来实现的。

由以上结果，我们可以清晰的看出不仅仅是外部环境，材料自身的内部环境也会对材料的性能造成很大的影响。只有深刻了解了环境对材料影响的微观机理，我们才能更好的避免一些不利因素以及利用有利因素来设计新型材料，最后提升材料的性能。而所谓的环境因素不仅仅是本文中所提到的水环境和内部铁电环境，其他诸如光热环境等，都会对材料性能产生一定影响，所有的这些亟需我们进一步的研究和发现。

参考文献

[1] RAGA S R,BAREA E M,FABREGAT-SANTIAGO F. Analysis of the origin of open circuit voltage in dye solar cells[J]. The Journal of Physical Chemistry Letters,2012,3(12):1629-1634.

[2] GRÄTZEL M. Photoelectrochemical cells[J]. Nature,2001,414(6861):338-344.

[3] WANG H Y,WANG Y,YU M,et al. Mechanism of biphasic charge recombination and accumulation in TiO$_2$ mesoporous structured perovskite solar cells[J]. Physical Chemistry Chemical Physics,2016,18(17):12128-12134.

[4] CHUNG I,LEE B,HE J,et al. All-solid-state dye-sensitized solar cells with high efficiency[J]. Nature,2012,485(7399):486-489.

[5] MCGEHEE M D. Continuing to soar[J]. Nature Materials,2014,13(9):845-846.

[6] GRÄTZEL M. The light and shade of perovskite solar cells[J]. Nature Materials,2014,13(9):838-842.

[7] LIU L M,LI S C,CHENG H,et al. Growth and organization of an organic molecular monolayer on TiO$_2$:catechol on anatase(101)[J]. Journal of the American Chemical Society,2011,133(20):7816-7823.

[8] SUN C,LIU L M,SELLONI A,et al. Titania-water interactions:a review of theoretical studies[J]. Journal of Materials Chemistry,2010,20(46):10319-10334.

[9] HENDERSON M A. A surface science perspective on TiO$_2$ photocatalysis[J]. Surface Science Reports,2011,66(6-7):185-297.

[10] GRINBERG I,WEST D V,TORRES M,et al. Perovskite oxides for visible-light-absorbing ferroelectric and photovoltaic materials[J]. Nature,2013,503(7477):509-512.

[11] RAGA S R, JUNG M C, LEE M V, et al. Influence of air annealing on high efficiency planar structure perovskite solar cells[J]. Chemistry of Materials, 2015, 27(5):1597-1603.

[12] HABISREUTINGER S N, LEIJTENS T, EPERON G E, et al. Carbon nanotube/polymer composites as a highly stable hole collection layer in perovskite solar cells[J]. Nano Letters, 2014, 14(10):5561-5568.

[13] LEE M M, TEUSCHER J, MIYASAKA T, et al. Efficient hybrid solar cells based on meso-superstructured organometal halide perovskites[J]. Science, 2012, 338(6107):643-647.

[14] STROPPA A, QUARTI C, DE ANGELIS F, et al. Ferroelectric polarization of $CH_3NH_3PbI_3$: a detailed study based on density functional theory and symmetry mode analysis[J]. The Journal of Physical Chemistry Letters, 2015, 6(12):2223-2231.

[15] AGIORGOUSIS M L, SUN Y Y, ZENG H, et al. Strong covalency-induced recombination centers in perovskite solar cell material $CH_3NH_3PbI_3$[J]. Journal of the American Chemical Society, 2014, 136(41):14570-14575.

[16] MA J, WANG L W. Nanoscale charge localization induced by random orientations of organic molecules in hybrid perovskite $CH_3NH_3PbI_3$[J]. Nano Letters, 2015, 15(1):248-253.

[17] PARK N G. Organometal perovskite light absorbers toward a 20% efficiency low-cost solid-state mesoscopic solar cell[J]. The Journal of Physical Chemistry Letters, 2013, 4(15):2423-2429.

[18] HAO F, STOUMPOS C C, CHANG R P H, et al. Anomalous band gap behavior in mixed Sn and Pb perovskites enables broadening of absorption spectrum in solar cells[J]. Journal of the American Chemical Society, 2014, 136(22):8094-8099.

[19] YUN J S, HO-BAILLIE A, HUANG S, et al. Benefit of grain boundaries in organic-inorganic halide planar perovskite solar cells[J]. The Journal of Physical Chemistry Letters, 2015, 6(5):875-880.

[20] FAN Z, XIAO J, SUN K, et al. Ferroelectricity of $CH_3NH_3PbI_3$ perovskite[J]. The Journal of Physical Chemistry Letters, 2015, 6(7):1155-1161.

[21] ROLDAN-CARMONA C, MALINKIEWICZ O, BETANCUR R, et al. High efficiency single-junction semitransparent perovskite solar cells[J]. Energy & Environmental Science, 2014, 7(9):2968-2973.

[22] KOJIMA A, TESHIMA K, SHIRAI Y, et al. Organometal halide perovskites as visible-light sensitizers for photovoltaic cells[J]. Journal of the American Chemical Society, 2009, 131(17):6050-6051.

[23] IM J H, LEE C R, LEE J W, et al. 6.5% efficient perovskite quantum-dot-sensitized solar cell[J]. Nanoscale, 2011, 3(10):4088-4093.

[24] KIM H S, LEE C R, IM J H, et al. Lead iodide perovskite sensitized all-solid-state submicron thin film mesoscopic solar cell with efficiency exceeding 9%[J]. Scientific Reports, 2012, 2(1):591.

[25] NOH J H, IM S H, HEO J H, et al. Chemical management for colorful, efficient, and stable inorganic-organic hybrid nanostructured solar cells[J]. Nano Letters, 2013, 13(4):1764-1769.

[26] IM J H, JANG I H, PELLET N, et al. Growth of $CH_3NH_3PbI_3$ cuboids with controlled size for high-efficiency perovskite solar cells[J]. Nature Nanotechnology, 2014, 9(11):927-932.

[27] ZHOU H, CHEN Q, LI G, et al. Interface engineering of highly efficient perovskite solar cells[J]. Science, 2014, 345(6196):542-546.

[28] BURSCHKA J, PELLET N, MOON S J, et al. Sequential deposition as a route to high-performance perovskite-sensitized solar cells[J]. Nature, 2013, 499(7458):316-319.

[29] BASS K K, MCANALLY R E, ZHOU S, et al. Influence of moisture on the preparation, crystal structure, and photophysical properties of organohalide perovskites[J]. Chemical Communications, 2014, 50(99):15819-15822.

[30] SMITH I C, HOKE E T, SOLIS-IBARRA D, et al. A layered hybrid perovskite solar-cell absorber with enhanced moisture stability[J]. Angewandte Chemie International Edition, 2014, 53(42):11232-11235.

[31] CHENG Z, LIN J. Layered organic-inorganic hybrid perovskites: structure, optical properties, film preparation, patterning and templating engineering[J]. CrystEngComm 2010, 12(10):2646-2662.

[32] NIU G, LI W, MENG F, et al. Study on the stability of $CH_3NH_3PbI_3$ films and the effect of post-modification by aluminum oxide in all-solid-state hybrid solar cells[J]. Journal of Materials Chemistry A, 2014, 2(3):705-710.

[33] CHRISTIANS J A, MIRANDA HERRERA P A, KAMAT P V. Transformation of the excited state and photovoltaic efficiency of $CH_3NH_3PbI_3$ perovskite upon controlled exposure to humidified air[J]. Journal of the American Chemical Society, 2015, 137(4):1530-1538.

[34] 童传佳. 二维材料与有机无机杂化钙钛矿的第一性原理研究[D]. 北京:中国工程物理研究院, 2018.

[35] VANDEVONDELE J, KRACK M, MOHAMED F, et al. Quickstep: fast and accurate density functional calculations using a mixed Gaussian and plane waves approach[J]. Computer Physics Communications, 2005, 167(2):103-128.

[36] VANDEVONDELE J, HUTTER J. Gaussian basis sets for accurate calculations on molecular systems in gas and condensed phases[J]. The Journal of Chemical Physics, 2007, 127(11):114105.

[37] GOEDECKER S, TETER M, HUTTER J. Separable dual-space Gaussian pseudopotentials[J]. Physical Review B, 1996, 54(3):1703-1710.

[38] GRIMME S, ANTONY J, EHRLICH S, et al. A consistent and accurate ab initio parametrization of density functional dispersion correction (DFT-D) for the 94 elements H-Pu[J]. The Journal of Chemical Physics, 2010, 132(15):154104.

[39] GRIMME S, EHRLICH S, GOERIGK L. Effect of the damping function in dispersion corrected density functional theory[J]. Journal of Computational Chemistry, 2011, 32(7):1456-1465.

[40] HENKELMAN G, UBERUAGA B P, JÓNSSON H. A climbing image nudged elastic band method for finding saddle points and minimum energy paths[J]. The Journal of Chemical Physics, 2000, 113(22):9901-9904.

[41] HENKELMAN G, JÓNSSON H. Improved tangent estimate in the nudged elastic band method for finding minimum energy paths and saddle points[J]. The Journal of Chemical Physics, 2000, 113(22):9978-9985.

[42] HARUYAMA J, SODEYAMA K, HAN L, et al. Termination dependence of tetragonal $CH_3NH_3PbI_3$ surfaces for perovskite solar cells[J]. The Journal of Physical Chemistry Letters, 2014, 5(16):2903-2909.

[43] KAWAMURA Y, MASHIYAMA H, HASEBE K. Structural study on cubic-tetragonal transition of $CH_3NH_3PbI_3$[J]. Journal of the Physical Society of Japan, 2002, 71(7):1694-1697.

[44] BAIKIE T, FANG Y, KADRO J M, et al. Synthesis and crystal chemistry of the hybrid perovskite $(CH_3NH_3)PbI_3$ for solid-state sensitised solar cell applications[J]. Journal of Materials Chemistry

A,2013,1(18):5628-5641.

[45] ZHANG H,HUANG H,HAULE K,et al. Quantum anomalous hall phase in(001)double-perovskite monolayers via intersite spin-orbit coupling[J]. Physical Review B,2014,90(16):165143.

[46] SUTHIRAKUN S,AMMAL S C,MUñOZ-GARCÍA A B,et al. Theoretical investigation of H_2 oxidation on the $Sr_2Fe_{1.5}Mo_{0.5}O_6$ (001)perovskite surface under anodic solid oxide fuel cell conditions [J]. Journal of the American Chemical Society,2014,136(23):8374-8386.

[47] PISKUNOV S,KOTOMIN E A,HEIFETS E,et al. Hybrid DFT calculations of the atomic and electronic structure for ABO_3 perovskite(0 0 1)surfaces[J]. Surface Science,2005,575(1-2):75-88.

[48] GENG W,ZHANG L,ZHANG Y N,et al. First-principles study of lead iodide perovskite tetragonal and orthorhombic phases for photovoltaics[J]. The Journal of Physical Chemistry C,2014,118(34): 19565-19571.

[49] YIN W J,SHI T,YAN Y. Unique properties of halide perovskites as possible origins of the superior solar cell performance[J]. Advanced Materials(Deerfield Beach,Fla.),2014,26(27):4653-4658.

[50] ZHANG H,TONG C J,ZHANG Y,et al. Porous BN for hydrogen generation and storage[J]. Journal of Materials Chemistry A,2015,3(18):9632-9637.

[51] MAGGIO E,MARTSINOVICH N,TROISI A. Evaluating charge recombination rate in dye-sensitized solar cells from electronic structure calculations[J]. The Journal of Physical Chemistry C, 2012,116(14):7638-7649.

[52] FUJISHIMA A,ZHANG X,TRYK D A. TiO_2 photocatalysis and related surface phenomena[J]. Surface Science Reports,2008,63(12):515-582.

[53] YIN W J,SHI T,YAN Y. Unusual defect physics in $CH_3NH_3PbI_3$ perovskite solar cell absorber[J]. Applied Physics Letters,2014,104(6):63903.

[54] FROST J M,BUTLER K T,BRIVIO F,et al. Atomistic origins of high-performance in hybrid halide perovskite solar cells[J]. Nano Letters,2014,14(5):2584-2590.

[55] CHEN T,FOLEY B J,IPEK B,et al. Rotational dynamics of organic cations in the $CH_3NH_3PbI_3$ perovskite[J]. Physical Chemistry Chemical Physics,2015,17(46):31278-31286.

[56] POGLITSCH A,WEBER D. Dynamic disorder in methylammoniumtrihalogenoplumbates (II) observed by millimeter-wave spectroscopy[J]. The Journal of Chemical Physics,1987,87(11): 6373-6378.

[57] GOEHRY C,NEMNES G A,MANOLESCU A. Collective behavior of molecular dipoles in $CH_3NH_3PbI_3$ [J]. The Journal of Physical Chemistry C,2015,119(34):19674-19680.

[58] KUTES Y,YE L,ZHOU Y,et al. Direct observation of ferroelectric domains in solution-processed $CH_3NH_3PbI_3$ perovskite thin films[J]. The Journal of Physical Chemistry Letters,2014,5(19): 3335-3339.

[59] KIM H S,KIM S K,KIM B J,et al. Ferroelectric polarization in $CH_3NH_3PbI_3$ perovskite[J]. The Journal of Physical Chemistry Letters,2015,6(9):1729-1735.

[60] YANG J H,YIN W J,PARK J S,et al. Fast self-diffusion of ions in $CH_3NH_3PbI_3$: the intersticitaly mechanism versus vacancy-assisted mechanism[J]. Journal of Materials Chemistry A 2016,4(34): 13105-13112.

[61] JANKOWSKA J,PREZHDO O V. Ferroelectric alignment of organic cations inhibits nonradiative

electron-hole recombination in hybrid perovskites: ab initio nonadiabatic molecular dynamics[J]. The Journal of Physical Chemistry Letters, 2017, 8(4): 812-818.

[62] LAHNSTEINER J, KRESSE G, KUMAR A, et al. Room-temperature dynamic correlation between methylammonium molecules in lead-iodine based perovskites: an ab initio molecular dynamics perspective[J]. Physical Review B, 2016, 94(21): 214114.

[63] LEGUY A M A, FROST J M, MCMAHON A P, et al. The dynamics of methylammonium ions in hybrid organic-inorganic perovskite solar cells[J]. Nature Communications, 2015, 6(1): 7124.

[64] DOCAMPO P, HANUSCH F C, GIESBRECHT N, et al. Influence of the orientation of methylammonium lead iodide perovskite crystals on solar cell performance[J]. APL Materials, 2014, 2(8): 81508.

[65] LIAO W Q, ZHANG Y, HU C L, et al. A lead-halide perovskite molecular ferroelectric semiconductor[J]. Nature Communications, 2015, 6(1): 7338.

[66] GONG J, YANG M, MA X, et al. Electron-rotor interaction in organic-inorganic lead iodide perovskites discovered by isotope effects[J]. The Journal of Physical Chemistry Letters, 2016, 7(15): 2879-2887.

[67] DELUGAS P, CADDEO C, FILIPPETTI A, et al. Thermally activated point defect diffusion in methylammonium lead trihalide: anisotropic and ultrahigh mobility of iodine[J]. The Journal of Physical Chemistry Letters, 2016, 7(13): 2356-2361.

[68] YUAN Y, WANG Q, SHAO Y, et al. Electric-field-driven reversible conversion between methylammonium lead triiodide perovskites and lead iodide at elevated temperatures[J]. Advanced Energy Materials, 2016, 6(2): 1501803.

[69] AZPIROZ J M, MOSCONI E, BISQUERT J, et al. Defect migration in methylammonium lead iodide and its role in perovskite solar cell operation[J]. Energy & Environmental Science, 2015, 8(7): 2118-2127.

[70] TRESS W, MARINOVA N, MOEHL T, et al. Understanding the rate-dependent J-V hysteresis, slow time component, and aging in $CH_3NH_3PbI_3$ perovskite solar cells: the role of a compensated electric field[J]. Energy & Environmental Science, 2015, 8(3): 995-1004.

[71] LI C, TSCHEUSCHNER S, PAULUS F, et al. Iodine migration and its effect on hysteresis in perovskite solar cells[J]. Advanced Materials, 2016, 28(12): 2446-2454.